高等院校风景园林专业规划教材

计算机辅助设计
(AutoCAD 2021+天正建筑 T20V7)

张晓曼 李晓庆 主编

中国建材工业出版社

图书在版编目(CIP)数据

计算机辅助设计：AutoCAD 2021＋天正建筑 T20V7/张晓曼，李晓庆主编. --北京：中国建材工业出版社，2021.9
高等院校风景园林专业规划教材
ISBN 978-7-5160-3223-7

Ⅰ.①计… Ⅱ.①张… ②李… Ⅲ.①园林设计－计算机辅助设计－应用软件－高等学校－教材 Ⅳ.①TU986.2-39

中国版本图书馆 CIP 数据核字 (2021) 第 094991 号

内容提要

作者根据多年的教学和设计经验，以最新版本组合 AutoCAD 2021＋天正建筑 T20V7 为平台，通过展示丰富的设计实例，对风景园林设计平面图纸的绘制进行了详细的阐述。本书主要以 AutoCAD 2021 和天正建筑 T20V7 为基础，共 17 章内容，结合丰富的设计案例，详细介绍了这两种软件在风景园林设计、景观规划、景观建筑制图、工程施工等行业中制作平面方案和施工图的方法。

本书结合绘图技巧和案例展示，深入浅出，图文并茂，实践性和可操作性强，主要体现在每一章都包含综合实训、知识拓展及练习题，配套资源可在本社官方网站免费下载。本书可作为风景园林、园林工程专业的教材使用，也可作为初学者及非专业爱好者的参考用书。

计算机辅助设计（AutoCAD 2021＋天正建筑 T20V7）
Jisuanji Fuzhu Sheji（AutoCAD 2021＋Tianzheng Jianzhu T20V7）
张晓曼 李晓庆 主编

出版发行：中国建材工业出版社
地　　址：北京市海淀区三里河路 1 号
邮　　编：100044
经　　销：全国各地新华书店
印　　刷：北京鑫正大印刷有限公司
开　　本：787mm×1092mm 1/16
印　　张：19.5
字　　数：470 千字
版　　次：2021 年 9 月第 1 版
印　　次：2021 年 9 月第 1 次
定　　价：**69.00 元**

本社网址：www.jccbs.com，微信公众号：zgjcgycbs
请选用正版图书，采购、销售盗版图书属违法行为
版权专有，盗版必究。本社法律顾问：北京天驰君泰律师事务所，张杰律师
举报信箱：zhangjie@tiantailaw.com　举报电话：(010) 68343948
本书如有印装质量问题，由我社市场营销部负责调换，联系电话：(010) 88386906

编委会

主　　编：张晓曼　河北农业大学
　　　　　李晓庆　山西农业大学

参　　编：田　甜　河北农业大学
　　　　　张文博　山西农业大学
　　　　　曾峻峰　长江大学
　　　　　王霞霞　吕梁学院
　　　　　张北童　保定理工学院
　　　　　董　宏　太原大学
　　　　　李文红　河北北方学院
　　　　　丁　嘉　华北理工大学

主编简介

张晓曼 河北农业大学园林与旅游学院副教授，硕士生导师，美国乔治亚大学访问学者。主要从事计算机辅助设计课程教学、园林规划设计研究、植物种质创新和应用。先后主持参加国家自然科学基金2项、河北省自然科学基金3项、河北省科技厅等研究课题10余项，编制标准5项。获河北省科技进步奖三等奖2项，获河北省山区创业奖三等奖5项。参编国家"十三五"规划教材《风景园林苗圃学》、主编《图说千种树》《河北省公路绿化指南》《报春花引种研究》等系列著作10余册，发表论文40余篇。

李晓庆 山西农业大学林学院园林系讲师，主要从事计算机辅助设计、园林工程等课程教学、各类园林规划设计研究及应用。先后主持参加山西省科技厅、林业厅及教育厅青年基金及其他各类研究课题10余项，指导学生获得《园冶杯》《艾景杯》及各项省级园林竞赛奖项10余项，发表论文10余篇。

前言 | Preface

在当下计算机技术和景观设计表现方法高速更新迭代的背景下，社会对景观设计人才的要求也不断提高。在科技不断发展的今天，计算机技术得到了各行各业的青睐，它以高超的科技手段和艺术化的设计处理能力被大家所认可，更是设计行业里不可或缺的辅助技术。计算机辅助设计涉及多种设计软件，可辅助设计师进行场地分析、设计构思、设计推敲和表达，这些软件是设计师从事设计创作的基本工具。

AutoCAD 已经广泛应用于各个设计领域，AutoCAD 和天正建筑是风景园林设计领域接受最早、应用最广泛的计算机辅助设计软件，拥有庞大的用户群体。AutoCAD 和天正建筑以其灵活的操作、强大的绘图功能、高效率的工作方式，已经逐步取代手绘图，成为园林设计人员必不可少的设计工具。

本书编者均为计算机辅助设计课程的授课教师，具有丰富的教学经验。本书将多所高校的计算机辅助设计课程教学改革的成果融入其中，可供高校风景园林、园林工程等相关专业教学使用。本书立足于风景园林设计、景观规划行业，根据计算机辅助设计在这个领域中的应用方向，结合制图实例，详细介绍了最新版本的 AutoCAD 2021 和天正建筑 T20V7 软件在设计绘图中的应用。这两款软件是现今主流的风景园林专业制图软件，对学生来说，无论是在校学习还是以后参加工作都是他们必用的软件。

本书主要以 AutoCAD 2021 和天正建筑 T20V7 为基础，共 17 章内容，结合丰富的设计案例，详细介绍了这两种软件在风景园林设计、景观规划、景观建筑制图、工程施工等行业中制作平面方案和施工图的方法。此书帮助读者在大量综合实训练习的基础上，了解和掌握计算机辅助园林设计与制图的方法和技巧，具有很强的指导性和操作性。本书通过知识拓展环节提升学生对软件的使用技巧，让更多的风景园林工作者能够将软件应用于实际工作中。本书对于这两种软件其他版本的学习者同样具有参考价值。

由于编者水平有限，书中难免有不足之处，恳请广大读者批评指正，以便我们再版时改正，编者将不胜感激。

编者
2021 年 7 月

目录 | Contents

第 1 章　AutoCAD 2021 简体中文版基础 ·· 1

  1.1　AutoCAD 2021 简体中文版的系统配置 ·· 1
  1.2　AutoCAD 2021 简体中文版的启动与退出 ·· 2
  1.3　AutoCAD 2021 简体中文版操作界面的组成 ·· 3
  1.4　文件管理 ··· 14
      练习题 ·· 16

第 2 章　绘图设置 ··· 17

  2.1　基本绘图参数 ·· 17
  2.2　坐标系统简介 ·· 18
  2.3　基本输入操作 ·· 20
  2.4　对象特性 ·· 22
  2.5　图层 ··· 25
  2.6　查询对象的几何特征 ·· 30
      练习题 ·· 31

第 3 章　AutoCAD 2021 绘制二维图形对象 ··· 32

  3.1　绘制点 ·· 32
  3.2　绘制线段 ·· 34
  3.3　绘制曲线 ·· 35
  3.4　绘制组合线 ··· 38
  3.5　绘制平面图形 ·· 42
  3.6　图案填充 ·· 45
      练习题 ·· 47

第 4 章　图形编辑 ··· 48

  4.1　选择对象 ·· 48
  4.2　删除及恢复对象 ··· 50
  4.3　复制对象 ·· 50

4.4 改变对象位置 ··· 56
4.5 改变对象几何特性 ······································· 59
4.6 对象编辑 ··· 66
4.7 知识拓展 ··· 68
练习题 ··· 69

第5章 图块使用 ··· 71
5.1 块的创建与使用 ··· 71
5.2 块的编辑与修改 ··· 76
5.3 块的属性 ··· 79
5.4 动态块 ·· 84
练习题 ··· 86

第6章 视口及布局 ·· 88
6.1 创建布局 ··· 88
6.2 布局调整 ··· 91
6.3 图框绘制与插入 ··· 93
练习题 ··· 94

第7章 文字与表格 ·· 95
7.1 文字的使用 ·· 95
7.2 表格的使用 ·· 99
7.3 字段的使用 ·· 103
练习题 ·· 105

第8章 尺寸标注 ··· 107
8.1 创建各种类型的尺寸标注 ···························· 107
8.2 定义标注样式 ·· 120
8.3 标注的编辑与修改 ····································· 128
8.4 创建公差标注 ·· 130
练习题 ·· 131

第9章 打印出图 ··· 133
9.1 在模型空间中打印图纸 ······························ 133
9.2 布局中图纸的打印输出 ······························ 135
9.3 使用打印样式表 ······································· 137
9.4 管理比例列表 ·· 139
9.5 电子打印与发布 ······································· 140
练习题 ·· 142

第 10 章　园林设计综合实例 …………………………………………………………… 144

10.1　概述 ……………………………………………………………………………… 144
10.2　绘制园林建筑施工图 …………………………………………………………… 144
10.3　绘制园林工程设计图 …………………………………………………………… 154
练习题 …………………………………………………………………………………… 161

第 11 章　T20 天正建筑软件 V7.0 软件制图统一标准 ………………………………… 162

11.1　天正建筑制图的统一标准 ……………………………………………………… 162
11.2　符号及定位轴线 ………………………………………………………………… 166
练习题 …………………………………………………………………………………… 167

第 12 章　T20 天正建筑软件 V7.0 软件基础 …………………………………………… 168

12.1　系统的配置与安装 ……………………………………………………………… 168
12.2　T20（V7.0）的启动与界面 …………………………………………………… 171
12.3　软件基本操作 …………………………………………………………………… 172
练习题 …………………………………………………………………………………… 179

第 13 章　轴网和柱子绘制 ………………………………………………………………… 181

13.1　创建轴网 ………………………………………………………………………… 181
13.2　轴网标注与编辑 ………………………………………………………………… 186
13.3　创建柱子 ………………………………………………………………………… 190
13.4　轴网和柱子绘制实例 …………………………………………………………… 193
练习题 …………………………………………………………………………………… 199

第 14 章　墙体和门窗绘制 ………………………………………………………………… 200

14.1　墙体 ……………………………………………………………………………… 200
14.2　门窗的创建 ……………………………………………………………………… 209
14.3　墙体和门窗绘制实例 …………………………………………………………… 230
练习题 …………………………………………………………………………………… 236

第 15 章　建筑楼梯与构件绘制 …………………………………………………………… 237

15.1　各种楼梯的创建 ………………………………………………………………… 237
15.2　楼梯扶手与栏杆 ………………………………………………………………… 250
15.3　其他设施的创建 ………………………………………………………………… 253
15.4　实训：别墅楼梯、阳台及散水的绘制 ………………………………………… 257
练习题 …………………………………………………………………………………… 259

第 16 章　尺寸、文字和符号标注 ………………………………………………………… 260

16.1　尺寸标注 ………………………………………………………………………… 260

16.2 符号标注 ·· 268
16.3 文字表格 ·· 274
16.4 实训：对别墅进行标注 ·· 282
练习题 ·· 284

第17章 图纸布局与格式转换 ·· 285

17.1 图纸布局命令 ··· 285
17.2 图形与格式转换操作 ··· 295
练习题 ·· 299

参考文献 ·· 301

第1章
AutoCAD 2021简体中文版基础

学习指导

主要内容：AutoCAD 2021 简体中文版的系统配置、启动与退出、操作界面的组成及文件管理的方法。

重点知识：文件管理。

难点知识：操作界面的组成。

学习目标：了解 AutoCAD 2021 简体中文版的系统配置，熟悉操作界面的组成，掌握文件管理的方法。

1.1 AutoCAD 2021 简体中文版的系统配置

1.1.1 系统配置

安装 AutoCAD 2021 简体中文版时，计算机需满足以下配置。

1. 操作系统

AutoCAD 2021 简体中文版支持 Microsoft® Windows® 7SP1KB4019990（仅限 64 位）、Microsoft Windows 8.1（含更新 KB2919355）（仅限 64 位）、Microsoft Windows 10（仅限 64 位）（版本 1803 或更高版本）等 Windows 操作系统，不支持 32 位的 Windows 操作系统。

2. 处理器

基础：2.5-2.9GHz 处理器；推荐：3GHz 以上的处理器；多个处理器：由应用程序支持。

3. 内存

基本要求：8GB；建议：16GB。

4. 磁盘空间

6.0GB。

5. 浏览器

Internet Explorer 7.0 或更高版本；Google Chrome™（适用于 AutoCAD 网络应用）。

6. 网络

通过部署向导进行部署。许可服务器以及运行依赖网络许可的应用程序的所有工作站都必须运行 TCP/IP 协议。可以接受 Microsoft® 或 Novell TCP/IP 协议堆栈。工作站上的主登录可以是 Netware 或 Windows。除了为应用程序支持的操作系统之外，许可证服务器还将在WindowsServer®2016，Windows Server 2012和 Windows Server 2012 R2版本上运行。

1.1.2 显示配置

显卡基本要求：1GB GPU，具有29GB/s带宽，与DirectX 11兼容。建议：4GB GPU，具有106GB/s带宽，与DirectX 11兼容。

显示器要求：常规显示器：1920×1080真彩色；高分辨率和4K显示：Windows 10，64位系统支持高达3840×2160的分辨率（带显示卡）。

1.2 AutoCAD 2021简体中文版的启动与退出

1.2.1 启动程序

在计算机安装AutoCAD 2021简体中文版软件之后，启动程序可以通过几种不同的方法：双击桌面上的AutoCAD 2021简体中文版图标启动程序；单击任务栏的【开始】按钮，在程序菜单中找到AutoCAD 2021简体中文版，单击启动程序；双击后缀名为".dwg"格式的文件，启动程序；在AutoCAD的安装目录里单击acad.exe。

程序成功启动后，屏幕显示出AutoCAD 2021简体中文版的初始界面（开始选项卡）。初始界面可分为三个区域，左侧为"快速入门"，点击"开始绘制"按钮就可以进入工作空间，也可以使用提供的任意样板打开图形文件；初始界面中间为"最近使用的文档"，在此文档列表中可以打开最近编辑过的图形文件，并且点击文档右侧的"固定"按钮进行某个最近常用文档的固定；右侧为"通知"和"连接"区域。"通知"是以"帮助主页"的形式呈现的，在产品更新可用时AutoCAD官方为用户发送相关信息，包含新功增能、快速入门、用户手册、安装发行说明及等内容。"连接"中可以登录到用户的个人账户或向官方发送反馈；拖动右侧滚动条，在初始界面底部可以看到大图标、中图标和小图标不同显示的按钮，用户可以根据需要，自行选择，如图1-2-1、图1-2-2所示。

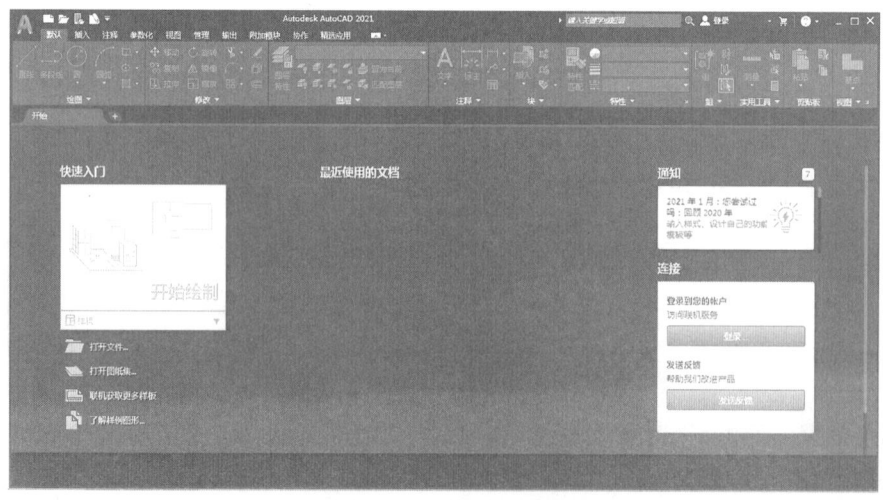

图1-2-1 CAD初始界面

图 1-2-2　最近使用文档

1.2.2　退出程序

退出程序可用以下几种方法：单击标题栏最右端的"关闭"按钮；执行【文件】→【退出】菜单；命令按键盘上的"Alt+F4"键或"Ctrl+Q"键；在命令行中执行"Exit"或"Quit"命令。

1.3　AutoCAD 2021 简体中文版操作界面的组成

1.3.1　工作空间

AutoCAD 2021 简体中文版工作空间的操作界面是由菜单工具栏选项板、功能区控制面板等组合而成。

AutoCAD 2021 简体中文版在默认情况下有"草图与注释""三维基础""三维建模"和"AutoCAD 2021 简体中文版经典"等多种工作空间可供用户选择，为了适应用户的绘制需要，也可以自定义工作空间。

1. "草图与注释"工作空间

该空间显示了二维绘图与修改常用的工具，这些工具可以被用来方便快捷地绘制二维图形与标注二维图形，同时可以对绘制的平面二维图形进行标注。具有空间界面简洁明了、使用频率高的特点，如图 1-3-1 所示。

2. "三维基础"工作空间

该空间主要用于创建及编辑三维模型，该空间具有操作简便的特点，如图 1-3-2 所示。

3. "三维建模"工作空间

该空间集合包含全部的三维建模、修改、渲染等工具，功能十分强大。三维建模功能区的选项卡有：常用、网格建模、渲染、插入、注释、视图、管理和输出，每个选项卡下都有与之对应的内容，如图 1-3-3 所示。

由于此空间侧重的是实体建模，所以功能区中还提供了三维建模、视觉样式、光源、材质、渲染和导航等面板，这些都为创建、观察三维图形，以及对附着材质、创建动画、设置光源等操作，提供了非常便利的环境。

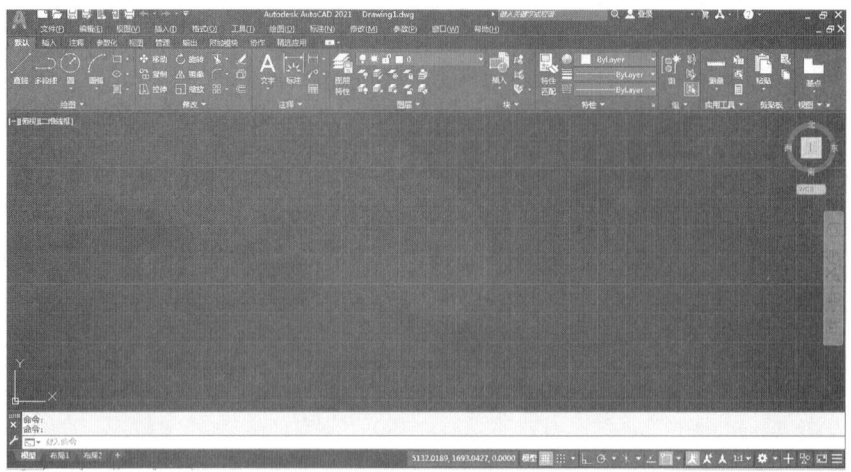

图 1-3-1 "草图与注释"工作空间

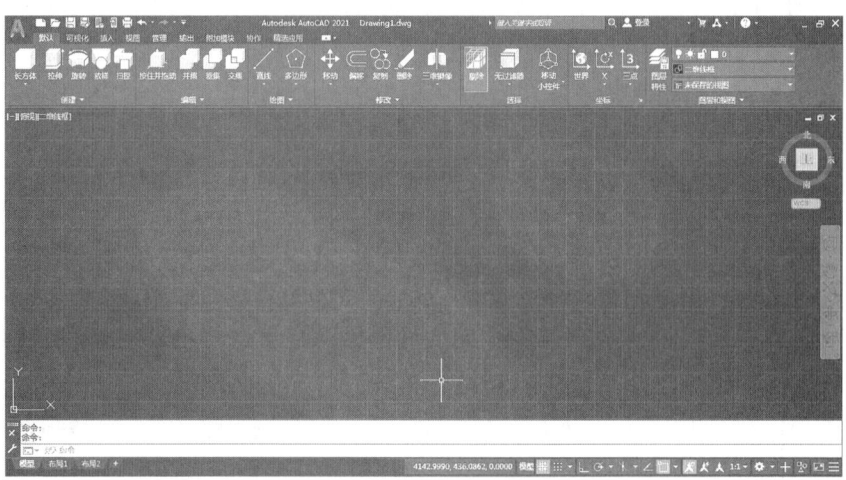

图 1-3-2 "三维基础"空间

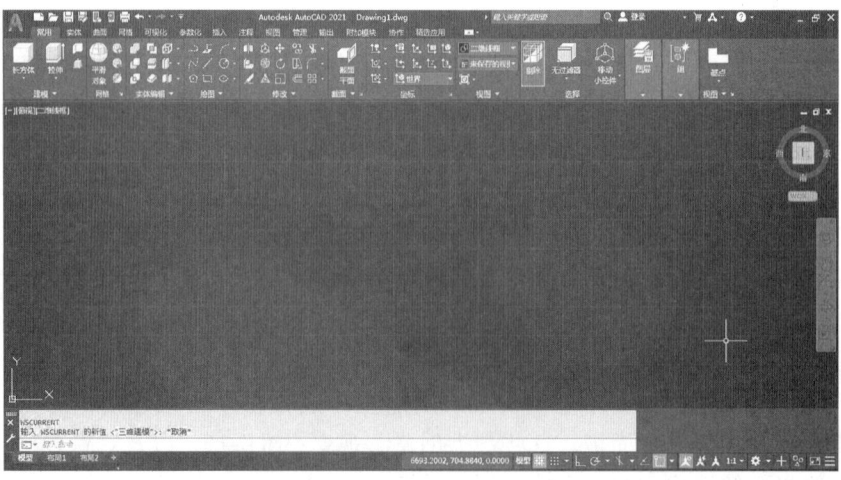

图 1-3-3 "三维建模"工作空间

4. "AutoCAD 2021 简体中文版经典"工作空间

"AutoCAD 2021 简体中文版经典"工作空间是在较早的版本中出现的工作空间，由菜单栏、固定工具栏、浮动工具栏、命令窗口、状态栏等构成，同时没有功能区。

AutoCAD 最新的版本中，"AutoCAD 2021 简体中文版经典"工作空间"消失"了，即在初始默认情况下，"AutoCAD 2021 简体中文版经典"工作空间不再随附于AutoCAD 中。实际上，用户可以根据自己的操作习惯，通过自定义来创建经典工作空间。

5. 实训一

如何找回经典工作空间。

1）设置显示菜单栏。在【快速访问】工具栏中单击【自定义快速访问工具栏】按钮，接着从打开的下拉菜单中选择【显示菜单栏】命令。

2）隐藏功能区。在显示的菜单栏中选择【工具】→【选项板】→【功能区】命令，以取消【功能区】命令的原本选中状态。

3）显示工具栏。在菜单栏中选择【工具】→【工具栏】命令以打开其对应的级联菜单，接着从该级联菜单中选择所需的工具栏。重复该步骤操作，直到设置所需的所有工具栏都已显示为止。

4）保存当前工作空间。在菜单栏中选择【工具】→【工作空间】→【将当前工作空间另存为】命令，在系统弹出的对话框中输入新的名称，如"AutoCAD 经典空间"，然后单击"保存"按钮，如图 1-3-4 所示。

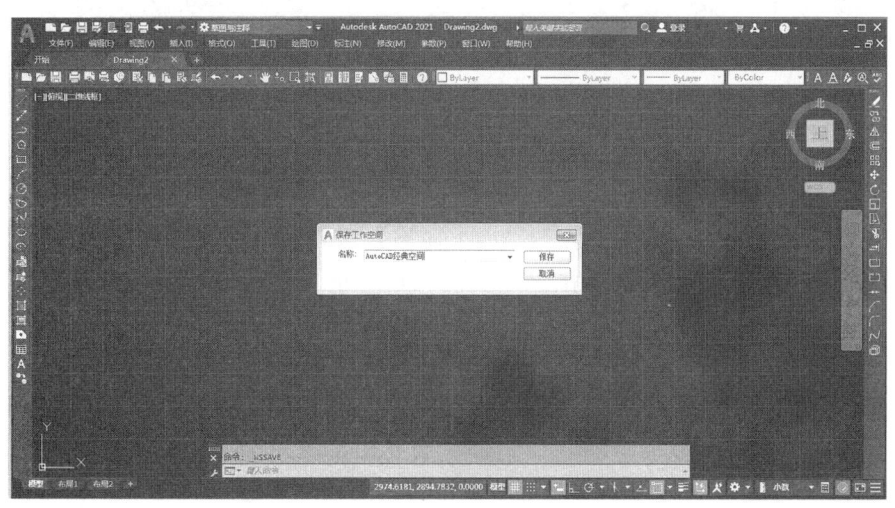

图 1-3-4　保存工作空间

6. 实训二

如何恢复默认的工作空间？

在绘图区域右下角的切换工作空间，选择【草图与注释】，就可以恢复默认的工作空间，如图 1-3-5 所示。

图 1-3-5　切换工作空间

1.3.2　应用程序按钮、快速访问栏与标题栏

用户界面最顶端是快速访问栏与标题栏，如图 1-3-6 所示，随着软件版本的不断升级，为实现跨桌面、Web 和移动设备的改进工作流，以及图形历史记录等功能，AutoCAD 2021 在之前版本标题栏的位置集合了多种功能按钮。

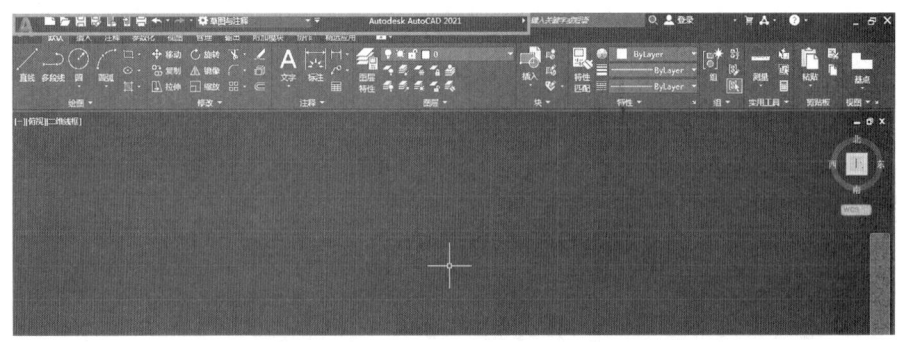

图 1-3-6　快速访问栏和标题栏

红色的应用程序图标"A"按钮（以下简称为 A 图标），点击后有【最近使用的文档】和【打开文档】等程序的基础操作功能入口，也可以通过搜索栏来搜索命令，如图 1-3-7 所示。

应用程序图标右侧是 AutoCAD 2021 简体中文版为基础操作功能提供的快速访问栏，显示经常用到的命令和工具，依次为新建、打开、保存、另存为、从 web 和 Mobile 中打开、保存到 web 和 Mobile、打印、放弃、重做、自定义快速访问快速工具栏等快捷按钮，如图 1-3-8 所示。可以通过点击自定义访问快速工具栏下拉菜单中不同选项前面的"√"将其他命令和工具添加到快速访问栏，以提高工作效率，如图 1-3-9 所示。

图 1-3-7　基础操作功能入口

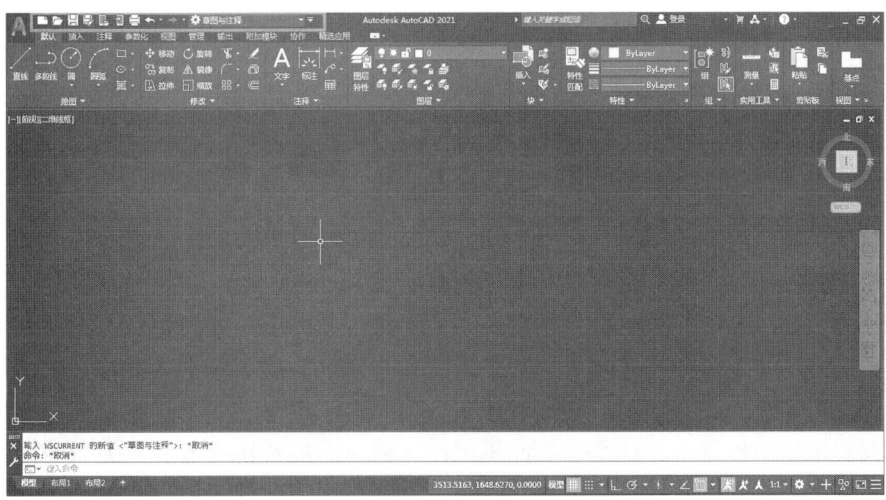

图 1-3-8　快速访问栏

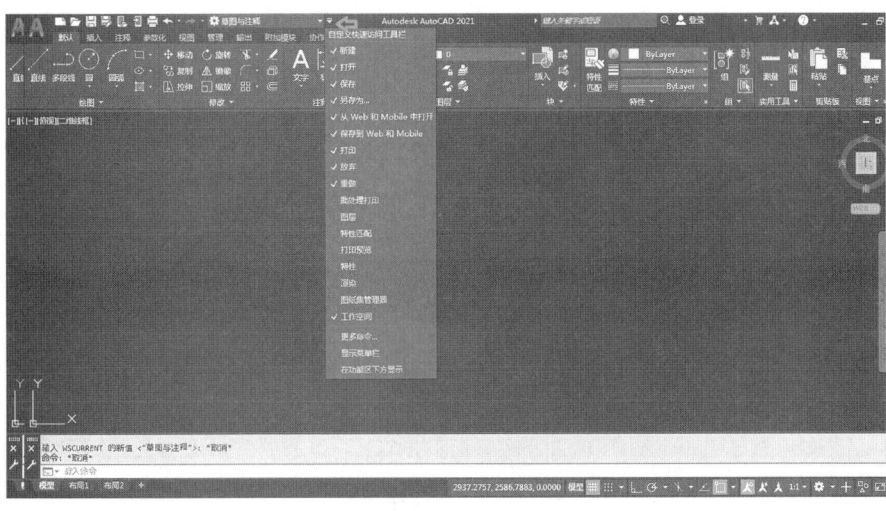

图 1-3-9　快速访问栏下拉菜单栏

标题栏位于中间部分，主要显示软件名称、版本等信息，右侧为最小化、最大化、还原与关闭按钮，如图 1-3-10 所示。

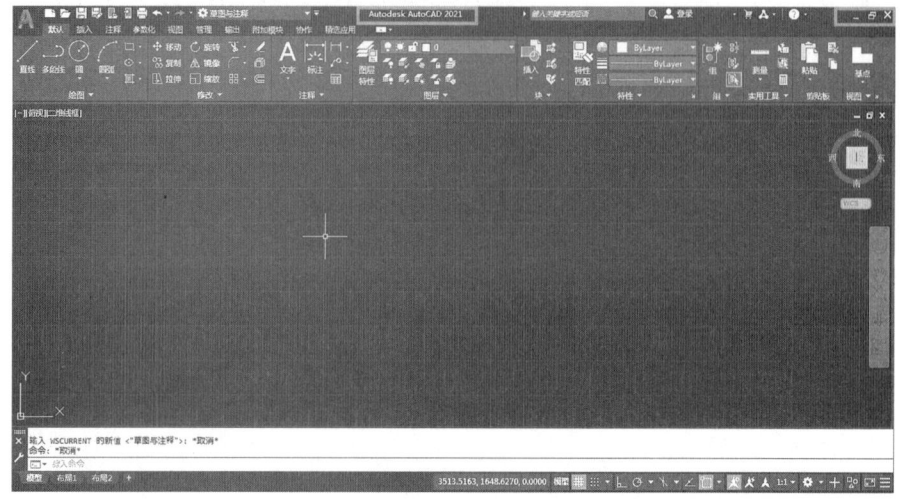

图 1-3-10　标题栏

1.3.3　菜单栏

在默认情况下，AutoCAD 2021 简体中文版的主菜单是隐藏的。点击快速访问栏末端的下拉箭头按钮，可以找到【显示菜单栏】，如图 1-3-11 所示。菜单栏将【文件】【编辑】【视图】【插入】等相关的命令进行归纳而形成不同的下拉列表，点击下拉列表可以找到相关的操作命令或者子菜单。当菜单项后面有"…"表示单击后会打开对话框，当菜单项后面有黑色的小三角时，则表示该菜单项还有子菜单。如果菜单中的命令显示为灰色，则表示当前操作下，此命令暂时不可用。命令后标有快捷键的，表明使用快捷键也可以执行该命令。

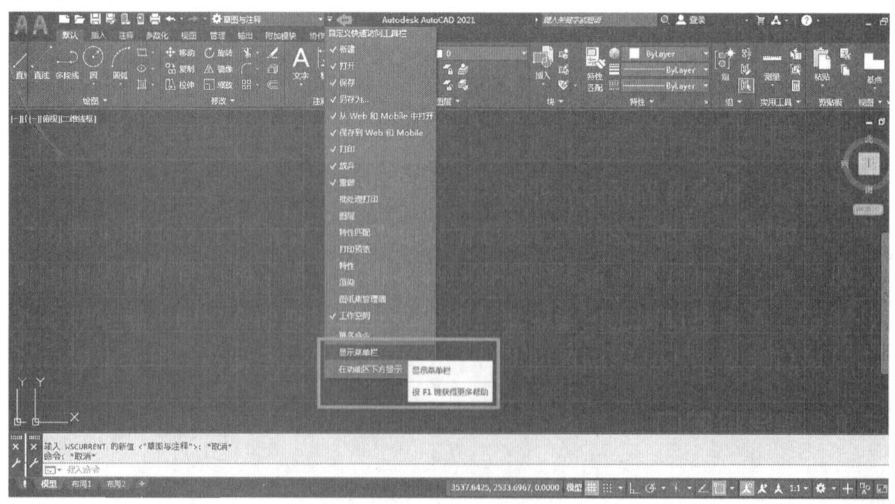

图 1-3-11　显示菜单栏

1.3.4 工作选项卡

工作选项卡一栏由【默认】【插入】【注释】【参数化】【视图】【管理】【输出】【附加模块】【协作】【精选应用】等 10 项构成,如图 1-3-12 所示。点击每个工具选项卡,会在功能区显示相应的工具面板,其上显示该工作选项卡中包含的常用工具,各个图标是各个工具命令的入口,点击相应的图标就可以执行命令。在选项卡右侧的空白区域右击,在【显示选项卡】中可以对选项卡进行自定义显示,如图 1-3-13 所示。

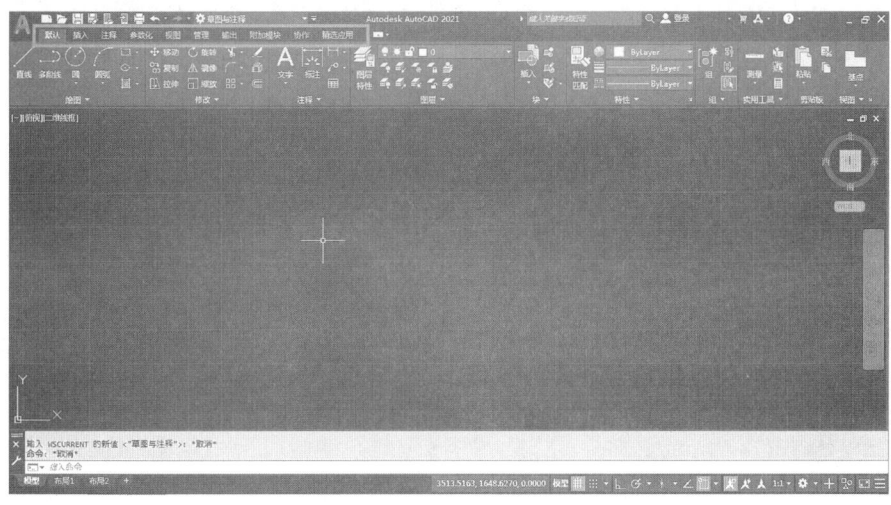

图 1-3-12　工作选项卡

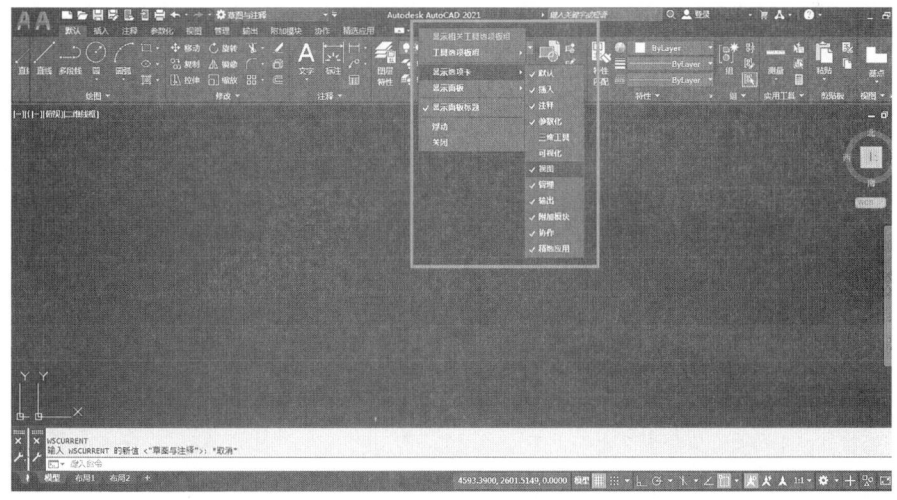

图 1-3-13　显示工作卡

1.3.5 功能区

功能区是由工作选项卡显示面板的形式集合而成的区域,如图 1-3-14 所示。其中所有的命令和工具以图标形式集合成显示面板,每个显示面板下面有相应的面板标题,点击面板标题右侧的小箭头可以看到该面板隐藏的工具图标,如图 1-3-15 所示。如【绘图】面板集合了常用的绘图工具按钮,例如,【直线】【圆】【圆弧】等绘图工具;【修改】面板集合了常用的修改工具按钮,如【移动】【复制】【旋转】等。当按下鼠标拖动某个显示面板时,可移动其位置。在功能区空白区域右击,在"显示面板"中对功能区中的面板显示进行自定义,以组织常用命令和空间,并快速找到它们,方便用户的使用习惯。

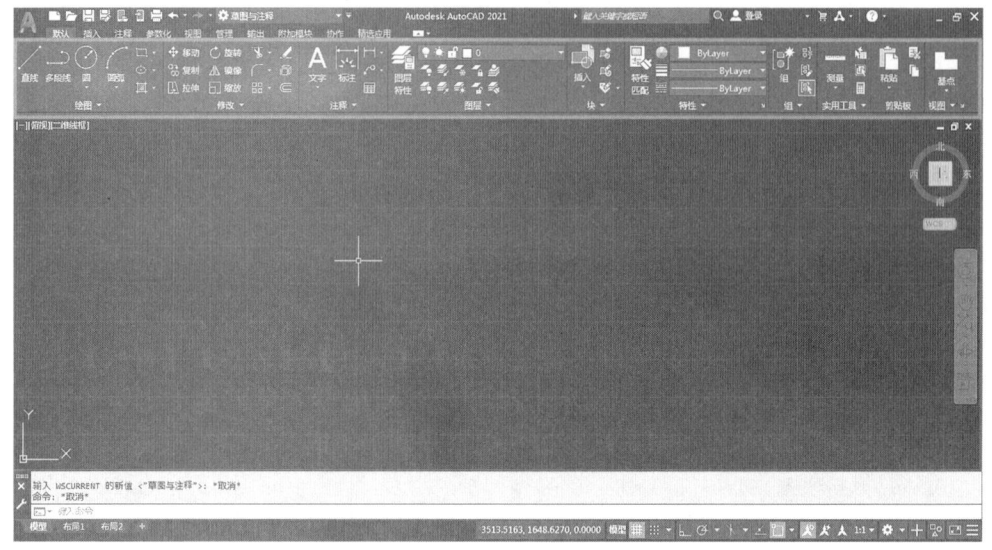

图 1-3-14　功能区

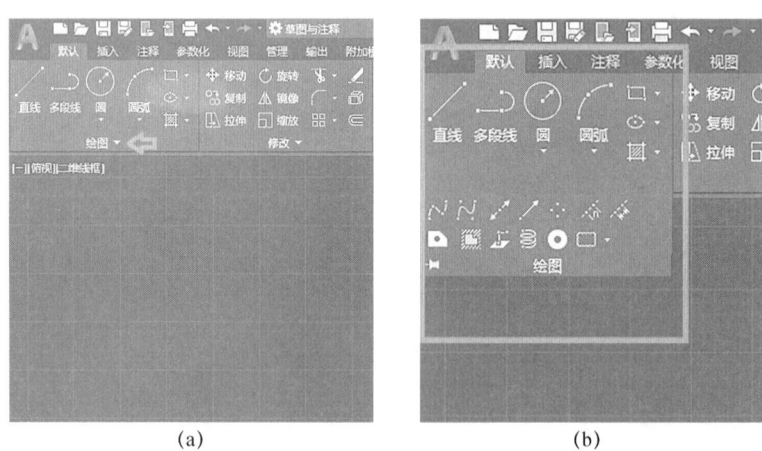

图 1-3-15　隐藏工具

功能区可以根据需要进行最小化,以扩大绘图区域。设置方法:点击菜单栏后面右侧的"小三角",可以使功能区的显示面板在最小化为选项卡、面板标题、面板按钮等不同形式之间切换。连续点击左侧的"小三角",则可以循环浏览所有项,如图 1-3-16 所示。

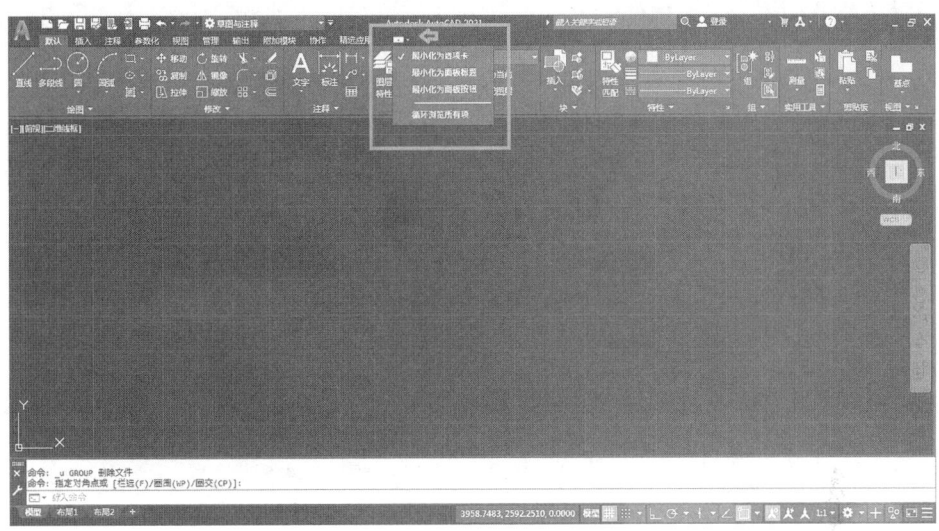

图 1-3-16 功能区小化处理

1.3.6 图形文件选项卡

在绘图区域的正上方是图形文件选项卡，显示为当前打开的图形文件。新图形文件默认的名称为"drawing1"。可以单击各图形文件选项卡，在多个打开的图形文件和"开始"之间切换。当光标悬停在图形选项卡上时，可以看到图形文件的模型和布局预览图及存储路径，如图 1-3-17 所示。在图形文件选项卡上单击右键可以弹出文件基础操作的命令入口，如【新建】【打开】【保存】【复制】等，如图 1-3-18 所示。

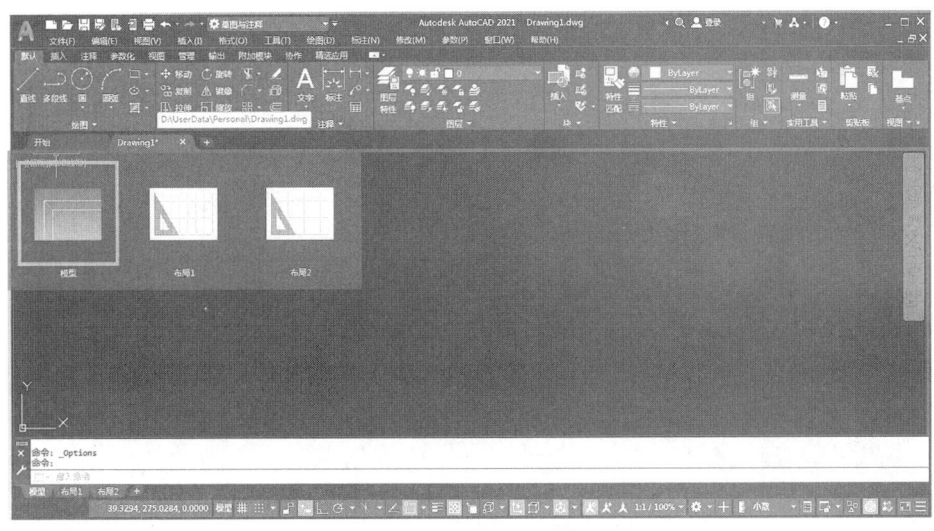

图 1-3-17 图形文件选项卡

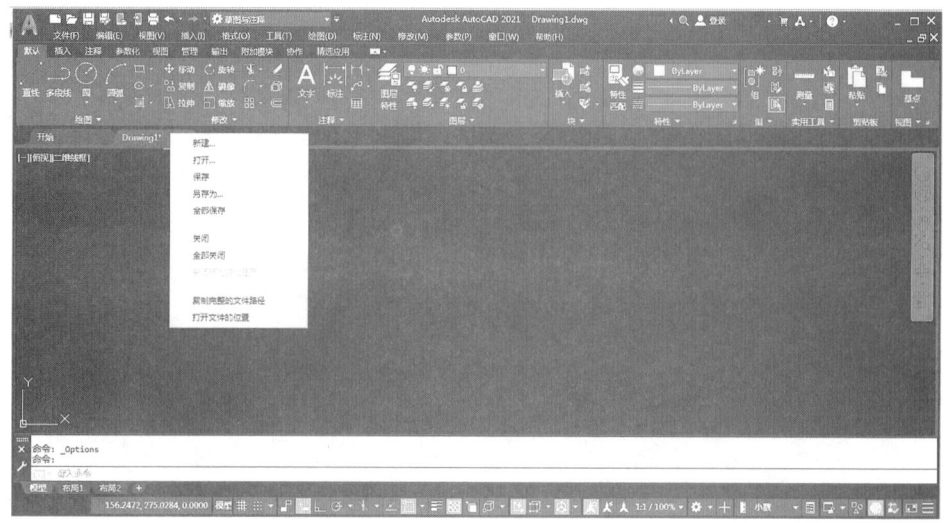

图 1-3-18　文件基础操作

1.3.7　绘图区域

在操作界面中，最大面积的绘图区域，是绘制、修改与显示图形文件的空间。事实上绘图区域是没有边界的，可以绘制任意大小的图形。利用缩放工具可以使绘图区域的显示无限增大或缩小。鼠标在绘图区域时为十字形状，便于直接定位某个点的坐标。绘图区域的左上角是视口控件，在这里可以切换显示 Viewcube 和其他查看工具，控制视口数目。在这里可以选择已命名视图、预设视图及视觉样式。Viewcube 允许旋转视图，以便从不同视角查看。导航栏位于操作界面的右侧，可以访问 SteeringWheels、平移、缩放、动态观察工具、ShowMotion，右下角的菜单按钮可以自定义导航栏。绘图区域左下角是用户坐标系图标，表明当前选择的坐标系类型，如图 1-3-19 所示。

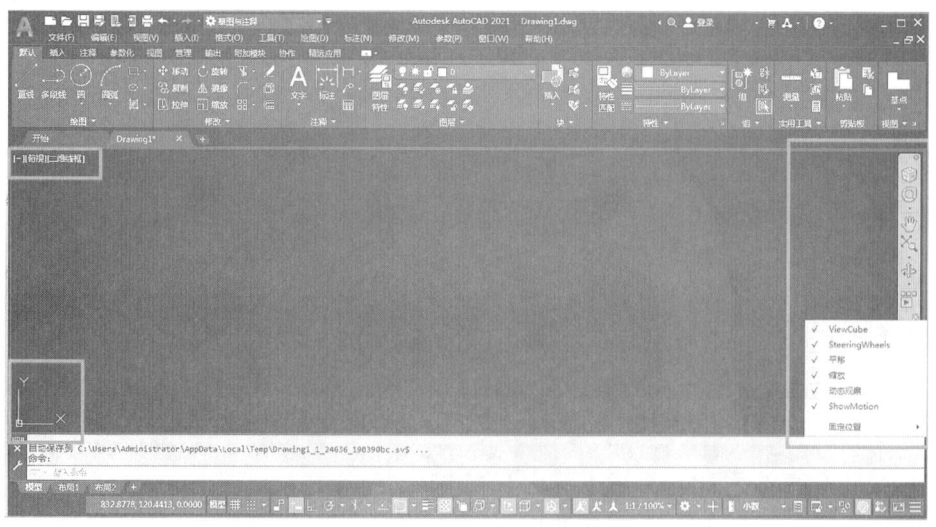

图 1-3-19　绘图区域

1.3.8 命令行窗口

命令行窗口通常固定在绘图区的底部，它是软件的核心部分，由文本窗口及键入窗口两部分构成。文本窗口用于记录已执行的命令和输出新命令，向上拖动命令文本窗口的边界将窗口调大，可以显示更多的已执行命令信息。键入窗口直接显示用键盘键入的命令，按下"Enter"键或"Space"键可执行该命令，并提示下一步如何操作，光标旁的"命令提示符"用途也是这样，如图 1-3-20 所示。

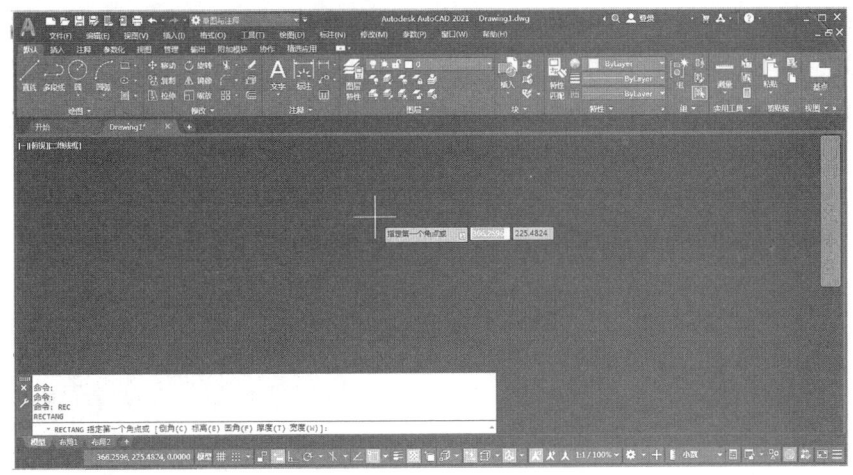

图 1-3-20　命令行窗口

1.3.9 状态栏

状态栏在命令行窗口的底部，左端显示为布局控件，可以通过点击在模型空间与布局空间中切换，模型空间是大部分图形绘制的地方，绘制完毕后切换到布局空间中查看即将发布的绘图区域和比例，并进行打印输出，可以通过单击"＋"，添加更多布局。右端为一组状态栏图标按钮，可以用于精确绘图，有图形坐标、动态输入、捕捉设置、正交限制光标、极轴追踪、工作空间自定义等按钮，用于精确绘图时快捷更改绘图工具的设置。状态最右侧为自定义按钮，可以对状态栏显示的内容进行增删，如图 1-3-21 所示。

图 1-3-21　状态栏

1.4 文件管理

文件管理主要有图形文件的新建、打开图形文件以及对已有的图形文件进行保存和另存等操作。

1.4.1 新建图形文件

新建图形文件有以下几种不同的操作方法：在初始界面点击"开始绘制"可直接新建图形文件；点击【文件】菜单或者 A 图标中的新建；点击快速访问栏的新建按钮；输入快捷键"Ctrl+N"；在命令行输入"New"，这几种都是常用的新建图形文件的方法。在弹出的样板选择对话框中选择无样板打开→公制［公制的单位我国以毫米（mm）为法定计量单位，英制单位是英寸（in）］，如图 1-4-1 所示。

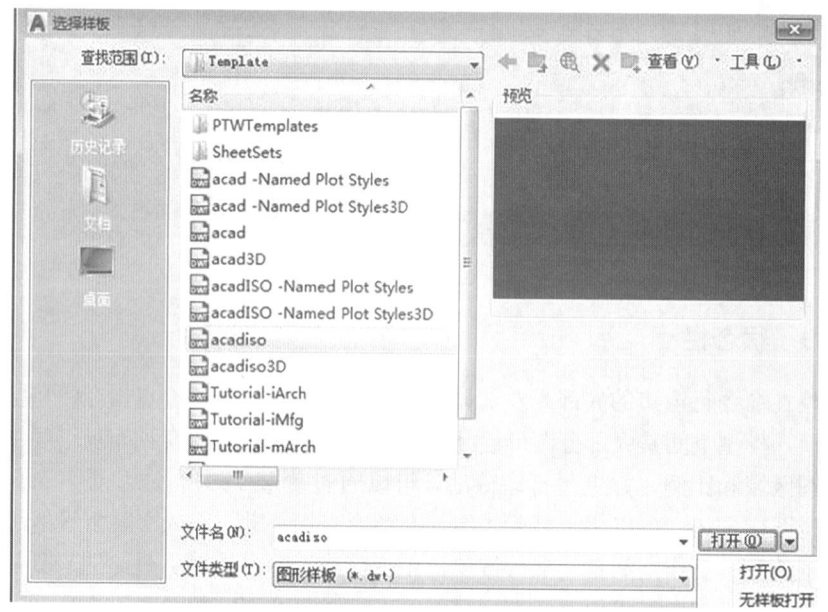

图 1-4-1　新建图形文件

1.4.2 打开文件

打开已有的图形文件的几种操作方法是：在初始界面点击"打开文件"可直接新建打开文件；点击【文件】菜单或者 A 图标中的打开；点击快速访问栏的打开按钮；输入快捷键"Ctrl+O"；在命令行输入"Open"，这几种都是常用的打开已有图形文件的方法。系统弹出选择文件对话框，在查找范围的下拉菜单中找到要打开的图形文件。AutoCAD 2021 简体中文版可打开".dwg"".dws"".dxf"".dwt"等几种格式的文件。

AutoCAD 2021 简体中文版常用的文件格式一般有以下几种。

1..dwg 文件格式：该文件格式是 AutoCAD 创立的图形保存格式，现已成为二维

CAD 的标准格式，广泛用于 CAD 数据交换。

2. .dxf 文件格式：是一种标准的文本文件格式，通常用于交换 CAD 设计的文件格式。

3. .dwt 文件格式：该文件格式是 AutoCAD 的样板文件，是一种高度压缩的文件格式，非常适合于在网络上分发传输。审阅者可以在设备没有安装 AutoCAD 程序的情况下来审阅文件。

1.4.3 保存文件

保存图形文件的方法有以下几种：点击快速访问栏的保存按钮；点击【文件】菜单或者 A 图标中的保存；输入快捷键"Ctrl+S"；在命令行输入"Qsave"，这几种都是常用的保存图形文件的方法。如果新建文件后首次保存，系统会弹出"图形另存于"的对话框，在"保存于"下拉列表中找到保存路径，在"文件名"输入图形文件的名称，在"文件类型"下拉列表中选择保存类型单击"保存"，文件即被成功保存，如图 1-4-2 所示。之后再保存只须重复以上保存文件的方法就可以实现对当前图形文件的保存。须注意当文件储存为高版本文件后，低版本 AutoCAD 可能无法打开。

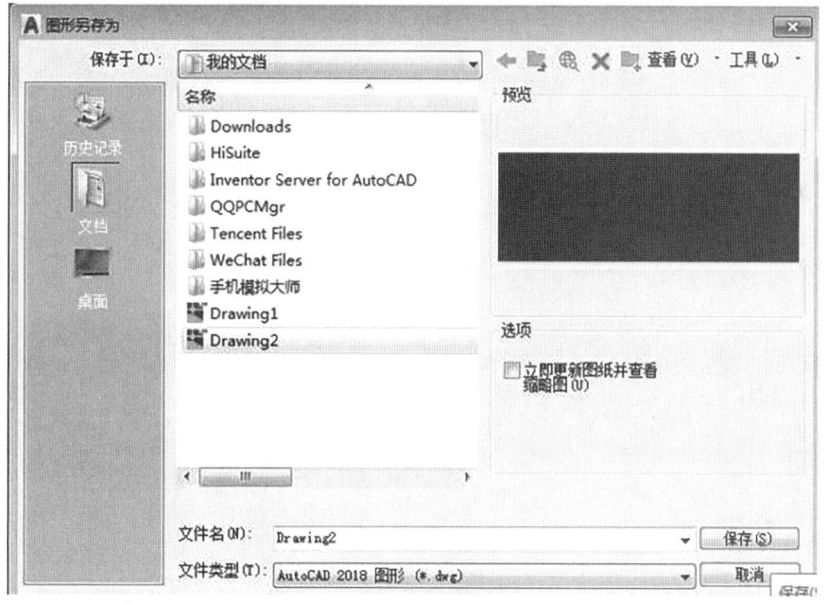

图 1-4-2　保存文件

1.4.4 另存为

与其他常用的 Windows 程序相似，AutoCAD 2021 简体中文版同样可以对文件进行"另存为"操作，从而实现将当前文件以其他的名称进行存储。具体方法：点击快速访问栏的【另存为】按钮；点击【文件】菜单或者 A 图标中的【另存为】；输入快捷键"Ctrl+Shift+S"；在命令行输入"Ctrl+Shift+S"，这几种都是常用的图形文件的"另存为"的方法。系统会弹出"图形另存为"的对话框，在"保存于"下拉列表中找到保存路径，在"文件名"输入图形文件的名称，在"文件类型"下拉列表中选择保存类型，单击"保存"，文件即被成功另存。

1.4.5 关闭文件

文件保存完成后,点击在图形选项卡右侧的"×"按钮,就可以关闭当前文件。

练习题

1. 做总平面图时用什么工作空间?
2. "无样板选择"中为什么选择"公制"?
3. 用快捷键练习:打开 AutoCAD 2021 简体中文版程序,新建一个图形文件,将其命名为"图形文件",保存为 CAD 标准文件,即".dwg"格式。打开"图形文件",将其以"样板文件"的名称另存为".dwt"格式的样板图。

第2章

绘图设置

学习指导

主要内容：本章主要介绍了CAD的基本绘图参数、坐标系统、基本输入操作、对象特性、图层、查询对象的几何特征等，这些是绘图前必备的知识，也是AutoCAD的重要组成部分。

重点知识：绘制平面图前的准备工作，绘图参数的设置，基本命令的操作方法，图层的相关概念及操作。

难点知识：图层控制的属性较多，应仔细了解清楚图层的作用与操作。

学习目标：CAD的参数设置是进行图纸绘制前的必要准备工作，基本命令的操作和图层的使用是以后进行图纸绘制的基础。通过本章的学习，可以独立进行参数设置；熟练掌握基本命令与图层的操作。

2.1 基本绘图参数

2.1.1 设置图形单位

启动AutoCAD 2021进入绘图界面后，首先设计绘图单位。

设置【图形单位】的常用方法如下。

(1) 命令行：输入"Units"或"Space"，快捷键是"U"。

(2) 菜单栏：选择菜单栏中的【格式】→【单位】。

启动单位图形对话框。如图2-1-1所示。长度：类型选择小数、建筑、工程等；精度可根据自己制图需要选择小数点后几位；角度：类型选择十进制、百分度、度分秒、弧度等；精度同样根据需要选择。单位一般为毫米，但根据自己制图的需要还可以选择米、厘米以及英尺、英寸等单位。光源可以选择国际和美国。设置完成之后点击【确定】按钮，完成单位设置。

图2-1-1 图形单位对话框

2.1.2 设置图形界限

图形界限好比图纸的幅面。按图界绘制的图打印很方便，还可以自动成批出图。

设置【图形界限】的常用方法如下。

1）命令行：输入"Limits"，快捷键是"L"，如图 2-1-2 所示。
2）菜单栏：选择菜单栏中的【格式】→【图形界限】。

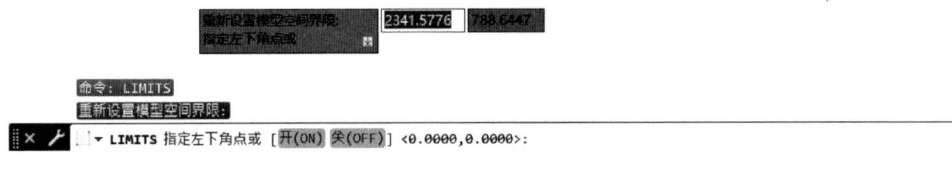

图 2-1-2　图形界限设置

例如，绘制 A3（420mm×297mm）图幅，输入要设置界限区域的左下角位置，可默认为 X 轴和 Y 轴均为 0；右上角的 X 轴为 297，Y 轴为 420，也就是竖 A3 图纸的界限；此时，CAD 图纸绘制时的图形界限已经设置好了。

2.2　坐标系统简介

绘图的过程中，通过坐标可以将物体精确定位到某个位置，也可以精确找到拾取点的位置。AutoCAD 的坐标系提供了精确绘制图形的方法，输入坐标值（X，Y，Z）进行图形的精准绘制。

AutoCAD 的坐标系统分为世界坐标系（WCS）和用户坐标系（UCS）两种。

世界坐标系是系统默认的坐标系，由 3 个相互垂直并相交的坐标轴 X、Y、Z 组成（二维图形中，由轴 X、Y 组成，Z 值为 0），如图 2-2-1 所示。世界坐标轴的交汇处显示方形标记。

用户坐标系是可以改变坐标原点和坐标方向的坐标系。即原点可以是任意数值，可以是任意角度，由绘图者根据需要确定。如图 2-2-2 所示，用户坐标轴的交汇处没有方形标记，用户可执行"【工具】→【新建 UCS】"的菜单命令，如图 2-2-3 所示。

图 2-2-1　世界坐标轴系　　　　图 2-2-2　用户坐标轴系

/ 第 2 章 绘图设置 /

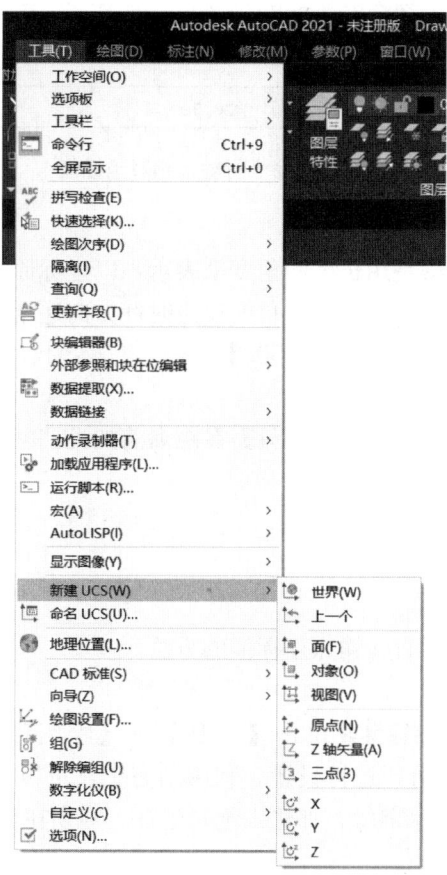

图 2-2-3 【工具】→【新建 UCS】

2.2.1 坐标表示方法

1. 绝对直角坐标系统

绝对坐标的输入方法是以坐标原点（0，0，0）为基点来定位其他所有点的。通过输入（X，Y，Z）坐标来确定点在坐标系中的位置。二维图形中 Z 坐标为 0，用户只需输入（X，Y）。例如，我们输入点（20，30），在命令行中输入"20，30"即可以得到位于 X，Y 坐标轴，坐标 20，30 的点，如图 2-2-4 所示。

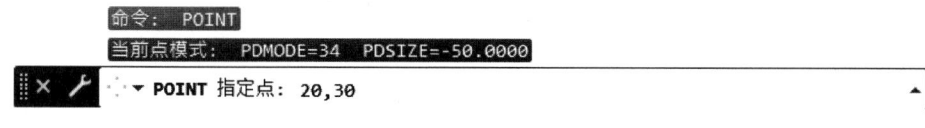

图 2-2-4 命令行输入绝对坐标值

2. 相对直角坐标系统

相对坐标的输入方法是以某点为参考点，然后输入相对位置来确定点的位置。与坐标系的原点无关，将参考点作为输入点的一个偏移。例如，"@20，30"表示输入了一点相对于前一点在 X 轴方向上向右偏移 20 个绘图单位，在 Y 轴方向上向上偏移 30 个

19

绘图单位。在命令行中输入"@20，30"，如图 2-2-5 所示。

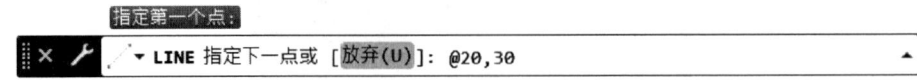

图 2-2-5　命令行输入相对坐标值

3. 绝对极坐标系统

绝对极坐标的输入方法是用长度和角度来表示，以坐标原点到固定点之间的距离和角度。距离与角度之间用"＜"分开，角度按逆时针方向递增，按顺时针方向递减。如输入【10＜－90】等同于输入【10＜－300】。

4. 相对极坐标系统

相对极坐标同样以某一点为参考，只需在距离前加上"@"符号。即相对极坐标公式：@长度＜角度。

2.2.2　数据输入方法

1. 静态输入

静态输入：指在命令行直接输入坐标值的方法。

2. 动态输入

动态输入：点击状态栏■或单击【工具】→【绘图设置】→【动态输入】如图 2-2-6所示。对动态输入可以进行设置。利用动态工具可以直接"输入相对直角坐标值和极坐标值"，无须输入@前缀。如输入绝对坐标，则须在坐标前加"♯"下。

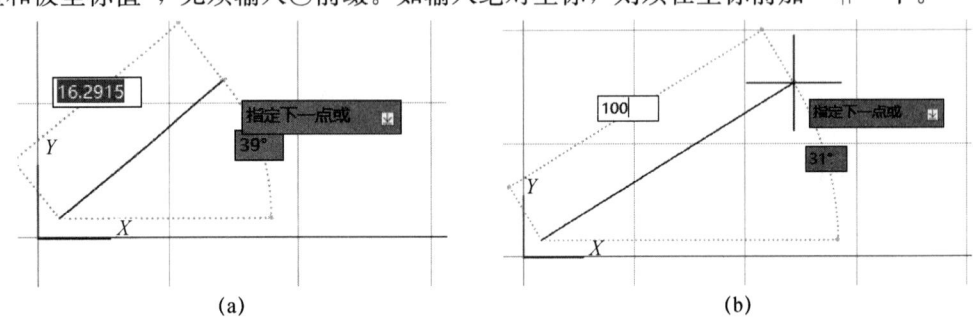

图 2-2-6　动态输入

2.3　基本输入操作

2.3.1　命令输入方式

AutoCAD 交互绘图须输入必要的指令和参数，常用的命令输入方式有命令行输入命令、快捷键执行命令、鼠标操作执行命令。

1. 命令行输入命令

用户可以使用键盘快速地在命令行中输入命令。输入命令的字符不区分大小写。

例如，命令窗口中输入直线命令"Line"或"L"，则命令行中将提示当前输入表。按键盘上的"Space"或"Enter"键，即可激活直线命令。相应的命令提示，如图2-3-1所示。

```
指定下一点或 [放弃(U)]:
指定下一点或 [放弃(U)]:
指定下一点或 [闭合(C)/放弃(U)]: *取消*
```

图 2-3-1 输入直线命令

2. 快捷键执行命令

快捷键大致可以分为两类：一类是各种命令的缩写形式，例如，"L（Line）、C（Circle）、A（Arc）、Z（Zoom）、R（Redraw）、M（Move）、CO（Copy）、PL（Pline）、E（Erase）"等；另一类是一些功能键（F1~F12）和组合键，在AutoCAD 2016中，用户按"F1"打开帮助窗口，然后在搜索框中输入"快捷键参考"，然后单击 按钮来进行搜索，可看到相关的快捷键列表如图2-3-2所示。

图 2-3-2 "快捷键参考"选项卡

3. 鼠标操作执行命令

鼠标在绘图区内以十字光标的形式显示；在选项板、功能区、对话框、菜单栏、工具栏等区域中，则以箭头显示。我们通过单击或者拖动鼠标来执行相应命令的操作。利用鼠标左键、右键可以进行以下操作。

菜单栏、工具栏、功能区中利用鼠标点击左键选择，在绘图区和命令行中点击鼠标右键。

2.3.2 命令的重复、撤销、重做

1. 重复

重复命令是指执行完一个命令之后，要再次执行该命令，用户不需要重新输入该命令，直接按"Space"或"Enter"键即可重复命令。

2. 撤销

执行了错误的操作，就要返回到上一步的操作。

设置【撤销】常用的方法如下。
1) 命令行：输入"Undo"，快捷键是"U"。
2) 菜单栏：选择菜单栏中的【编辑】→【放弃】。
3) 工具栏：选择工具栏中的【标准】→【撤销】按钮。
4) 组合键：键盘"Ctrl+Z"。

> **注意与提示**
> 执行一次"撤销"命令只能撤销一个操作步骤，若想一次撤销多个步骤，用户可单击"快速工具栏"中的 按钮。

3. 重做

如果错误地撤销了正确的操作，可以通过重做命令进行还原。

设置【重做】常用的方法如下。
1) 命令行：输入"Redo"，快捷键是"R"。
2) 菜单栏：选择菜单栏中的【编辑】→【重做】。
3) 工具栏：选择工具栏中的【标准】→【重做】按钮。
4) 组合键：键盘"Ctrl+Y"。

> **注意与提示**
> 要一次性重做多个步骤，用户可单击【快速工具栏】中的 按钮。

2.3.3 透明命令

有些命令不仅可以直接在命令行中使用，而且还可以在其他命令的执行过程中插入并执行，待该命令执行完毕后，系统继续执行原命令，这种命令称为透明命令。要以透明方式使用命令，应在输入命令之前输入单引号（'）。命令行中，透明命令行提示有一个双折符号（>>），当完成透明命令后，将继续执行原命令。

2.3.4 按键定义

除了可以通过在命令行窗口中输入命令、单击工具栏上的图标按钮或选择菜单命令来完成外，还可以使用键盘上的一组功能键或快捷键快速实现指定功能，如按 F1 键，系统调用 AutoCAD 帮助对话框。

系统使用 AutoCAD 传统标准（Windows 之前）或 Microsoft Windows 标准快捷键。有些功能键或快捷键在 AutoCAD 的菜单中已经指出，如"复制"的快捷键为"Ctrl+C"，这些只要用户在使用过程中多加留意，就会熟练掌握。

2.4 对象特性

绘图之前对文件、显示、打开和保存、打印和发布、系统等的设置。

1. 设置【对象特性】常用的方法如下。

1）菜单栏：选择菜单栏中的【工具】→【选项】，如图 2-4-1 所示。

图 2-4-1　【工具】→【选项】

2）工具栏：→【选项】，如图 2-4-2 所示。

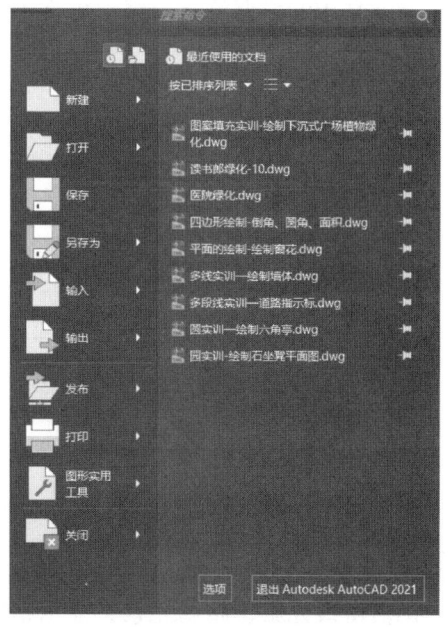

图 2-4-2　"选项"对话框

2. 弹出"选项"对话框。如图 2-4-3 所示。有文件、显示、打开和保存、打印和发布、系统、用户系统配置、绘图、三维建模、选择集、配置联机选项卡。

图 2-4-3 ▲→【选项】

"选择集"选项卡,可以设置拾取框大小、选择集模式、夹点大小、夹点颜色等。主要选项的具体含义:

(1)"拾取框大小":十字光标中间拾取方块。制图过程中主要用于选取对象和捕捉对象。如图 2-4-4 所示。

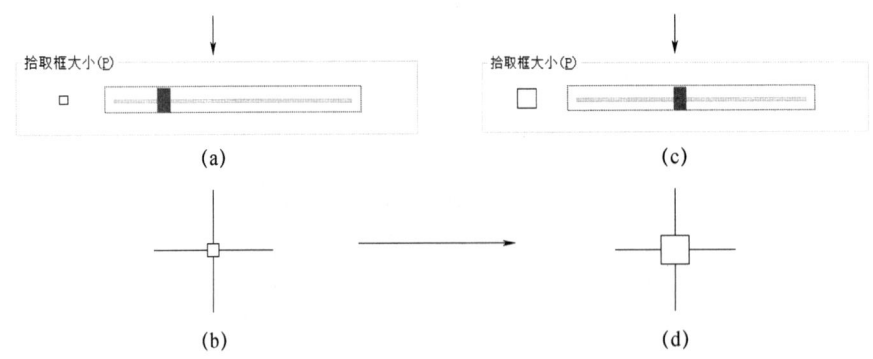

图 2-4-4 拾取点大小

(2)"夹点大小":夹点标记的大小。

(3)"显示"选项卡:包括窗口元素、布局元素、显示精度、显示性能、十字光标等。主要介绍颜色和十字光标大小。

(4)"颜色":可以选择绘图区颜色。点击"颜色"弹出"图形窗口颜色"选项卡。如图 2-4-5 所示。

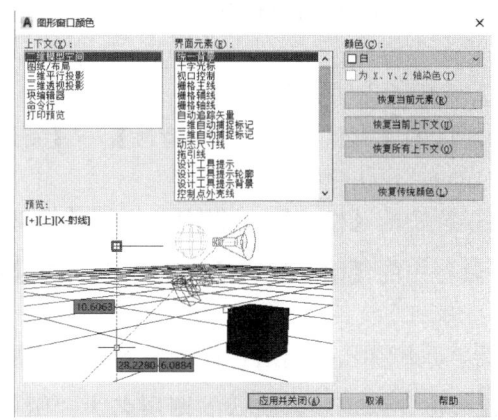

图 2-4-5　图形窗口颜色

（5）"十字光标"：绘图时的图标，滑动图框可以改变大小。如图 2-4-6 所示。

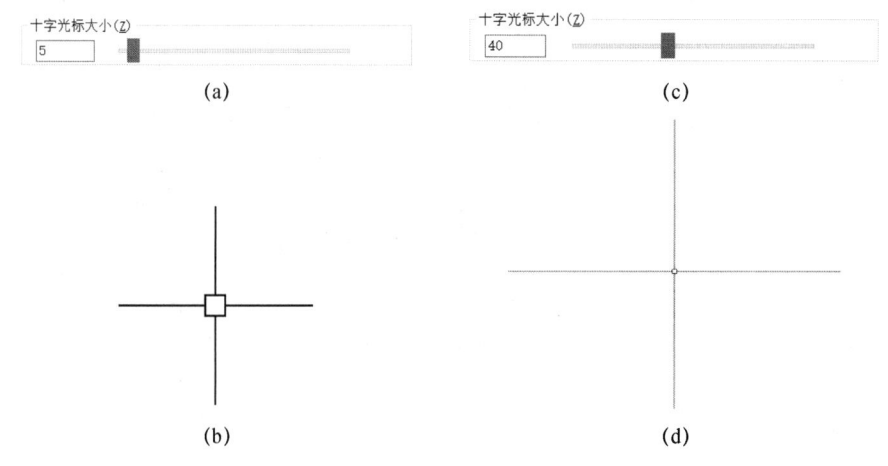

图 2-4-6　十字光标大小

2.5　图　　层

图层如同在手工绘图中使用的图纸，AutoCAD 中的图层是透明的，图纸可以叠加、可以隐藏，也可以删除。用图层能组织不同类型的信息。图形的每个对象都位于一个图层上。

在绘图时，图形对象将创建在当前的图层上。每个 CAD 文档中图层的数量是不受限制的，每个图层都有自己的名称、颜色、线型、线宽等属性，也有开关、冻结、锁定等特性。

2.5.1　新建图层

新建的 CAD 文档中只能自动创建一个名为"0"的特殊图层。默认情况下，图层 0 不能被删除或重命名。通过创建新的图层，可以将类型相似的对象指定给同一个图层使其相关联。例如，可以将构造线、文字、标注和标题栏置于不同的图层上，并为这些图层指定通用特性。通过将对象分类放到各自的图层中，可以快速有效地控制对象的显示以及对其进行更改。

1. 设置【新建图层】常用的方法如下。

1）功能区：选择功能区的【默认】→【图层特性】→【新建图层】。

2）命令行：输入"Layer"，快捷键是"La"。

3）菜单栏：选择菜单栏中的【格式】→【图层/图层特性管理器】→【新建图层】。

4）工具栏：选择工具栏中的【图层】→【新建图层】按钮。

2. 操作步骤

执行上述操作之一后，系统弹出【图层特性管理器】对话框，如图 2-5-1 所示。单击【新建图层】按钮，建立新图层，默认的图层名为"图层 1"。可以根据绘图需要，更改图层名。图层最长可使用 255 个字符的字母数字命名。图层特性管理器按名称的字母顺序排列图层。

在每个图层属性设置中，包括图层名称、关闭/打开图层、冻结/解冻图层、锁定/解锁图层、图层线条颜色、图层线条线型、图层线条宽度、图层打印样式以及图层是否打印 9 个参数。

图 2-5-1　图层特性管理器

1）设置图层线条颜色

要改变图层的颜色时，单击图层所对应的颜色图标，弹出"选择颜色"对话框，如图 2-5-2 所示。它是一个标准的颜色设置对话框，可以使用"索引颜色""真彩色"和"配色系统"3 个选项卡中的参数来设置颜色。

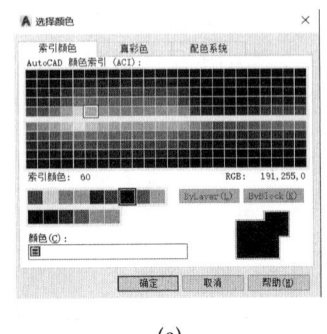
(a)

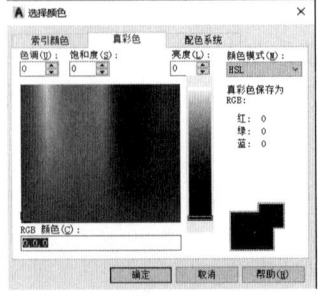
(b)

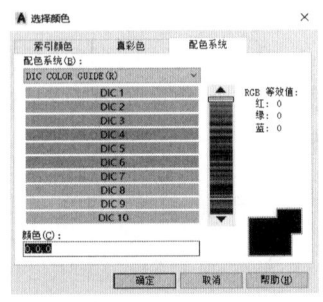
(c)

图 2-5-2　"选择颜色"对话框

2）设置图层线型

线型是指作为图形基本元素的线条的组成和显示方式，如实线、点划线等。在许多绘图工作中，常常以线型划分图层，为某一个图层设置适合的线型。在绘图时，只需将该图层设为当前工作层，即可绘制出符合线型要求的图形对象，这极大地提高了绘图效率。

单击图层所对应的线型图标，弹出"选择线型"对话框，如图 2-5-3 所示。默认情况下，在"已加载的线型"列表框中系统只添加了 Continuous 线型。单击"加载"按钮，弹出"加载或重载线型"对话框，如图 2-5-4 所示。用鼠标选择所需的线型，单击"确定"按钮，即可把该线型加载到"已加载的线型"列表框中，可以按住 Ctrl 键选择几种线型同时加载。

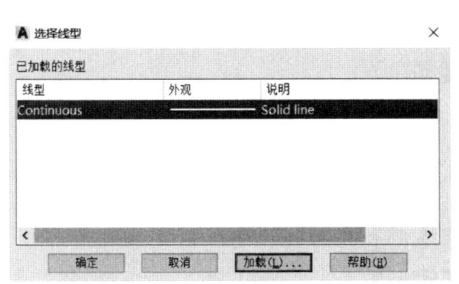

图 2-5-3 "选择线型"对话框

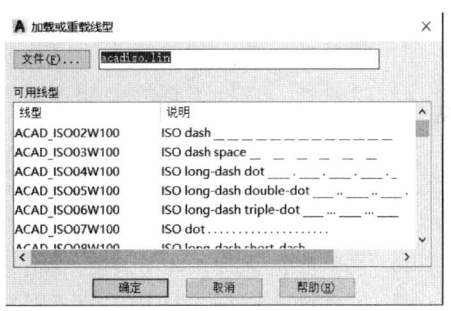

图 2-5-4 "加载或重载线型"对话框

3）设置图层线宽

用不同宽度的线条表现图形对象的类型，可以提高图形的表达能力和可读性。

单击"图层特性管理器"对话框中图层所对应的线宽图标，弹出"线宽"对话框，如图 2-5-5 所示。选择一个线宽，单击"确定"按钮即可完成对图层线宽的设置。

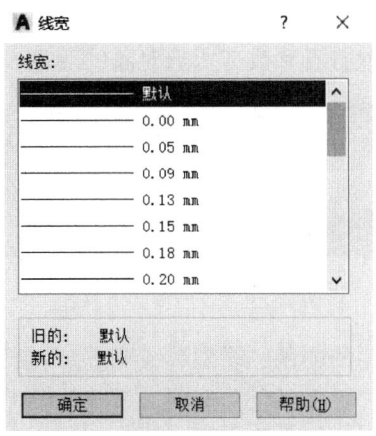

图 2-5-5 "线宽"对话框

图层线宽的默认值为 0.25mm。在状态栏为"模型"状态时，显示的线宽同计算机的像素有关。线宽为零时，显示为一个像素的线宽。单击状态栏中的"显示/隐藏线宽"按钮，显示的图形线宽与实际线宽成比例，但线宽不随着图形的放大和缩小而变化。

线宽功能关闭时，不显示图形的线宽，图形的线宽均为默认宽度值显示。可以在"线宽"对话框中选择所需的线宽。

2.5.2 设置图层

除了前面讲述的通过图层管理器设置图层的方法外，还有其他几种简便的方法可以设置图层的颜色、线宽、线型等参数。

1. 直接设置图层

可以直接通过命令行或菜单设置图层的颜色、线宽、线型等参数。

1) 设置【图层颜色】常用的方法如下。

(1) 功能区：选择功能区的【默认】→【图层特性】→【颜色】。

(2) 命令行：输入"Color"，快捷键是"Col"。

(3) 菜单栏：选择菜单栏中的【格式】→【颜色】。

(4) 工具栏：选择工具栏中的【图层】→【颜色】。

2) 设置【图层线型】常用的方法如下。

(1) 功能区：选择功能区的【默认】→【图层特性】→【线型】。

(2) 命令行：输入"Linetype"。

(3) 菜单栏：选择菜单栏中的【格式】→【线型】。

(4) 工具栏：选择工具栏中的【图层】→【线型】。

3) 设置【图层线宽】常用的方法如下。

(1) 功能区：选择功能区的【默认】→【图层特性】→【线宽】。

(2) 命令行：输入"Lineweight"或"Lweight"。

(3) 菜单栏：选择菜单栏中的【格式】→【线宽】。

(4) 工具栏：选择工具栏中的【图层】→【线宽】。

2. "特性"工具设置图层

AutoCAD提供了一个"特性"工具栏，如图2-5-6所示。用户能够控制和使用工具栏中的对象特性工具快速地查看和改变所选对象的颜色、线型、线宽等特性。

图 2-5-6 "特性"工具栏

也可以在"特性"工具栏的颜色、线型、线宽下拉列表框中选择需要的参数值。如果在颜色下拉列表框中选择"更多颜色"选项，系统就会弹出"选择颜色"对话框。同样，如果在线型、线宽下拉列表框中选择"其他"选项，系统就会弹出相应的对话框。

3. 【特性对话框】设置【图层】常用的方法如下。

1) 功能区：选择功能区的【默认】→【图层特性】。

2) 命令行：输入"Ddmodify"或"Properrties"。

3) 菜单栏：选择菜单栏中的【修改】→【特性】。

4）工具栏：选择工具栏中的【标准】→【特性】按钮 。

5）鼠标：选中对象击右键选择【特性】，如图 2-5-7 所示。

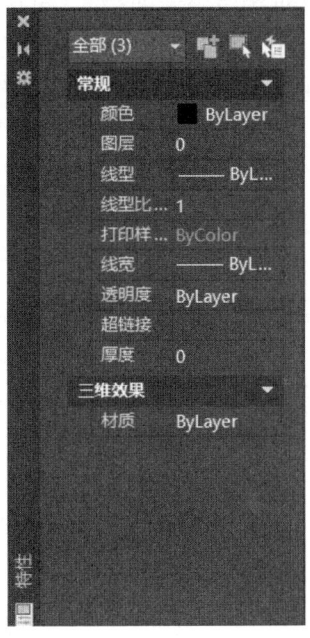

图 2-5-7 "特性"对话框

2.5.3 控制图层

1. 切换当前图层

不同的图形对象需要绘制在不同的图层中，在绘制前，需要将工作图层切换到所需的图层上来。单击"图层"工具栏中的【图层特性管理器】按钮 ，弹出"图层特性管理器"对话框，选择图层，单击"置为当前"按钮 即可完成设置。

2. 删除图层

在"图层特性管理器"对话框的图层列表框中选择要删除的图层，单击"删除"按钮 即可删除该图层。从图形文件定义中删除选定的图层时，只能删除未参照的图层。参照图层包括图层 0 及 DEFPOINTS、包含对象（包括块定义中的对象）的图层、当前图层和依赖外部参照的图层。

3. 关闭/打开图层

"图层特性管理器"对话框中单击 图标，可以控制图层的可见性。图层打开时，图标小灯泡呈鲜艳的颜色时，则该图层上的图形可以显示在屏幕上或绘制在绘图仪上。单击该属性图标后，图标小灯泡呈灰暗色时，则该图层上的图形不显示在屏幕上，而且不能被打印输出，但仍然作为图形的一部分保留在文件中。

4. 冻结/解冻图层

在"图层特性管理器"对话框中单击 图标，可以冻结图层或将图层解冻。图标呈雪花灰暗色时，该图层处于冻结状态，图层上的对象不能显示，也不能打印，同时也不能编辑修改。图标太阳呈鲜艳色时，该图层处于解冻状态。

5. 锁定/解锁图层

在"图层特性管理器"对话框中单击 图标，可以锁定图层或将图层解锁。锁定图层后，该图层上的图形依然显示在屏幕上，并可打印输出，也可以在该图层上绘制新的图形对象，但不能对该图层上的图形进行编辑修改操作。可以对当前图层进行锁定，也可对锁定图层上的图形对象进行查询或捕捉。锁定图层可以防止对图形的意外修改。

6. 打印/不打印

在"图层特性管理器"对话框中单击 图标，可以设定该图层是否打印，以保证在图形可见性不变的条件下，控制图形的打印特征。打印功能只对可见的图层起作用，对于已经被冻结或被关闭的图层不起作用。

7. 新视口冻结

新视口冻结功能用于控制在当前视口中图层的冻结和解冻，不解冻图形中设置为"关"或"冻结"。

2.6 查询对象的几何特征

为了方便绘图人员及时了解图形信息，AutoCAD 提供了很多查询工具，这里简要进行说明。

2.6.1 两点间距离查询

调用【距离查询】常用的方法如下。

1）功能区：选择功能区的【默认】→【实用工具】→【测量】→【距离】。
2）命令行：输入"Dist"，快捷键是"Di"。
3）菜单栏：选择菜单栏中的【工具】→【查询】→【距离】。
4）工具栏：选择工具栏中的【测量工具】→【距离】按钮 。

2.6.2 面积测量

调用【面积测量】常用的方法如下。

1）功能区：选择功能区的【默认】→【实用工具】→【测量】→【面积】。
2）命令行：输入"Area"，快捷键是"Aa"。
3）菜单栏：选择菜单栏中的【工具】→【查询】→【面积】。
4）工具栏：选择工具栏中的【测量工具】→【面积】按钮 。

2.6.3 角度测量

调用【角度测量】常用的方法如下。

1）功能区：选择功能区的【默认】→【实用工具】→【测量】→【角度】。
2）命令行：输入"Dimanjular"，快捷键是"Dan"。
3）菜单栏：选择菜单栏中的【工具】→【查询】→【角度】。

4）工具栏：选择工具栏中的【测量工具】→【角度】按钮。

2.6.4 其他查询命令

1. 列表查询

列出所选对象的所有属性，如图层、面积、周长、端点坐标等信息。

调用【列表查询】常用的方法如下。

1）命令行：输入"List"，快捷键是"Li"。

2）菜单栏：选择菜单栏中的【工具】→【查询】→【列表】。

3）工具栏：选择工具栏中的【查询】→【列表】按钮。

列表查询需要选择对象，之后会有该对象的基本信息。如图 2-6-1 所示。

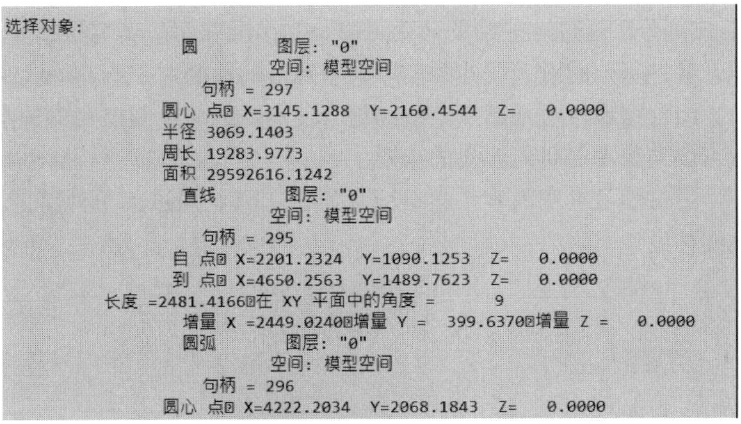

图 2-6-1　查询基本信息

2. 坐标查询

查询指定点的 X、Y、Z 坐标。

调用【坐标查询】常用的方法如下。

1）功能区：选择功能区的【默认】→【实用工具】→【测量】→【点坐标】。

2）命令行：输入"ID"。

3）菜单栏：选择菜单栏中的【工具】→【查询】→【点坐标】。

4）工具栏：选择工具栏中的【查询】→【定位点】按钮。

练习题

1. 打开 AutoCAD 2021 进行单位设置。
2. 打开 AutoCAD 2021 熟悉坐标系，并比较差别。
3. 打开 AutoCAD 2021 练习输入方式，并且分析区别。
4. 打开 AutoCAD 2021 练习图层设置。
5. 打开 AutoCAD 2021 样图进行查询命令练习。

第3章

AutoCAD 2021绘制二维图形对象

学习指导

主要内容：本章主要内容有点的绘制、直线的绘制、曲线的绘制、圆的绘制、多边形的绘制、特殊线的绘制等，这些是整个软件在绘制图形过程中的基础，也是AutoCAD的重要组成部分。通过这些绘图命令可以绘制出准确而又真实的图形。

重点知识：各种基础的点、线的绘制以及多边形的绘制。

难点知识：组合图形是对基础点、线的综合使用，如何绘制出完美的组合图形以及对组合图形进行填充是需要我们解决的难题。

学习目标：通过学习本章内容，学会应用绘图工具，通过练习熟练掌握绘图方法，并且能应用到园林设计中。

3.1 绘制点

3.1.1 设定点的样式和大小

设置【点样式和大小】常用的方法如下。

1) 命令行：输入"Ptype"，快捷键是"Pt"。

2) 菜单栏：选择菜单栏中的【格式】→【点样式】，弹出【点样式】对话框，如图3-1-1所示。

可以根据绘图对点的样式和大小进行设置。设置好点的样式才可以进行绘制。

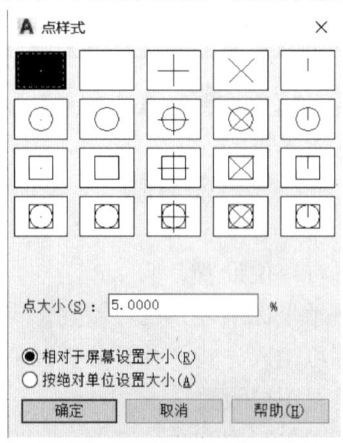

图3-1-1 点样式

3.1.2 绘制点

绘制【点】常用的方法如下。

1）功能区：选择功能区的【默认】→【绘图】→【多点】。
2）命令行：输入"Point"，快捷键是"Po"。
3）菜单栏：选择菜单栏中的【绘图】→【点】→【单点】或【多点】。
4）工具栏：选择工具栏中的【绘图】→【点】按钮。

3.1.3 定数等分对象

用于创建沿对象的长度或周长等间隔排列的点或块，被等分的对象可以是直线、多段线、圆弧、圆、椭圆或样条曲线等。

设置【定数等分】常用的方法如下。

1）功能区：选择功能区的【默认】→【绘图】→【定数等分】。
2）命令行：输入"Divide"，快捷键是"Div"。
3）菜单栏：选择菜单栏中的【绘图】→【点】→【定数等分】。

3.1.4 定距等分对象

用于沿对象的长度或周长按测定间隔创建点或块。

设置【定距等分】常用的方法如下。

1）功能区：选择功能区的【默认】→【绘图】→【定距等分】。
2）命令行：输入"Measure"，快捷键是"Mea"。
3）菜单栏：选择菜单栏中的【绘图】→【点】→【定距等分】。

3.1.5 实训

1. 实训一

将任意一条直线等分为 5 段。

1）在 CAD 中用直线命令"L"绘制一条直线。
2）点击菜单栏中【格式】→【点样式】。如图 3-1-2 所示。
3）设置点的样式和大小
4）单击功能区【默认】→【点】→。选中图中的线段。在命令行中输入线段数目：6，按空格确定，完成等分，如图 3-1-3 所示。

2. 实训二

将一条任意弧定距等分。

1）点击圆弧图标绘制任意一段弧。
2）单击功能区【默认】→【点】→。
3）在命令行中输入线段长度：300（依据自己实际绘图的需要，可以输入相应值），按空格确定 完成等分，如图 3-1-4 所示。

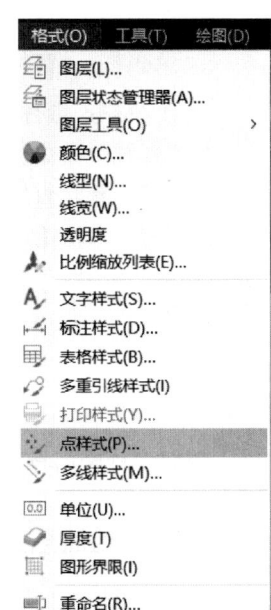

图 3-1-2 打开点样式

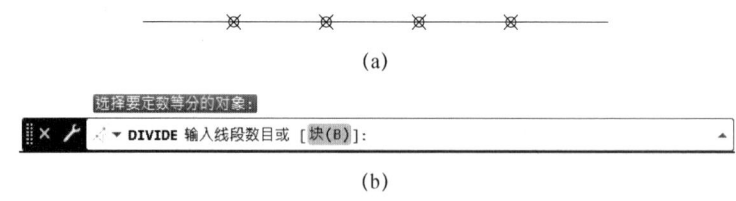

图 3-1-3　定数等分的绘制过程

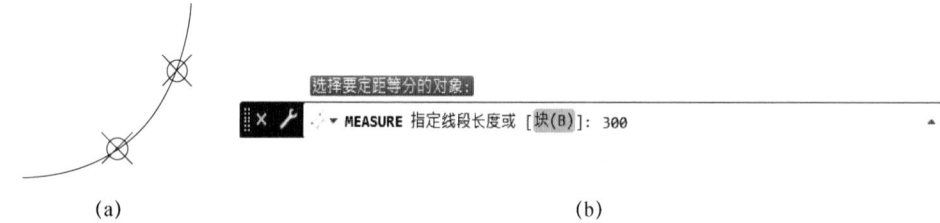

图 3-1-4　定距等分的绘制过程

3.2　绘制线段

3.2.1　绘制直线

用于创建一系列连续的直线段，每条线段都是可以单独进行编辑的直线对象。

1. 绘制【直线】常用的方法如下。

1）功能区：选择功能区的【默认】→【直线】。

2）命令行：输入"Line"，快捷键是"L"。

3）菜单栏：选择菜单栏中的【绘图】→【直线】。

4）工具栏：选择工具栏中的【绘图】→【直线】按钮。

2. "直线"命令行提示各选项内容如图 3-2-1 所示。

【放弃】：删除直线序列中最近创建的线段。

【闭合】：连接第一个和最后一个线段。

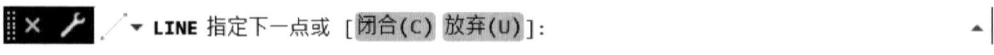

图 3-2-1　直线命令行指令

> 注意与提示
>
> 绘制线段时闭合要求三条直线。如果不闭合则直接按 Esc 结束命令。

3.2.2　绘制射线

用于创建始于一点并无限延伸的线性对象，可作为创建其他对象的参照。

绘制【射线】常用的方法如下。

1）功能区：选择功能区的【默认】→【射线】。

2）命令行：输入"Ray"。

3）菜单栏：选择菜单栏中的【绘图】→【射线】。

3.2.3 绘制构造线

用于创建两端无限延长的直线，主要在制图时充当辅助线。

1. 绘制【构造线】常用的方法如下。

1）功能区：选择功能区的【默认】→【构造线】。

2）命令行：输入"Xline"，快捷键是"Xl"。

3）菜单栏：选择菜单栏中的【绘图】→【构造线】。

4）工具栏：选择工具栏中的【绘图】→【构造线】按钮 。

2. "构造线"命令行提示各选项内容如图 3-2-2 所示。

【水平】：创建一条通过选定点的水平参照线。

【垂直】：创建一条通过选定点的垂直参照线。

【角度】：以指定的角度创建一条参照线。

【二等分】：创建一条参照线，它经过选定的角顶点，并且将选定的两条线之间的夹角平分。

【偏移】：创建平行于另一个对象的参照线。

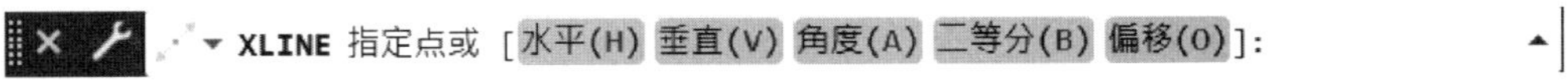

图 3-2-2　构造线命令行指令

3.2.4 实训

绘制阶梯和种植池平面图。

1）绘制阶梯和种植池平面图。如图 3-2-3 所示。

2）选择直线图标绘制种植池。

3）将阶梯进行定数等分。

4）再次绘制直线，相接于斜线。

图 3-2-3　阶梯和种植池平面图

3.3　绘制曲线

3.3.1　绘制圆

1. 绘制【圆】常用的方法如下。

1）功能区：选择功能区的【默认】→【圆】。

2）命令行：输入"Circle"，快捷键是"C"。

3）菜单栏：选择菜单栏中的【绘图】→【圆】，再选择子菜单，如图 3-3-1 所示。

4）工具栏：选择工具栏中的【绘图】→【圆】按钮。

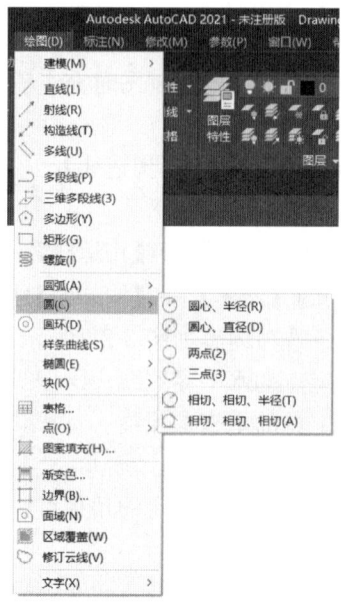

图 3-3-1　圆的绘制方式

2."圆"的绘制方式如下。

【圆心、半径】：基于圆心和半径值创建圆。

【圆心、直径】：基于圆心和直径值创建圆。

【两点】：基于直径的两个端点创建圆。

【相切、相切、相切】：创建相切于三个对象的圆。

【相切、相切、半径】：基于指定半径和两个相切对象的圆。

3.3.2　绘制圆弧

1. 绘制"圆弧"的操作方式主要有以下 3 种。

1）菜单栏：【绘图】→【圆弧】，再选择子菜单，如图 3-3-2 所示。

2）命令行："Arc"，快捷键是"A"。

3）功能区：选择功能区【默认】→【圆弧】图标。

2."圆弧"的绘制方式如下。

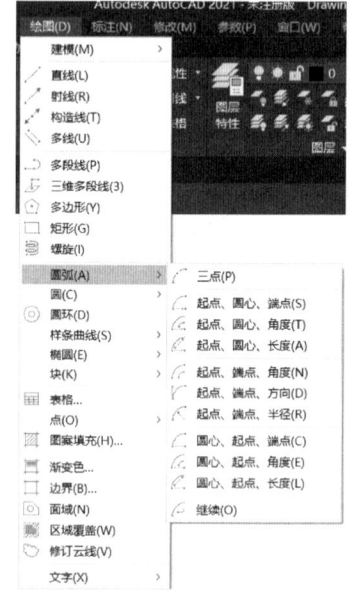

图 3-3-2　圆弧的绘制方式

> **注意与提示**
>
> 圆弧默认以逆时针方向绘制。按住 Ctrl 键，以顺时针方向绘制圆弧。

3.3.3 绘制圆环

用于绘制实心圆或较宽的环。

1. 绘制【圆环】常用的方法如下。

1）功能区：选择功能区的【默认】→【圆环】。

2）命令行：输入"Donut"，快捷键是"Do"。

3）菜单栏：选择菜单栏中的【绘图】→【圆环】。

2. 注意与提示。

使用"Fill"命令可以设置创建的圆环是否自动填充。

3.3.4 绘制椭圆与椭圆弧

1. 绘制【椭圆/椭圆弧】常用的方法如下。

1）功能区：选择功能区的【默认】→【椭圆/椭圆弧】。

2）命令行：输入"Ellipse"，快捷键是"Ell"。

3）菜单栏：选择菜单栏中的【绘图】→【椭圆/椭圆弧】如图 3-3-3 所示。

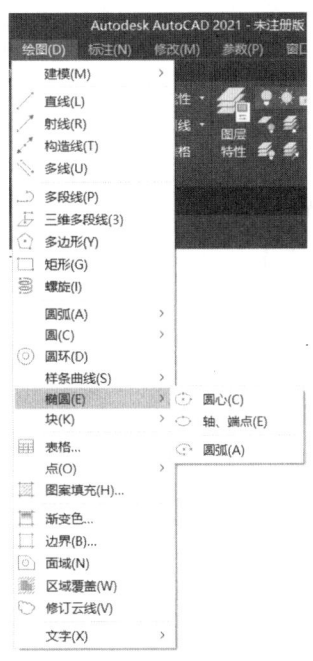

图 3-3-3 椭圆的绘制方式

4）工具栏：选择工具栏中的【绘图】→【椭圆/椭圆弧】按钮。

2. "椭圆"的绘制方式如下。

【圆心】：使用中心点、第一条半轴的端点和第二条半轴的长度来创建椭圆。可以通过单击所需距离处的某个位置或输入长度值来指定距离。

【轴、端点】：根据两个端点定义椭圆的第一条半轴，轴的角度确定整个椭圆的角度，第一条半轴既可定义椭圆的长轴也可定义短轴。

【椭圆弧】：创建一段椭圆弧。第一条半轴的角度确定了椭圆弧的角度，可以根据其大小定义长轴或短轴。

3.3.5 实训

1. 实训一

绘制石坐凳。

1) 打开素材圆的实训—绘制石坐凳，如图 3-3-4 所示。
2) 选择圆环绘制石凳外围。
3) 选择圆绘制石桌和石凳。

2. 实训二

绘制六角亭。

1) 打开素材圆的实训—绘制六角亭，如图 3-3-5 所示。
2) 选择圆绘制中心圆。
3) 绘制外圆作为辅助。
4) 将外圆定数等分 6 份。
5) 选取圆弧绘制亭的外檐。
6) 选取直线绘制亭的梁。

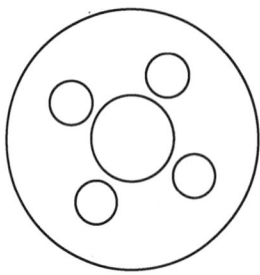 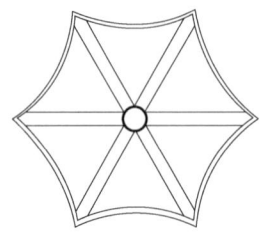

图 3-3-4　石坐凳示意图　　图 3-3-5　六角亭示意图

3.4　绘制组合线

3.4.1　绘制多段线

绘制由直线段和圆弧段组成的二维多段线。相较于直线段和圆弧，多段线更便于编辑与修改，适合绘制各类复杂的图形。

1. 绘制【多段线】常用的方法如下。
1) 功能区：选择功能区的【默认】→【多段线】。
2) 命令行：输入"Pline"，快捷键是"Pl"，如图 3-4-1 所示。
3) 菜单栏：选择菜单栏中的【绘图】→【多段线】。
4) 工具栏：选择工具栏中的【绘图】→【多段线】按钮。

2. "多段线"命令行提示各选项内容如图 3-4-1 所示。

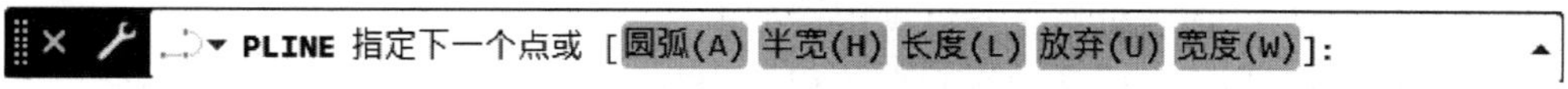

```
│×│ ♪│ ♪ ▸ PLINE 指定下一个点或 [圆弧(A) 半宽(H) 长度(L) 放弃(U) 宽度(W)]:
```

图 3-4-1 多段线绘制方式

【指定下一点】：指定第二个点。
【圆弧】：开始创建与上一个线段相切的圆弧段。
【闭合】：通过定义与第一个点重合的最后一个点，闭合多段线。
【半宽】：指定从宽线段的中心到一条边的宽度。
【长度】：按照与上一线段相同的角度方向创建指定长度的线段。如果上一线段是圆弧，将创建与该圆弧段相切的新直线段。
【放弃】：放弃本次操作，回到上一步。
【宽度】：指定下一线段的宽度。

如果下一点开始为圆弧，命令行提示各选项内容如下。

【角度】：指定圆弧段从起点开始的包含角。
【圆心】：基于其圆心指定圆弧段。
【方向】：指定圆弧段的切线。
【直线】：从图形圆弧段切换到图形直线段。
【半径】：指定圆弧段的半径。
【第二个点】：指定三点圆弧的第二点和端点。

3.4.2 绘制样条曲线

通过"拟合点"或是"控制点"的方式，绘制由拟合点或由控制框的顶点定义的平滑曲线。

1．绘制【样条曲线】常用的方法如下。

1）功能区：【默认】→【绘图】→【样条曲线拟合】或【样条曲线控制点】。

2）命令行：输入"Spline"，快捷键是"Spl"。

3）菜单栏：选择菜单栏中的【默认】→【样条曲线】，再选择【拟合点】或【控制点】，如图 3-4-2 所示。

4）工具栏：选择工具栏中的【绘图】→【样条曲线】按钮 ◪ 。

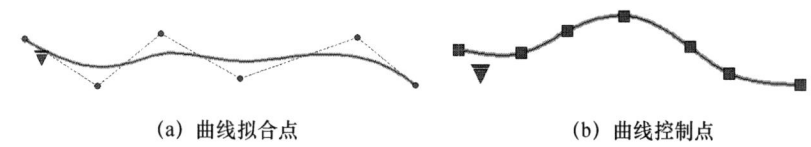

(a) 曲线拟合点　　　　　　　　(b) 曲线控制点

图 3-4-2 拟合点和控制点的绘制

2．"样条曲线"命令行提示各选项内容如下。

【方式】：切换样条曲线绘制方式，【拟合点】或【控制点】。
【节点】：指定节点参数。用来确定样条曲线中连续拟合点之间的零部件曲线如何过渡。
【对象】：将二维或三维的二次或三次样条曲线拟合。

指定第一点后，命令行提示各选项内容如下。

【起点切向】：指定在样条曲线起点的相切条件。

【公差】：指定样条曲线可以偏离指定拟合点的距离。公差值为0则样条曲线直接通过拟合点。

【闭合】：通过定义与第一个点重合的最后一个点，闭合样条曲线。

【方式】：切换样条曲线绘制方式，【拟合点】或【控制点】。

【阶数】：设置生成的样条曲线的多项式阶数。使用此选项可以创建1阶（线性）、2阶（二次）、3阶（三次）直到最高10阶的样条曲线。

3.4.3 绘制多线

【多线】命令用于绘制由复合直线组成的多线。

1. 绘制【多线】常用的方法如下。

1）命令行：输入"Mline"，快捷键是"Ml"。

2）菜单栏：选择菜单栏中的【绘图】→【多线】。

2. "多线"命令行提示各选项内容如下。

【对正】：指定多线的基准。分为上、无和下三种类型，表示以某一侧的线为基准。

【比例】：设置双线之间的间距，0表示重合，负表示倒置。

【样式】：设置当前多线的样式。

3. 自定义【多线样式】常用的方法如下。

1）命令行：输入"Mlstyle"。

2）菜单栏：选择菜单栏中的【格式】→【多线样式】，弹出【多线样式】对话框，如图3-4-3所示。

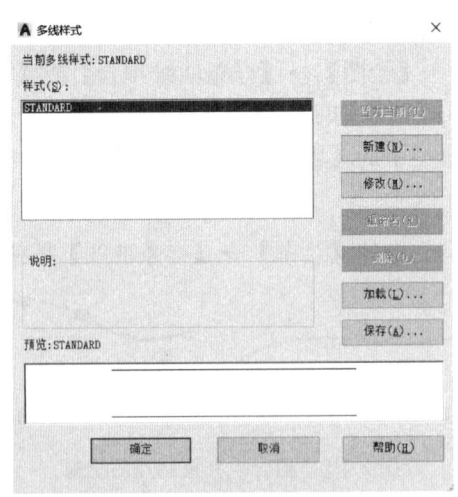

图3-4-3 "多线样式"对话框

4. "新建多线样式"对话框各选项内容如下。

【封口】：控制多线起点和端点封口，如图3-4-4所示。

【填充】：控制多线的背景填充。

【显示连接】：控制每条多线线段顶点处连接的显示。

【图元】：设置新的和现有的多线元素的元素特性，例如偏移、颜色和线型。

【添加】：将新元素添加到多线样式。只有为除 Standard 以外的多线样式选择了颜色或线型后，此选项才可使用。

【删除】：从多线样式中删除元素。

【偏移】：为多线样式中的每个元素指定偏移值，如图 3-4-4 所示。

【颜色】：显示并设置多线样式中元素的颜色。如果选择【选择颜色】，将显示【选择颜色】对话框。

【线型】：显示并设置多线样式中元素的线型。

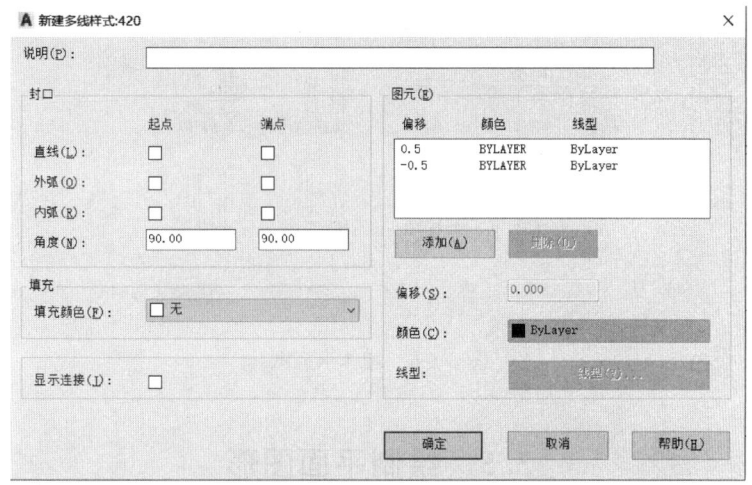

图 3-4-4　"新建多线样式"对话框

3.4.4　实训

1. 实训一

绘制园林指示标。

1) 打开素材园林指示标.dwg。如图 3-4-5 所示。

2) 选取多段线，指定起点，选择宽度（h），输入起点半宽和终点半宽。

3) 重复选择宽度（h），输入起点和终点等值宽度，选择长度（l）。

4) 选取弧度（a），选择第二点（s），选择方向（d），绘制弧线。

5) 重复步骤 3）。

2. 实训二

绘制墙体。

1) 新建图层绘制墙体中心线作为绘制多线的辅助线。

2) 打开格式进行墙体设置 370，240 墙。

3) 点击绘图-多线，命令行中输入对正（J）点击无，输入比例（S）输入 50 输入（ST）输入 370。以辅助线一点为起点绘制外墙。

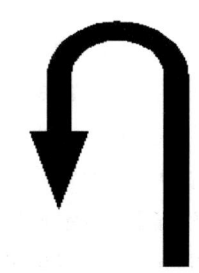

图 3-4-5　园林指示标示意图

4）重复步骤4），绘制内墙。

5）选择修改-对象-多线，弹出对话框多线编辑工具，如图3-4-6所示。

6）选择T形打开，依据命令进行选择第一条直线和第二条直线，将墙体进行编辑。

7）对不闭合的用直线闭合。

8）不闭合但相交的直线通过角点结合进行闭合。

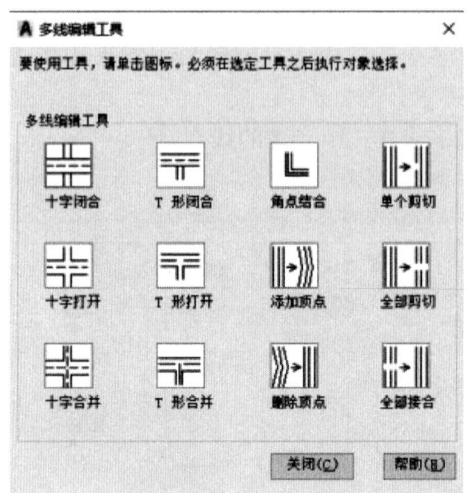

图 3-4-6　墙体示意图

3.5　绘制平面图形

3.5.1　绘制矩形

指定的矩形参数绘制矩形多段线（长度、宽度、旋转角度）和角点类型（圆角、倒角或直角）。

1. 绘制【矩形】常用的方法如下。

1）功能区：选择功能区的【默认】→【矩形】。

2）命令行：输入"Rectang"，快捷键是"Rec"。

3）菜单栏：选择菜单栏中的【绘图】→【矩形】。

4）工具栏：选择工具栏中的【绘图】→【矩形】按钮▭。

2. "矩形"命令行提示各选项内容如下。

【第一个角点】：指定矩形的一个角点。

【标高】：指定矩形的标高。

【厚度】：指定矩形的厚度。

【宽度】：为要绘制的矩形指定多段线的宽度。

【倒角】：设定矩形的倒角距离。如图3-5-1所示。

【圆角】：指定矩形的圆角半径。如图3-5-2所示。

【另一个角点】：使用指定的点作为对角点创建矩形。

【面积】：使用面积与长度或宽度创建矩形。如图 3-5-3 所示。

【倒角】或【圆角】选项被激活，则区域将包括倒角或圆角在矩形角点上产生的效果。

【尺寸】：使用长和宽创建矩形。

【旋转】：按指定的旋转角度创建矩形。

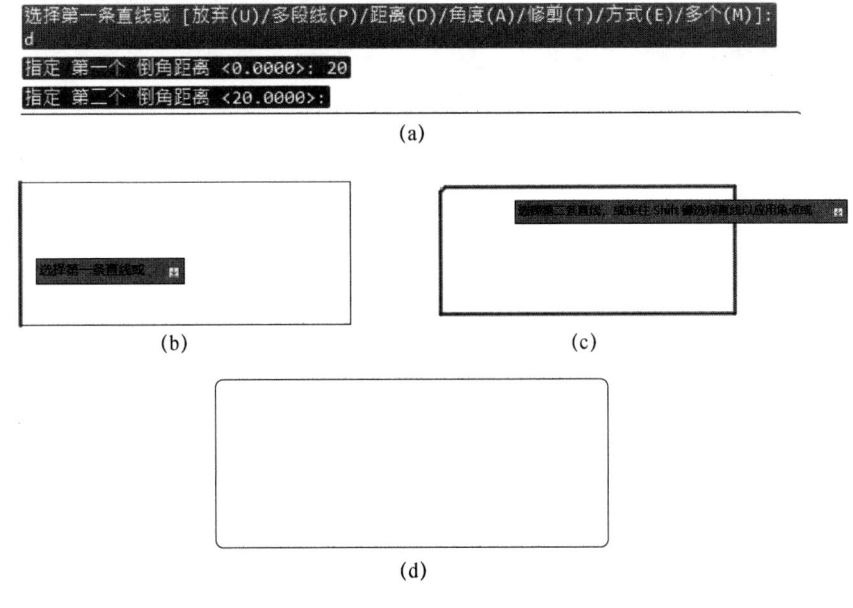

图 3-5-1　倒角绘制过程

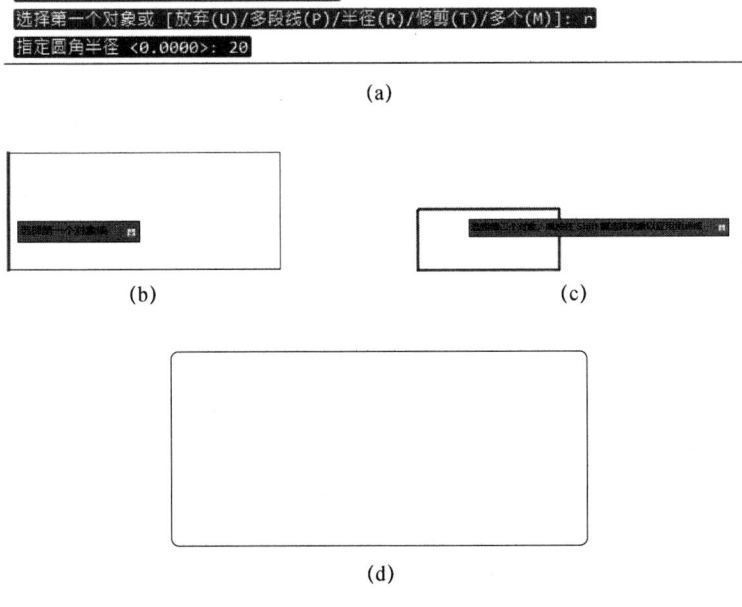

图 3-5-2　圆角绘制过程

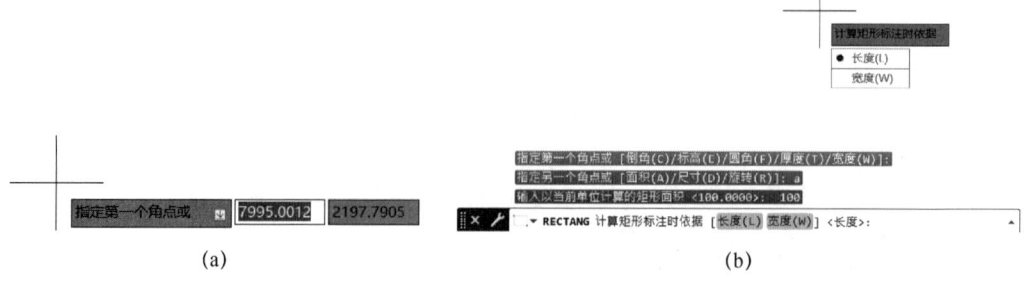

图 3-5-3　面积绘制矩形过程

3.5.2　绘制多边形

创建等边闭合多段线。

绘制【多边形】常用的方法如下。

1）功能区：选择功能区的【默认】→【多边形】。
2）命令行：输入"Polygon",快捷键是"Pol"。
3）菜单栏：选择菜单栏中的【绘图】→【多边形】。
4）工具栏：选择工具栏中的【绘图】→【多边形】按钮。

3.5.3　实训

绘制窗花。

1）打开素材文件平面绘制-绘制漏窗，如图 3-5-4 所示。
2）绘制八边形，内接于圆，八边形形状如图。
3）绘制正方形，正方形边长与八边形边长相等。
4）重复以上操作或者采用编辑命令中的复制命令进行重复。

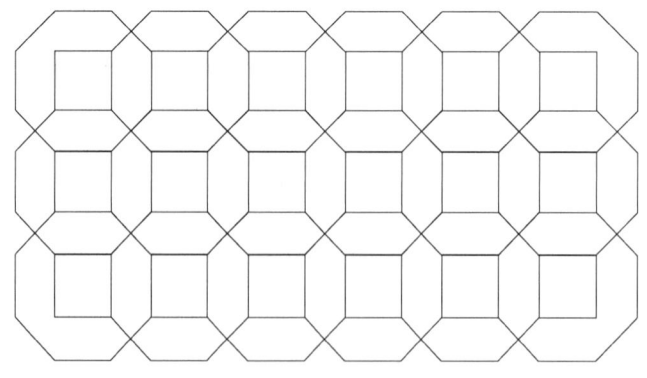

图 3-5-4　漏窗示意图

3.6　图案填充

在 AutoCAD 软件中，【图案填充】分为三种类型，分别是【图案填充】【渐变色】和【边界】。软件默认会在功能区位置显示图案填充快捷选项，便于快速操作。

进行图案填充时，首先需要确定填充的区域，该区域必须是由线、弧等能够成为图案边界的对象闭合而成。

3.6.1　创建图案填充

"图案填充"用于将指定的图案填充至整个对象或对象的局部区域里。

1. 创建【图案填充】常用的方法如下。

1）功能区：选择功能区的【默认】→【图案填充】，如图 3-6-1 所示。
2）命令行：输入"Hatch"，快捷键是"H"。
3）菜单栏：选择菜单栏中的【绘图】→【图案填充】。
4）工具栏：选择工具栏中的【绘图】→【图案填充】按钮  。

图 3-6-1　图案填充选项卡

2. "图案填充"选项卡各参数内容如下。

【边界】：通过边界确定填充范围。

【拾取点】：光标移动到需填充区域的任意位置，软件将会自动计算填充范围，完成填充，如图 3-6-2 所示。

【选择】：选择形成封闭区域的对象进行填充。

【图案】：选择软件预设的图案类型或实体色块。

【特性】：选择填充图案的特性。

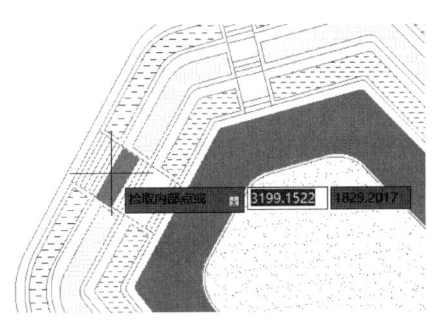

图 3-6-2　填充拾取点

3. "图案填充类型"：在实体、渐变色、图案和用户定义之间切换。

实体：填充实心色块。

渐变色：填充平滑过渡的渐变色块。

图案：填充 ANSIJSO 或其他行业标准图案。
用户定义：填充用户已设置保存好的图案。
"图案填充颜色"：选择填充图案或色块的颜色。
"背景色"：选择填充图案的背景颜色，如果填充实体则不可选。
"图案填充透明度"：设置填充图案或色块的透明度最大值为 90。
"图案填充角度"：设置图案的旋转角度，如图 3-6-3（a）所示。
"图案填充比例"：设置图案的缩放比例，如图 3-6-3（b）(c) 所示。

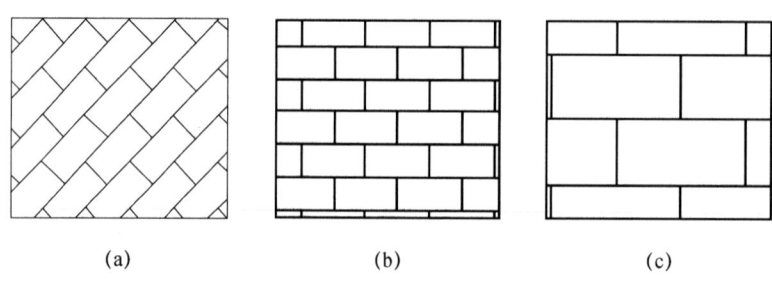

图 3-6-3　图案填充角度和比例

【原点】：设置填充图案的原点位置。
【关联】：关联边界与填充图案。
【注释性】：填充图案比例将会随视口变化而调整。
【特性匹配】：将选定对象的图案特性匹配给填充图案。

3.6.2　编辑图案填充

图案填充后对填充图案进行编辑修改。操作方式主要有以下两种。
1. 菜单栏：【修改】→【对象】→【图案填充】。
2. 快捷方式：鼠标点选已填充图案，功能区会转到图案填充编辑器。

3.6.3　实训

绘制下沉式广场植物绿化。
1）打开素材文件平面绘制-绘制下沉式广场植物。如图 3-6-4 所示。
2）绘制多边形，内接于圆，如图 3-6-4 所示。
3）填充不同植物采用不同图案、不同颜色。
4）依据填充面积设置填充比例和角度。
5）填充实体或渐变色，重复步骤 3）、4）。

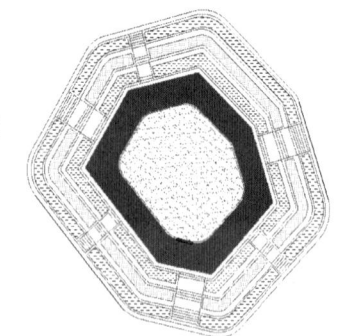

图 3-6-4　下沉式广场植物示意图

练习题

依据所给图形作以下练习。
1. 绘制矩形（倒角、圆角）。
2. 绘制墙体。
3. 绘制园路。
4. 填充园路铺装。
5. 填充地被植物。

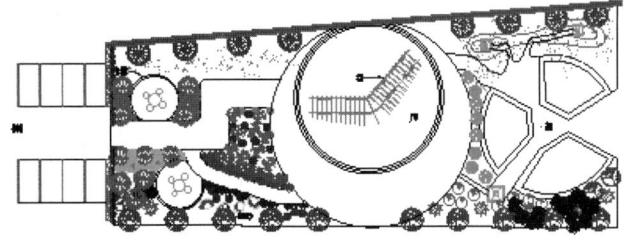

图例	名　称	棵树	图例	名　称	棵树
	馒头柳	8		迎春	45
	樟子松	9		连翘	3
	国槐	11		玉簪	26
	紫叶李	7		福禄考	84
	山杏	5		宿根亚麻	77
	金银木	3		马蔺	24
	贴梗海棠	3		草花植物	
	碧桃	10		大滨花	
	紫叶桃	4		大花牵牛	
	金叶女贞球	6		绿篱	
	梨树	2		鸢尾	
	大花萱草	21		缀花草坪	
	红瑞木	2		八宝景天	
	大叶黄杨	6		红叶景天	
	紫叶小檗	10		矮牵牛	

第4章

图形编辑

学习指导

主要内容：本章节主要介绍了CAD编辑图形的基本命令和基础操作，包含了选择对象、删除及恢复对象、复制对象、改变对象位置、改变对象几何特性、对象编辑和知识拓展七个部分，包含详细的操作步骤，图文结合，重点突出，通俗易懂。主要训练CAD的基本编辑操作，提高CAD基本操作技能，能综合运用CAD。

重点知识：读图和平面图形的绘制，辅助线的绘制和定位，编辑命令的使用。

难点知识：编辑命令的主要功能，图形高级编辑的应用。

学习目标：通过本章的学习，要掌握绘制各类图形的命令，并熟练的掌握后期修改操作。

4.1 选择对象

在CAD中进行编辑图形时，首先要进行图形的选择，而准确地选择图形可以大大提高绘图的效率。AutoCAD 2021常用的选择图形对象的方法有很多种，现介绍以下常用的三种方式：点选、框选、全部选择。

4.1.1 点选方式

在CAD工作的区域内，当光标为靶框状态下时，将光标移动到需要选择的对象上，用鼠标左键单击该对象边界，若该对象变成蓝色，则证明该对象已被选中，如图4-1-1所示。

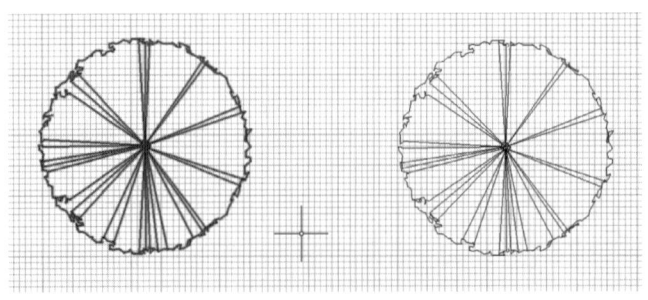

图 4-1-1 点选方式

4.1.2 框选方式

在 CAD 工作的区域内，将光标移动到选择对象上，从右向左拖动光标，出现在矩形窗口内或者边界与窗口相交的对象都将被选中，如图 4-1-2 所示；将光标移动到选择对象上，从左向右拖动光标，则所有位于该矩形窗口内的对象将被选中，不在该窗口内或只有部分在该窗口内的对象则不被选中，如图 4-1-3 所示。

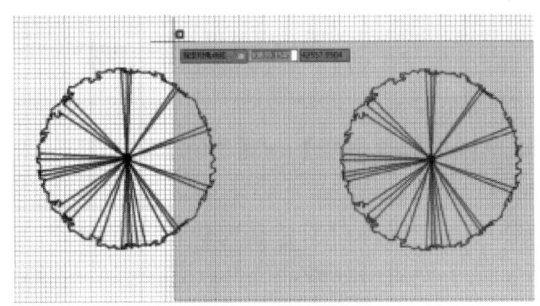

图 4-1-2　框选方式 1

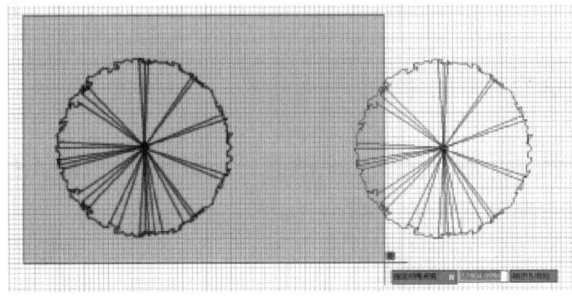

图 4-1-3　框选方式 2

4.1.3 全部选择方式

在未执行命令的情况下，按下键盘上的"Shift＋A"键可选择绘图区域内的全部对象，"Esc"键即可取消选择，如图 4-1-4 所示。

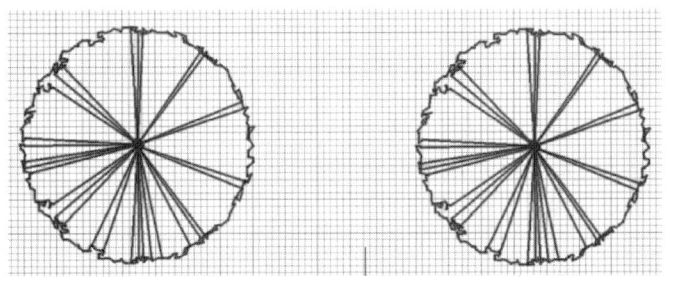

图 4-1-4　全部选择方式

4.2 删除及恢复对象

4.2.1 删除

删除命令是删除图形中选中的对象。

1. 调用【删除】常用的方法如下。

1) 功能区：选择功能区的【修改】→【删除】按钮 ■。
2) 命令行：输入"Erase"，快捷键是"E"。
3) 菜单栏：选择菜单栏中的【编辑】→【删除】。

2. 删除命令的说明。

在进行删除命令操作时，先选择对象还是先执行删除命令，得到的效果是一样的，可以不分先后顺序进行。除了使用命令外，也可以直接选中对象，点击鼠标右键进行删除。也可以在选择需要进行删除的对象后，直接按键盘上的"Delete"键执行删除操作。

4.2.2 恢复

恢复命令是恢复删除对象的命令。

恢复命令的说明。

1) 简易命令"U"：输入一次，撤销最近一次操作。可以输入任意次数"U"，每次后退一步，直到图形与删除图形前一样为止。
2) 快捷键"Ctrl+Z"：撤销最近一次操作。
3) 简易命令"Undo"：可以输入放弃指定数目，效果与多次执行"U"命令相同。

4.3 复制对象

4.3.1 复制

复制命令是将对象复制到指定方向上的指定距离处。在 CAD 中绘制了对象以后，复制可以大大地提高作图效率，还可以保证前后样式内容的一致。

1. 调用【复制】常用的方法如下。

1) 功能区：选择功能区的【修改】→【复制】按钮 ■。
2) 命令行：输入"Copy"，快捷键是"Co"。
3) 菜单栏：选择菜单栏中的【修改】→【复制】。

2. 实训

用直线命令绘制出图 4-3-1（a），然后用复制命令绘制出图 4-3-1（b）。

具体操作步骤如下。

1) 输入命令快捷键：Co
2) 选择对象：选择需要复制的对象。

3）结束选择：Space 键结束选择。

4）指定基点或【位移（D）】〈位移〉：捕捉点 A 为基点。

5）指定第二个点或〈使用第一个点作为位移〉：捕捉点 B 复制出一个三角形。

6）指定第二个点或【退出（E）/放弃（U）】〈退出〉：继续复制对象到合适位置，如图 4-3-1（b）所示。

操作完成。

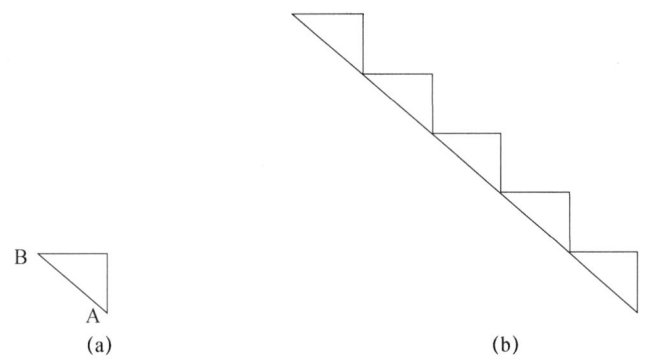

图 4-3-1　复制实训图

> **注意与提示**
>
> 带基点复制可以指定相应基点，也可以根据不同需求指定不同的基点；也可通过"Ctrl＋C"和"Ctrl＋V"进行复制粘贴。

4.3.2　镜像

镜像命令即创建选定对象的镜像副本。通常用于绘制对称图形。

1．调用【镜像】常用的方法如下。

1）功能区：选择功能区的【修改】→【镜像】按钮 镜像。

2）命令行：输入"Mirror"，快捷键是"Mi"。

3）菜单栏：选择菜单栏中的【修改】→【镜像】。

2．实训

通过镜像命令绘制将图 4-3-2（a）图绘制成图 4-3-2（b）。

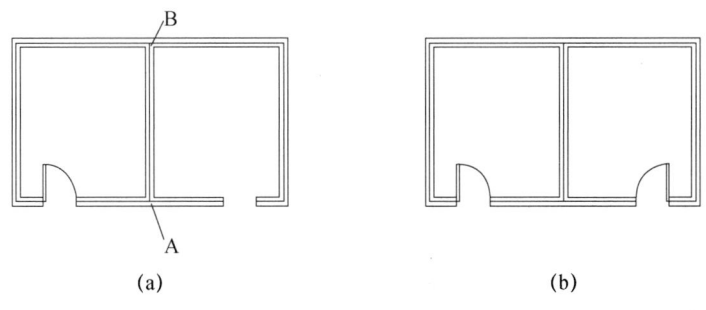

图 4-3-2　镜像实训图

具体操作步骤如下。

1）输入命令快捷键：Mi

2）选择对象：选择需要镜像的对象。

3）结束选择：Space 键结束选择。

4）指定镜像线的第一点：先确定对称轴即镜像的中轴线即直线 AB，此次捕捉点 A 为镜像的第一点。

5）指定镜像线的第二点：捕捉点 B 为镜像的二点。

6）要删除源对象吗？【是（Y）/否（N）】〈N〉：选择 Y 则源对象被删除，只剩下镜像对象；选择 N 则源对象被保留，图纸中出现两个对称的对象，默认为否〈N〉，Space 键结束命令。

操作完成。

4.3.3 偏移

偏移命令即在指定距离或通过一个点偏移对象。是特殊的复制对象的方法，可以根据指定的距离建立与所选对象平行的复制对象，从而使源对象数量得到增加，可以进行偏移的 CAD 对象有：直线、曲线、圆弧、圆、多段线、样条曲线、多边形等。

1. 调用【偏移】常用的方法如下。

1）功能区：选择功能区的【修改】→【偏移】按钮 。

2）命令行：输入"Offest"，快捷键是"Of"。

3）菜单栏：选择菜单栏中的【修改】→【偏移】。

2. 实训

将图 4-3-3（a）图用偏移命令绘制成图 4-3-3（b）。

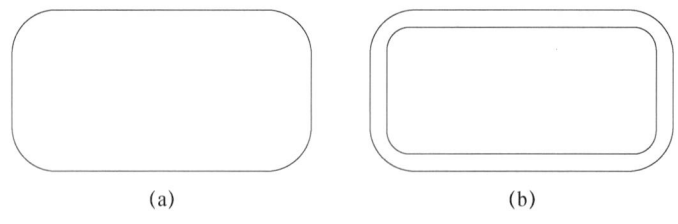

图 4-3-3　偏移实训图

具体操作步骤如下。

1）输入命令快捷键：O。

当前设置：删除源=否　图层=源　OFFSETGAPTYPE=0

2）指定偏移距离，或【通过（T）/删除（E）/图层（L）】〈通过〉：输入偏移距离 200。

3）选择要偏移的对象，或【退出（E）/放弃（U）】〈退出〉：选中圆角矩形。

4）指定要偏移的那一侧的点，或【退出（E）/多个（M）/放弃（U）】〈退出〉：将光标移动到需要偏移的一侧，确定偏移方向，单击确认偏移。

操作完成。

> **注意与提示**
>
> 在命令执行过程中，需要确认偏移源对象、偏移方向和偏移距离；在命令执行时，可用直接选取法选择偏移对象；无论是直线、圆弧线还是其他线型，偏移命令偏移出来的线都是与源对象平行的；偏移的时候，选中的线只能做一次原线，下次需要偏移时，要重新选择原线；不同图形执行偏移命令时，会有不同的结果。对圆弧进行偏移时，新圆弧的长度会发生改变，但圆弧的中心角相同；对圆或椭圆进行偏移时，其圆心不变，但圆的半径和椭圆的长、短轴会发生变化。

4.3.4 阵列

阵列命令，即按任意行、列和层级组合分布副本。是将一个对象有规律地复制很多个出来，可分为矩形阵列、路径阵列和极轴阵列。

1. 调用【阵列】常用的方法如下。

1）功能区：选择功能区的【修改】→【阵列】按钮 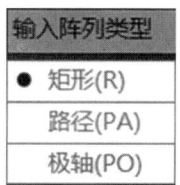。
2）命令行：输入"Array"，快捷键是"Ar"。
3）菜单栏：选择菜单栏中的【修改】→【阵列】。

用以上 3 种命令中的任一种命令调出阵列命令后，会出现 3 种阵列方法：矩形阵列、路径阵列和极轴阵列，如图 4-3-4 所示。

2. 矩形阵列

矩形阵列命令即按任意行、列和层级组合分布副本。

实训

将图 4-3-5（a）阵列成图 4-3-5（b）。

图 4-3-4 阵列类型

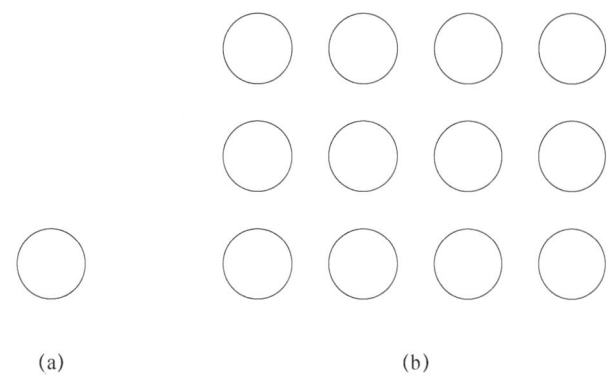

图 4-3-5 阵列实训图 1

具体操作步骤如下。

（1）输入命令快捷键：AR。
（2）选择对象：选择需要阵列的圆形，空格。
（3）输入阵列类型【矩形（R）/路径（PA）/极轴（PO）】〈矩形〉：输入 R，Space 键。
（4）选择夹点以编辑阵列或【关联（AS）/基点（B）/计数（COU）/间距（S）/

列数（COL）/行数（R）/层数（L）/退出（X）】〈退出〉：输入 COL，Space 键。

（5）输入列数数或【表达式（E）】：输入 4，Space 键。

（6）指定列数之间的距离或【总计（T）/表达式（E）】：输入 6000，Space 键。

（7）选择夹点以编辑阵列或【关联（AS）/基点（B）/计数（COU）/间距（S）/列数（COL）/行数（R）/层数（L）/退出（X）】〈退出〉：输入 R，Space 键。

（8）输入行数或【表达式（E）】〈4〉：输入 3，Space 键。

（9）指定行数之间的距离或【总计（T）/表达式（E）】〈6000〉：输入 6000，Space 键。

（10）指定行数之间的标高增量【表达式（E）】〈0〉：Space 键。

（11）选择夹点以编辑阵列或【关联（AS）/基点（B）/计数（COU）/间距（S）/列数（COL）/行数（R）/层数（L）/退出（X）】〈退出〉：Space 键。

操作完成。

> **注意与提示**
>
> 关联（AS）：表示是否创建关联阵列，关联阵列即阵列后的任何一个单元都是关联的，修改其中任意的一个单元，其他的单元也会相应发生变化。
>
> 基点（B）：是任意的，可根据作图需求进行相应的调整。
>
> 计数（COU）：可输入任意的行数和列数，根据作图需求进行修改。
>
> 间距（S）：指定列之间的距离。
>
> 层数（L）：表示在 Z 轴方向上的层数。

3. 路径阵列

路径阵列命令即沿整个路径或部分路径平均分布对象副本。可分为定数等分和定距等分两种。

实训：

将图 4-3-6（a）定数等分成图 4-3-6（b）。

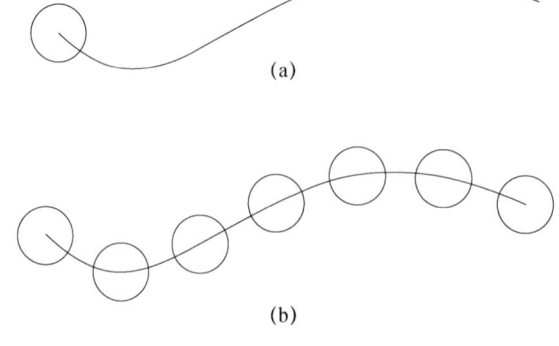

图 4-3-6　阵列实训图 2

具体操作步骤如下。

（1）输入命令快捷键：AR。

（2）选择对象：选择需要阵列的圆形，Space 键。

（3）输入阵列类型【矩形（R）/路径（PA）/极轴（PO）】〈矩形〉：输入 PA，空格。

（4）选择路径曲线：选择曲线。

（5）选择夹点以编辑阵列或【关联（AS）/方法（M）/基点（B）/切向（T）/项目（I）/行（R）/层（L）/对齐项目（A）/方向（Z）/退出（X）】〈退出〉：输入 M，Space 键。

（6）输入路径方法或【定数等分（M）/定距等分（D）】：输入 M，Space 键。

（7）选择夹点以编辑阵列或【关联（AS）/方法（M）/基点（B）/切向（T）/项目（I）/行（R）/层（L）/对齐项目（A）/方向（Z）/退出（X）】〈退出〉：Space 键，操作完成。

（8）定距等分操作步骤同上，第（5）步输入 D 选择定距等分即可。

注意与提示

项目（I）：表示阵列后的数目，默认为 6，可以根据不同的作图需求进行相应的更改。

对齐项目（A）：即选择是否将阵列项目与路径对齐，默认为"是（Y）"，可根据不同作图需求进行相应的修改。

4. 极轴阵列

极轴阵列命令即环形阵列，绕某个环形点或旋转轴形成的环形图案平均分布对象副本。

实训：

将图 4-3-7（a）极轴阵列成图 4-3-7（b），红圆为辅助圆。

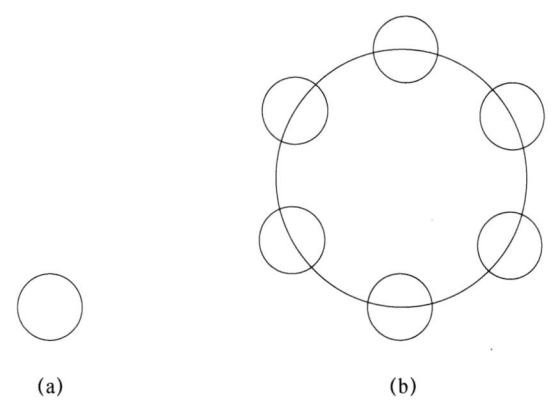

(a)　　　　　　(b)

图 4-3-7　阵列实训图 3

具体操作步骤如下。

（1）输入命令快捷键：AR。

（2）选择对象：选择需要阵列的圆形，空格。

（3）输入阵列类型【矩形（R）/路径（PA）/极轴（PO）】〈路径〉：输入 PO，

Space 键。

（4）指定阵列的中心点或【基点（B）/旋转轴（A）】：选定辅助圆的圆心为中心点。

（5）选择夹点以编辑阵列或【关联（AS）/基点（B）/项目（I）/项目间角度（A）/填充角度（F）/行（ROW）/层（L）/旋转项目（ROT）/退出（X）】：Space 键。

操作完成。

> **注意与提示**
>
> 项目间角度（A）：即指定项目之间的角度。
>
> 填充角度（F）：即指定填充角度，默认填充角度为 360°。
>
> 旋转项目（ROT）：输入旋转项目选项【是（Y）/否（N）】即是否旋转阵列项目，默认为"是（Y）"。

4.4 改变对象位置

在使用 CAD 绘制图形时，经常需要精确的将对象移动到不同位置，在 CAD 中位置移动的办法有很多种，常用的有以下 3 种：移动、旋转、缩放。

4.4.1 移动

移动命令即将对象在指定方向上移动指定距离。将图形移动到指定点上，可移动到坐标系内任意位置，移动后源图形将不再显示。

1. 调用【移动】常用的方法如下。

1）功能区：选择功能区的【修改】→【移动】按钮 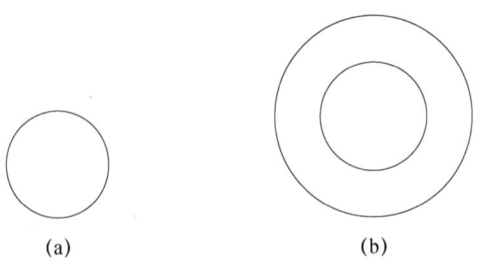。

2）命令行：输入"Move"，快捷键是"M"。

3）菜单栏：选择菜单栏中的【修改】→【移动】。

2. 实训

将图 4-4-1（a）中圆移动到图 4-4-1（b）中。

图 4-4-1　移动实训图

具体操作步骤如下。

1）输入命令快捷键：M。

2）选择对象：选中需要移动的圆，Space 键。

3）指定基点或【位移（D）】〈位移〉：捕捉到圆心为位移的基点。

4）指定第一点或〈使用第一个点作为位移〉：小圆移动到大圆的圆心。

操作完成。

4.4.2 旋转

旋转命令即围绕基点将选定的对象旋转到一个绝对的角度。即在保持源图形形状不变的情况下以一定点为中心，旋转一定的角度，该角度可进行指定。旋转对象有两种方法，如已知旋转角度，可直接输入旋转角度；如旋转角度未知，可指定参照角度进行旋转。

1. 调用【旋转】常用的方法如下。

1）功能区：选择功能区的【修改】→【旋转】按钮 旋转。

2）命令行：输入"Rotate"，快捷键是"Ro"。

3）菜单栏：选择菜单栏中的【修改】→【旋转】。

2. 实训一 将图形按照已知角度进行旋转

将图 4-4-2（a）三角形顺时针旋转 45°得到图 4-4-2（b）。

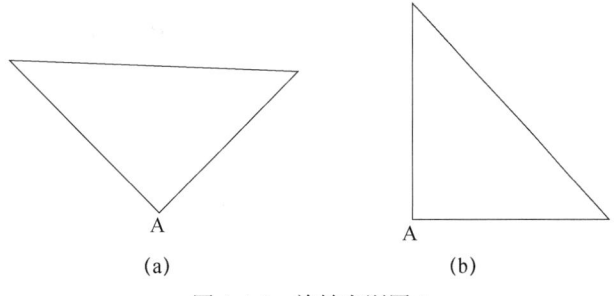

图 4-4-2 旋转实训图 1

具体操作步骤如下。

1）输入命令快捷键：RO。

USC 当前的正角方向：ANGDIR＝逆时针　ANGBASE＝0

2）选择对象：用点选方式选择图（a），Space 键。

3）指定基点：捕捉点 A 为旋转基点。

4）指定旋转角度，或【复制（C）/参照（R）】：输入旋转角度 45°，回车。

操作完成。

3. 实训二 将图形按照参照角度进行旋转

将图 4-4-3（a）旋转成图 4-4-3（b）。

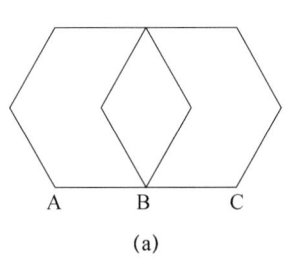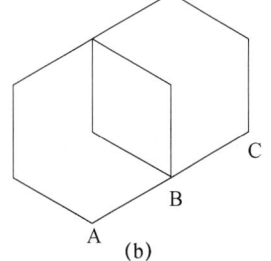

图 4-4-3 旋转实训图 2

1）输入命令快捷键：RO。
USC 当前的正角方向：ANGDIR＝逆时针　ANGBASE＝0
2）选择对象：用框选方式选择图（a），Space 键。
3）指定基点：捕捉点 A 作为基点。
4）指定旋转角度，或【复制（C）/参照（R）】〈45〉：输入 R，Space 键。
5）指定参照角〈0〉：捕捉点 B。
6）指定第二点：捕捉点 C。
7）指定新角度或【点（P）】：回车。
操作完成。

4.4.3 缩放

缩放命令即放大或缩小选定对象，缩放后保持对象的比例不变。缩放对象有两种操作方法，一种是比例因子缩放，另一种是参照缩放。

1. 调用【缩放】常用的方法如下。
1）功能区：选择功能区的【修改】→【缩放】按钮 [缩放]。
2）命令行：输入"Scale"，快捷键是"Sc"。
3）菜单栏：选择菜单栏中的【修改】→【缩放】。
4）工具栏：选择工具栏中的【缩放】。

2. 实训一 按照比例因子缩放
将图 4-4-4（a）放大两倍得到图 4-4-4（b）。

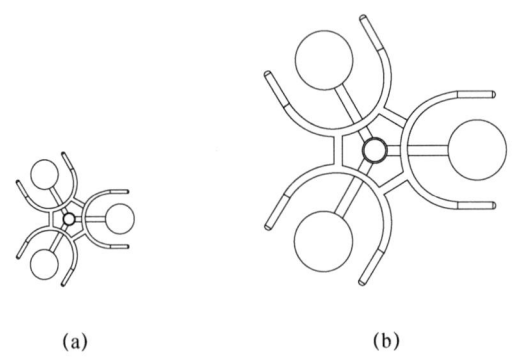

图 4-4-4　缩放实训图 1

具体操作步骤如下。
1）输入命令快捷键：SC。
2）选择对象：选中图（a），Space 键。
3）选择基点：捕捉中心小圆的圆心为基点。
4）指定比例因子或【复制（C）/参照（R）】〈1.0000〉：输入 2，回车。
操作完成。

3. 实训二 按照参照缩放
将图 4-4-5（a）中正方形的边长缩放到 2000 得到图 4-4-5（b）。

具体操作步骤如下。

1）输入命令快捷键：SC。

2）选择对象：选中图（a），Space 键。

3）选择基点：捕捉点 A 为基点。

4）指定比例因子或【复制（C）/参照（R）】〈1.0000〉：输入 R，Space 键。

5）指定参照长度〈1.0000〉：正方形的边长距离 AB 作为参照长度，捕捉点 A。

6）指定第二点：捕捉点 B。

7）指定新的长度或【点（P）】〈1.0000〉：输入 2000，回车。

操作完成。

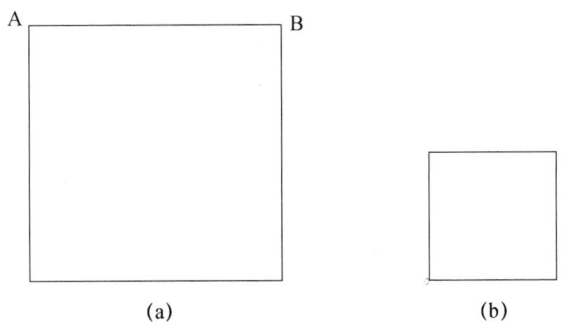

图 4-4-5　缩放实训图 2

4.5　改变对象几何特性

4.5.1　圆角

圆角命令即给对象加圆角。使与对象相切且指定半径的圆弧来连接两个对象，可以圆角的对象有圆、椭圆、直线、多段线、构造线等。可以创建两种圆角，内角点称为内圆角，外角点称为外圆角。

1. 调用【圆角】常用的方法如下。

1）功能区：选择功能区的【修改】→【圆角】按钮 ⌒ 圆角。

2）命令行：输入"Fillet"，快捷键是"F"。

3）菜单栏：选择菜单栏中的【修改】→【圆角】。

2. 实训

将图 4-5-1（a）加圆角得到图 4-5-1（b）。

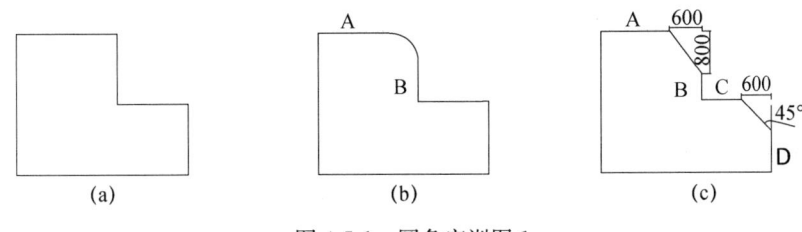

图 4-5-1　圆角实训图 1

具体操作步骤如下。

1) 输入命令快捷键：F。

当前设置：模式＝修剪，半径＝0.0000

2) 选择第一个对象或【放弃（U）/多段线（P）/半径（R）/剪切（T）/多个（M）】：输入 R，Space 键。

3) 指定圆角半径〈0.0000〉：输入 500，Space 键。

4) 选择第一个对象或【放弃（U）/多段线（P）/半径（R）/剪切（T）/多个（M）】：选择直线 A。

5) 选择第二个对象或按住 Shift 键选择要应用角点的直线：选择直线 B，回车。

操作完成。

> **注意与提示**
>
> 多段线（P）：即多段线每个顶点处的相交直线段倒角，圆角成为多段线的新线段。
>
> 修剪（T）：输入修剪模式选项【修剪（T）/不修剪（N）】即多余的线条需不需要进行修剪，默认状态为 T（修剪）。
>
> 多个（M）：即连续进行圆角。

4.5.2 倒角

倒角命令即给对象加倒角。倒角有两种方法，一种是利用距离绘制倒角，即已知倒角两边的距离，另一种是利用角度绘制倒角，即已知倒角一条边和倒角所成的角度。

1. 调用【倒角】常用方法如下。

1) 功能区：选择功能区的【修改】→【倒角】按钮 倒角 。

2) 命令行：输入"Chamfer"，快捷键是"Cha"。

3) 菜单栏：选择菜单栏中的【修改】→【倒角】。

2. 实训一 利用距离绘制倒角

将图 4-5-1（a）倒角成图 4-5-1（c）。

具体操作步骤如下。

1) 输入命令快捷键：CHA。

（"修剪模式"）当前倒角距离 1＝0.0000，距离 2＝0.0000

2) 选择第一条直线或【放弃（U）/多段线（P）/距离（D）/角度（A）/剪切（T）/方式（E）/多个（M）】：输入 D，Space 键。

3) 指定第一个倒角距离〈0.0000〉：输入 600，Space 键。

4) 指定第二个倒角距离〈600.0000〉：输入 800，Space 键。

5) 选择第一条直线或【放弃（U）/多段线（P）/距离（D）/角度（A）/剪切（T）/方式（E）/多个（M）】：选择直线 A。

6) 选择第二条直线或按住 Shift 键选择直线以应用角点或【距离（D）/角度（A）/方法（M）】：选择直线 B，回车。

操作完成。

3. 实训二 利用角度绘制倒角

将图 4-5-1（a）倒角成图 4-5-1（c）。

具体操作步骤如下。

1）按 Space 键重复倒角命令

（"修剪模式"）当前倒角距离 1＝600.0000，距离 2＝800.0000

2）选择第一条直线或【放弃（U）/多段线（P）/距离（D）/角度（A）/剪切（T）/方式（E）/多个（M）】：输入 A，Space 键。

3）指定第一个倒角距离〈600.0000〉：输入 600，Space 键。

4）指定第二个倒角角度〈45〉：输入 45，Space 键。

5）选择第一条直线或【放弃（U）/多段线（P）/距离（D）/角度（A）/修剪（T）/方式（E）/多个（M）】：选择直线 C。

6）选择第二条直线或按住 Shift 键选择直线以应用角点或【距离（D）/角度（A）/方法（M）】：选择直线 D，回车。

操作完成。

4.5.3 光顺曲线

光顺曲线命令即在两条开放曲线的端点之间创建相切或平滑的样条曲线。通过光顺曲线可以将两个对象的端点光顺地连接起来，目标对象可以是多段线、直线、圆弧等，创建的光顺曲线默认是以相切的形式连接两个对象。

1. 调用【光顺曲线】常用的方法如下。

1）功能区：选择功能区的【修改】→【光顺曲线】按钮 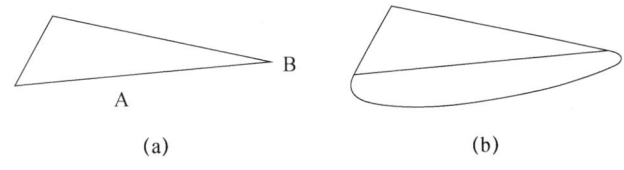。

2）命令行：输入 "Blend"，快捷键是 "Ble"。

3）菜单栏：选择菜单栏中的【修改】→【光顺曲线】。

2. 实训

将图 4-5-2（a）用光顺曲线得到图 4-5-2（b）。

图 4-5-2 光顺曲线实训图

具体操作步骤如下。

1）输入命令快捷键：BLE。

连续性＝相切

2）选择第一个对象或【连续性（CON）】：选择直线 A。

3）选择第二个点：选择点 B。

操作完成。

> **注意与提示**
> 点击生成的曲线，会显示出来控制端点，拖动控制端点即可调整出想要的弧度。

4.5.4 修剪

修剪命令即修剪对象以适合其他对象的边。通常用于修剪图中不需要的部分,要注意修剪的线要与线相互交叉,否则将无法进行修剪。

1. 调用【修剪】常用的方法如下。

1)功能区:选择功能区的【修改】→【修剪】按钮。

2)命令行:输入"Trim",快捷键是"Tr"。

3)菜单栏:选择菜单栏中的【修改】→【修剪】。

2. 实训

将图 4-5-3(a)中线段 A 修剪得到图 4-5-3(b)。

图 4-5-3 修剪实训图

具体操作步骤如下。

1)输入命令快捷键:TR。

当前设置:投影=USC,边=无,模式=快速

2)选择要修剪的对象,或按住 Shift 键选择要延伸的对象或【剪切边(T)/窗交(C)/模式(O)/投影(P)/删除(R)】:选择线段 A,Space 键。

操作完成。

4.5.5 延伸

延伸命令即延伸对象以适合其他对象的边。将一延伸边延伸到另一边的操作,可以延伸的对象有直线、多段线、圆弧等。

1. 调用【延伸】常用的方法如下。

1)功能区:选择功能区的【修改】→【延伸】按钮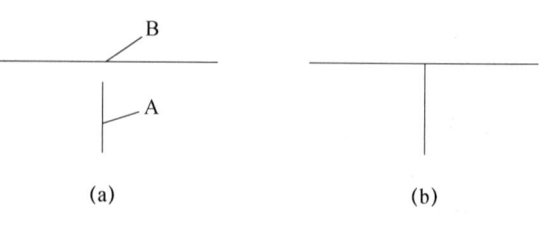。

2)命令行:输入"Extend",快捷键是"Ex"。

3)菜单栏:选择菜单栏中的【修改】→【延伸】。

2. 实训

将图 4-5-4(a)线段 A 延伸到线段 B 上得到图 4-5-4(b)。

具体操作步骤如下。

1)输入快捷键命令:EX。

图 4-5-4 延伸实训图

当前设置：投影＝USC，边＝无，模式＝快速

2）选择要修剪的对象，或按住 Shift 键选择要延伸的对象或【剪切边（T）/窗交（C）/模式（O）/投影（P）/删除（R）】：选择线段 A，Space 键。

操作完成。

> **注意与提示**
>
> 延伸对象时可选择多个；延伸对象为多段线时，非封闭的多段线才能进行延伸。

4.5.6 拉伸

拉伸命令即通过窗选或多边形框选的方式来拉伸对象。可以对点进行拉伸，也可以对线进行拉伸。

1．调用【拉伸】常用的方法如下。

1）功能区：选择功能区的【修改】→【拉伸】按钮 ![拉伸]。

2）命令行：输入"Stretch"，快捷键是"S"。

3）菜单栏：选择菜单栏中的【修改】→【拉伸】。

2．实训

将图 4-5-5（a）拉伸得到图 4-5-5（b）。

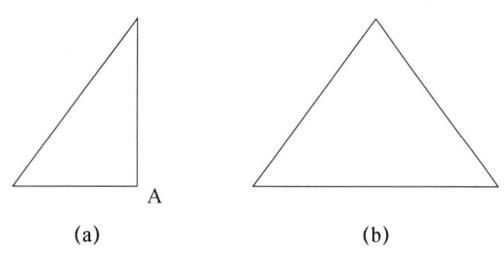

图 4-5-5　拉伸实训图

具体操作步骤如下。

1）输入命令快捷键：S。

以交叉窗口或交叉多边形选择要拉伸的对象

2）选择对象：以交叉窗口选择对象，空格。

3）指定基点或【位移（D）】〈位移〉：选择点 A 为基点。

4）指定第二点或〈使用第一点作为位移〉：输入 6000，Space 键。

操作完成。

> **注意与提示**
>
> 用交叉窗口选择对象时，在窗口内的端点将会被拉伸，窗口外的端点将不会被拉伸；若整个对象都被选中时，执行拉伸命令时则是对其进行平移。

4.5.7 拉长

拉长命令即修改对象的长度和圆弧的包含角。将对象延长到固定长度，对象可以是直线、多段线、构造线、圆弧等。

1. 调用【拉长】常用的方法如下。

1）功能区：选择功能区的【修改】→【拉长】按钮 。

2）命令行：输入"Lengthen"，快捷键是"Len"。

3）菜单栏：选择菜单栏中的【修改】→【拉长】。

2. 实训

将图 4-5-6（a）线段 A 向右拉长 300 得到图 4-5-6（b）。

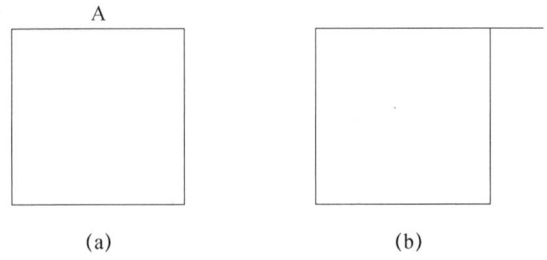

图 4-5-6　拉伸实训图

具体操作步骤如下。

1）输入命令快捷键：LEN。

2）选择要测量的对象或【增量（DE）/百分比（P）/总计（T）/动态（DY）】〈总计（T）〉：选择线段 A。

3）当前长度：1000.000。

4）选择要测量的对象或【增量（DE）/百分比（P）/总计（T）/动态（DY）】〈总计（T）〉：输入 DE，Space 键。

5）输入长度增量或【角度（A）】〈0.000〉：300，Space 键。

6）选择要修改的对象或【放弃（U）】：选择线段 A，Space 键。

操作完成。

3. 注意与提示

增量（DE）：即需要增加的长度，正值为扩展对象，负值为修剪对象。

百分比（P）：按百分比设置需要修改的长度。

总计（T）：即增加的总长度。

动态（DY）：即用光标确定图形一侧的端点。

4.5.8 打断

打断命令即在两点之间打断选定的对象。

1. 调用【偏移】常用的方法如下。

1）功能区：选择功能区的【修改】→【打断】按钮 。

2）命令行：输入"Break"，快捷键是"Br"。

3）菜单栏：选择菜单栏中的【修改】→【打断】。

2．实训

将图4-5-7（a）中的线段A、B打断得到图4-5-7（b）。

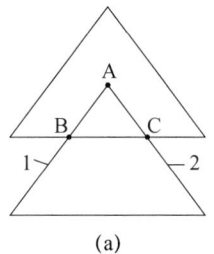
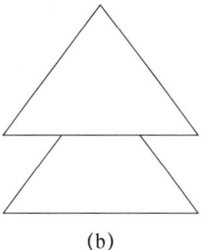

图4-5-7 打断实训图

具体操作步骤如下。

1）输入命令快捷键：Br。

2）选择对象：选择直线1。

3）指定第二个打断点或【第一点（F）】：输入F，Space键。

4）指定第一个打断点：捕捉点A为第一个打断点。

5）指定第二个打断点：捕捉点B为第二个打断点，Space键。

6）选择对象：选择直线2。

7）指定第二个打断点或【第一点（F）】：输入F，Space键。

8）指定第一个打断点：捕捉点A为第一个打断点。

9）指定第二个打断点：捕捉点C为第二个打断点。

操作完成。

4.5.9 分解

分解命令即将复合对象分解成其部件对象。对象可以是多段线、矩形文字标注等。

1．调用【分解】常用的方法如下。

1）功能区：选择功能区的【修改】→【分解】按钮 。

2）命令行：输入"Explode"，快捷键是"X"。

3）菜单栏：选择菜单栏中的【修改】→【分解】。

2．实训

将图4-5-8（a）树块进行分解得到图4-5-8（b）。

具体操作步骤如下。

1）输入命令快捷键：X。

2）选择对象：选择图4-5-8（a）树图块，Space键。

操作完成。

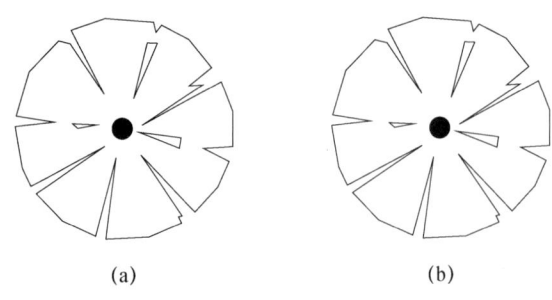

图 4-5-8　分解实训图

4.5.10　合并

合并命令即合并相似对象以形成一个完整的对象。

1. 调用【合并】常用的方法如下。

1）功能区：选择功能区的【修改】→【合并】按钮。

2）命令行：输入"Join"，快捷键是"J"。

3）菜单栏：选择菜单栏中的【修改】→【合并】。

2. 实训

将图 4-5-8（b）中树平面图进行合并。

具体操作步骤如下。

1）输入命令快捷键：J。

2）选择源对象或要一次合并的多个对象：用框选法选择图 4-5-8（b）树平面图，Space 键。

操作完成。

4.6　对象编辑

4.6.1　夹点编辑法

当选择一个图形对象时，图形上会出现蓝色的方框，这就是夹点。夹点编辑可用于直线、圆、圆弧、多段线等，利用夹点可以进行拉伸、移动、镜像、缩放等编辑操作。

实训

将图 4-6-1（a）样条曲线改变形状得到图 4-6-1（b）。

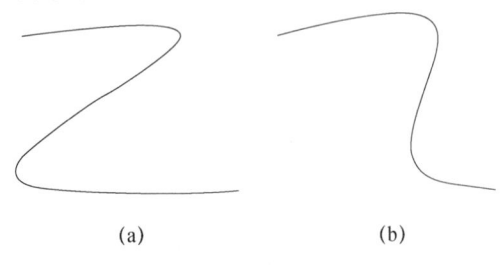

图 4-6-1　夹点编辑实训图

具体操作步骤如下。

1) 选取对象：选择需要修改的样条曲线。

2) 将光标移动到需要进行编辑操作的夹点上，并单击右键，夹点变红，此时进入夹点的编辑状态。

3) 指定拉伸点或【基点（B）/复制（C）/放弃（U）/退出（X）】：移动光标到合适的位置，单击左键，操作完成。

4) 如需调整多个夹点的位置，可重复2)、3)步骤。

> **注意与提示**
>
> 若要同时编辑多个夹点，可按住"Shift"键进行加选；夹点有两种状态：冷态和热态，冷态指未被执行的夹点，热态指被执行中的夹点。

4.6.2 对象属性

不同的对象属性的内容和对象所具有的属性数量是不同的，一般对象的属性主要有：常规属性如颜色、图层、线型、线性比例等；三维效果如材质；几何图形如各个控制点的坐标、标高、面积、长度等；其他属性等，如图4-6-2所示。

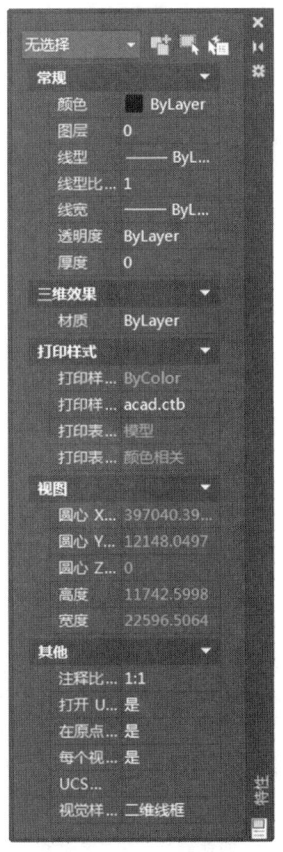

图4-6-2 对象属性

调用对象属性的方法如下。

1) 选中图像对象，右键点击特性即可。
2) 输入"CH"或者"Ctrl+1"快捷键即可调出属性快捷栏。
3) 输入"List"，出现查询窗口，选中需要查询的对象，里面有相应的参数数据。

4.6.3 特性匹配

在CAD绘图中，绘制的每一个图像对象都会有自己的特性，有些特性是基本特性如图层、颜色、线性等适用于大多数的图形对象，有些特性是某些对象所特有的，例如，圆的特性包含半径和面积，直线的特性包含长度和角度，圆弧的特性包含弧长和弧度等。

4.7 知识拓展

在CAD中选择对象的方法除了点选、框选、全部选择方法外，还有一种快速选择也经常使用。

当我们在图纸中绘制大量对象时需要选中某一类对象时，适合运用快速选择来选择该对象。快速选择即根据过滤条件选择对象集，可以应用到整个图形中也可选应用范围，也可以对对象类型进行选择，如所有图元、转角标注、多段线、圆、直线、圆弧、半径标注、图案填充，还可以对特性进行选择，如颜色、图层、线性、线型比例、打印样式、线宽、透明度、超链接，也可对运算符、值进行选择，如图4-7-1所示。

调用【快速选择】常用的方法如下。

1) 功能区：选择功能区的【实用工具】→【快速选择】按钮 。
2) 命令行：输入"QSE"。
3) 菜单栏：选择菜单栏中的【工具】→【快速选择】。

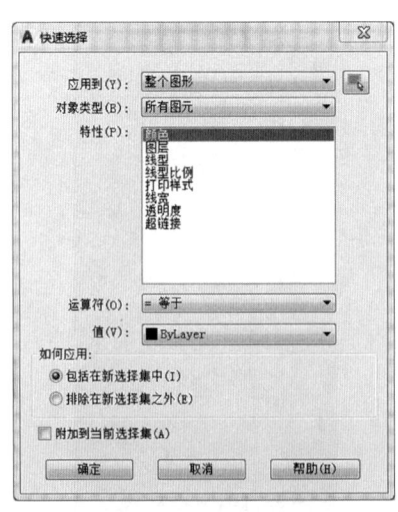

图4-7-1 快速选择

练习题

1. 运用倒角命令绘制出图 1。
2. 参照给定距离绘制出图 2。

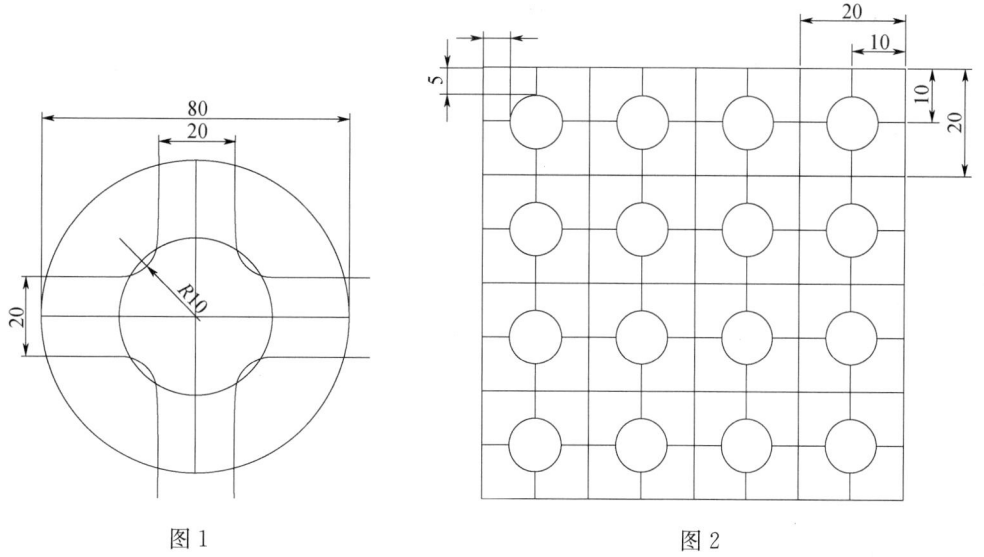

图 1

图 2

3. 运用偏移、修剪命令绘制出图 3。

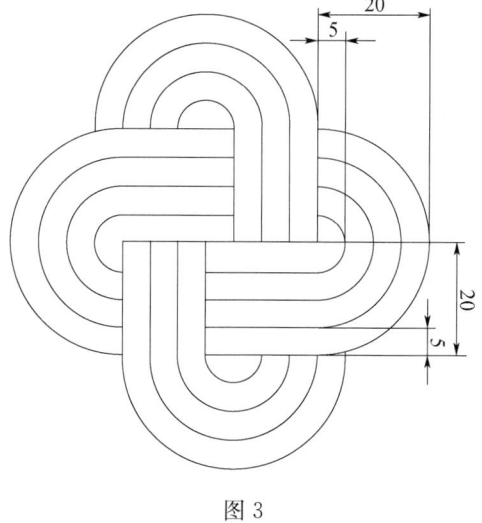

图 3

4. 运用综合命令绘制出图 4。

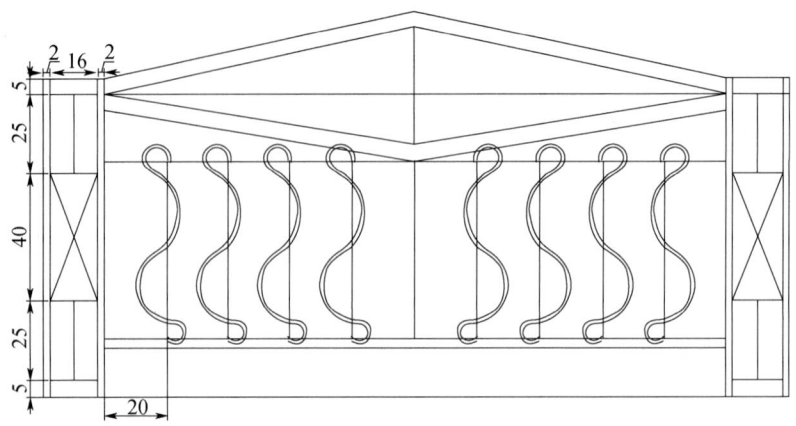

图 4

第5章
图块使用

学习指导

主要内容：本章节介绍了CAD（计算机辅助设计）创建编辑块的基本命令和基础操作，包含了块的创建和使用、块的编辑与修改、块的属性、动态块四个部分，包含详细的操作步骤，图文结合，通俗易懂，突出重点，主要针对CAD的块的基本操作训练，提高CAD的基本操作技能和综合CAD的思维。

重点知识：掌握插入块、图块的分解、编辑以及重新定义、图块属性命令。

难点知识：属性的提取及动态块的创建。

学习目标：创建编辑图块指根据绘图需要把图块插入到指定位置，进行单独或整体修改，通过本章的学习，要掌握创建图块的命令，并熟练地掌握后期修改操作。

5.1 块的创建与使用

5.1.1 创建块

创建块又称为定义图块，将需要重复应用的图形创建成一个整体的块，以方便在作图时随时调用并插入图块。

1. 创建块的常用的方法如下。

1）功能区：选择【插入】→【块定义】→"创建块"图标。

2）命令行：输入"Block"或"B"。

3）菜单栏：选择菜单栏中的【绘图】→【块】→"创建"命令。

4）工具栏：选择工具栏中的【绘图】→【创建块】按钮 。

2. 实训

创建 guohuai 图例。

1）新建 guohuai 图层。

2）单击"绘图"命令中的"圆"，绘制一个直径为 4500mm 的圆。

3）利用"编辑"命令中的"环形阵列"，绘制国槐图例，如图 5-1-1 所示。

4）创建新块 guohuai，如图 5-1-2 所示。

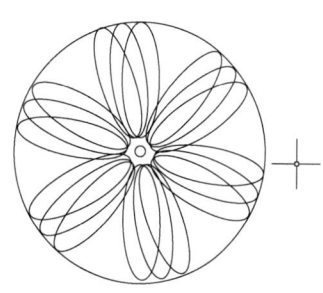

图 5-1-1 国槐图例

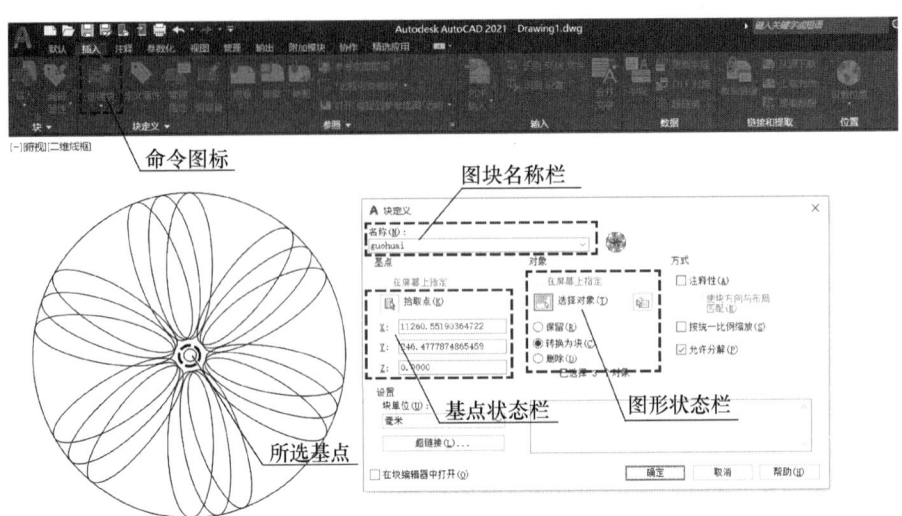

图 5-1-2 创建图块

> **注意与提示**
>
> 图块名称栏要输入新建图块的名称，该名称不能与文件名同名；在基点状态栏要选择合适的基点，此处不可省略，一般选择图形的中心，在该国槐图块中选择圆心为基点。
>
> 单击"图形状态栏"上的"选择对象"图标，将所建图形全部选中，并勾选其中一个状态。状态栏中"保留"，原图形将不被生成图块，保留原有状态；"转换为图块"，原图形将成为一个组合，变成图块；"删除"，原图形将被删除。
>
> 单击"确定"，完成创建块。

5.1.2 插入块

在 AutoCAD 2021 绘图的过程中，可根据需要随时把已经定义好的图块或图形文件插入当前图形的任意位置，在插入的同时还可以改变图块的大小、旋转一定角度或者把图块炸开等。

1. 插入块的常用的方法如下。

1）功能区：选择【插入】→【块】/"插入"。

2）命令行：输入"Indsert"或"I"。

3）菜单栏：选择菜单栏中的【插入】→【块选项板】命令。

4）工具栏：选择工具栏中的【插入】→【插入块】按钮。

2. 实训

在停车场插入国槐图例，完成停车场种植设计图。

1）打开停车场设计图。

2）选择 guohuai 图块，如图 5-1-3 所示。

3）插入所选图块，如果需要调整比例或者方向，可从插入块设置栏中选择相应内容进行调整，如图 5-1-4 所示。

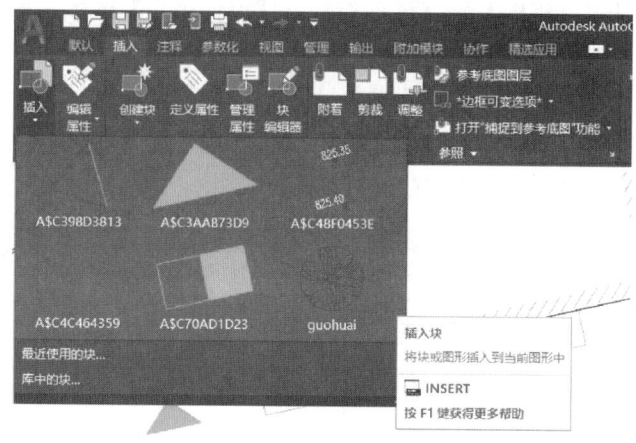

图 5-1-3　选择插入图块

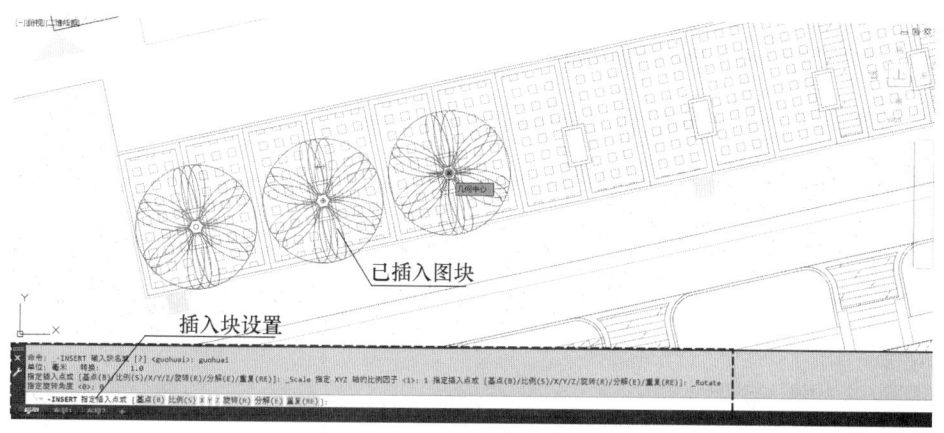

图 5-1-4　插入图块

> **注意与提示**
>
> 该方法只适用于在本图文件中插入已有图块。

5.1.3　使用设计中心插入块

在 CAD 使用过程中，遇到需要将大量的块插入到其他文件中使用的情况，此时使用"插入"命令十分不便，而设计中心的功能，则可以很好地解决这个问题。

在 CAD 设计中心里可以找到处于打开状态的任何图形文件，以获得图形的块定义，并以缩略图直观地显示出来，通过简单的拖动就可以实现在当前图形中插入其他图形中的块。

1. 打开设计中心的常用的方法如下。

1）功能区：选择【视图】→【选项板】→【设计中心】图标，如图5-1-5所示。

2）命令行：输入"Adcenter"或"Ad"。

3）菜单栏：选择菜单栏中的【工具】→【选项板】→【设计中心】命令。

4）工具栏：选择工具栏中的【标准】→【设计中心】按钮 ▦ 。

5）快捷键：使用"Ctrl+2"打开设计中心。

图5-1-5　功能区打开设计中心

2. 实训

调用其他文件中的图例，在已完成的停车场国槐一侧种植紫叶小檗球。

1）开停车场文件以及有所需苗木图例的文件，将需要插入块的文件打开至当前页面，使用快捷键"Ctrl+2"打开设计中心对话框，选择【打开的图形】选项卡，展开具有多个块的文件"总苗木表.dwg"，并选择需要插入的"块"，如图5-1-6所示。

2）选中需要的块后，按住鼠标左键拖动可将块插入到当前图形中，为方便拖动，可将设计中心窗口拖到合适的位置，便于同时显示图形和设计中心。

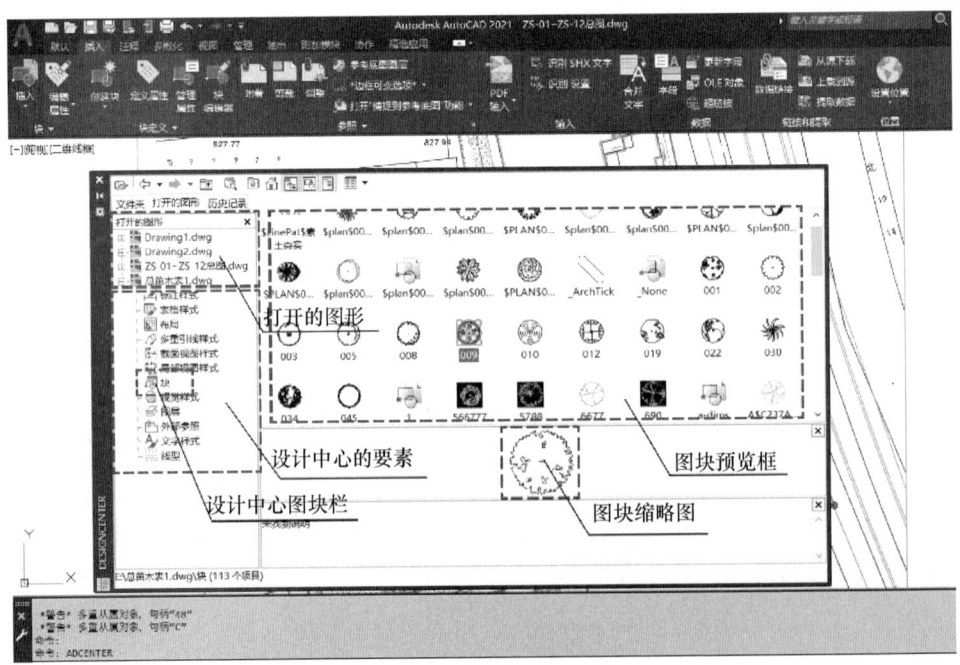

图5-1-6　利用设计中心插入图块

5.1.4 使用工具选项板插入块

在 CAD 中，工具选项板可以把一些常用的块和填充图案集合到一起分类放置，需要时只要拖动它们就可插入到图形中，极大地方便了块和填充的使用。

1. 打开工具选项板的常用的法如下。

1）功能区：选择【视图】→【选项板】→【工具选项板】图标。

2）命令行：输入"Toolpalettes"或"Tp"。

3）菜单栏：选择菜单栏中的【工具】→【选项板】→"工具选项板"命令。

4）工具栏：选择工具栏中的【标准】→【工具选项板窗口】按钮。

5）快捷键：使用"Ctrl+3"打开工具选项板。

2. 实训

运用工具选项板插入块方法，调用"总苗木表.dwg"文件当中的图例，在已完成的停车场南侧种植一排樱花。

1）打开 CAD，确保当前文件是"总苗木表.dwg"，打开工具选项板，显示工具选项板窗口，在工具选项板面点击鼠标右键，新建"绿化图例"选项板，单击常用图块并拖动至选项板（在非基点位置点击拖动），完成选项板设置，如图 5-1-7 所示。

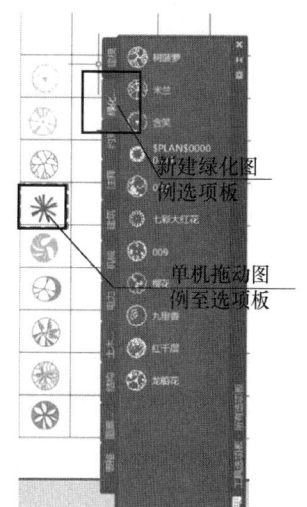

图 5-1-7 新建选项板

2）打开需要插入图块的文件，工具选项板中具有已被定义好并按专业分类的图块，直接拖动即可将块插入当前图形中，如图 5-1-8 所示。

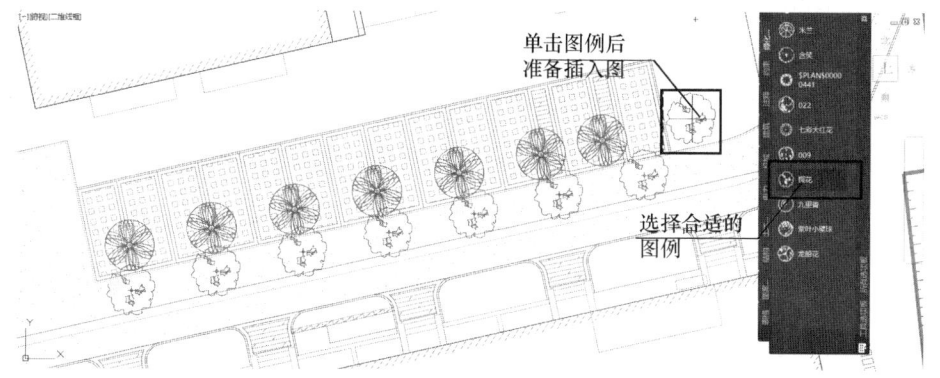

图 5-1-8 利用选项板插入图块

> **注意与提示**
>
> AutoCAD 2021 使用工具选项板插入块时不需要同时打开有图块源的文件。但是工具选项板中的块必须有源图形，如果选项板中块的原始文件发生了变化，比如被删除、移动或修改了，此时虽然工具选项板中仍然有这个块图形，但是已经无法使用了。

5.2 块的编辑与修改

5.2.1 块的分解

块的分解是指把块分解成为零散的图线，用户可以方便对分解后的图线进行修改操作。

打开块的分解的常用的方法如下。

1）功能区：选择【视图】→【修改】→【分解】图标，如图 5-2-1 所示。

2）命令行：输入"Explode"或"X"。

3）菜单栏：选择菜单栏中的【修改】→【分解】命令。

4）工具栏：选择工具栏中的【修改】→【分解】按钮。

图 5-2-1 分解命令图标

5.2.2 块的重定义

块的分解，只允许图面的简单编辑，并不会改变块库里的源文件，当用户再一次插入此块时，将不会发生任何变化。通过对原块分解后编辑或者新建一个图形进行块的重定义，可以彻底改变块库的源文件，已插入的所有图块均改变为定义后的新图形，等再一次插入此块时，也会是重新定义好的块。

1. 打开块的重定义的常用的方法如下。

1）功能区：选择【视图】→【图块】→【创建】图标，启用创建块的功能，进行重新定义。

2）命令行：输入"Block"或"B"。

3）菜单栏：选择菜单栏中的【绘图】→【块】→【创建】命令。

4）工具栏：选择工具栏中的【绘图】→【创建块】按钮。

2. 实训

以某广场的种植池为例，在广场的种植池布置中，将原有的方形种植池换成圆形种植池。

1）打开广场原文件，原方形种植池，如图 5-2-2 所示。

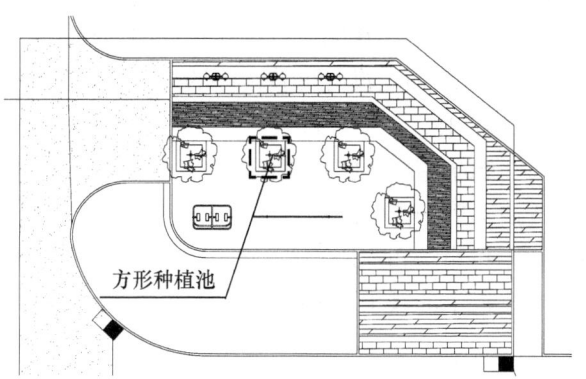

图 5-2-2　方形种植池

2）新建直径 1500mm 的种植池，宽度 200mm，准备替换原有图块形状；打开新建图块编辑器，选择要修改图块的名称，如图 5-2-3 所示。

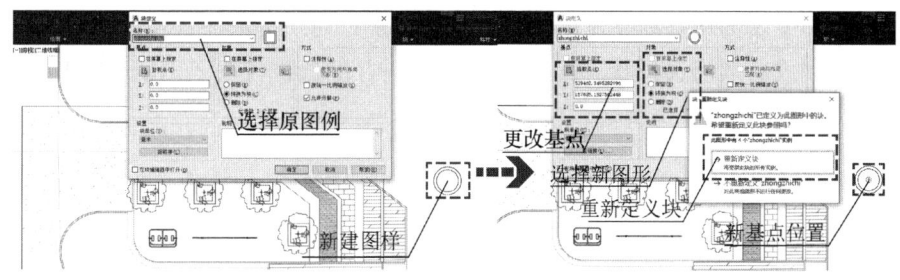

图 5-2-3　重新定义块步骤

3）点选要重新定义的图形，并且更改相应的基点坐标；点击确定，出现对话框，如图 5-2-3 所示。选择重新定义块，如图 5-2-4 所示。

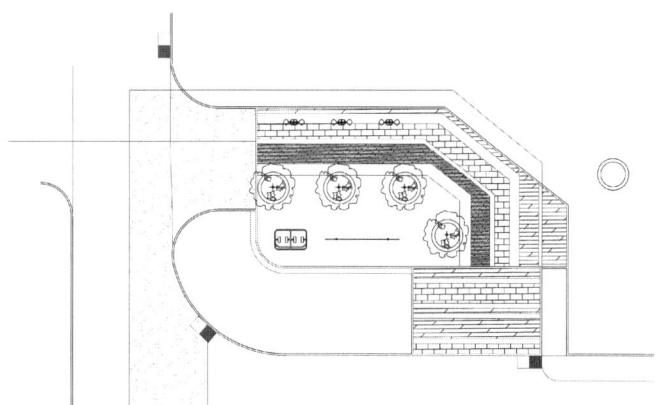

图 5-2-4　重定义块后图形

5.2.3　块的在位编辑

AutoCAD 2021 还可以利用在位编辑修改块库里的块定义的工具。在位编辑，不需要进行块的分解,能够让用户直接在原来的图形基础上进行编辑,也不用在意插入点的相关位置以及原始图线所处的图层。在完成可替代块的图形绘制的情况下,运用重定义块工具比在位编辑工具更快捷。而在没有可替代块的图形、只需对块进行简单修改的情况下,运用在位编辑则更加快捷。

1. 打开块在位编辑功能的常用的方法如下。

1)功能区:选择【插入】→【参照】→【编辑参照】。

2)命令行:输入"Refedit"和"Ref"。

3)菜单栏:选择菜单栏中的【工具】→【外部参照和块在位编辑】→【在位编辑参照】。

4)快捷键:选定所需要的块,按下鼠标右键,在显示的快捷菜单里,点击在位编辑的按钮,启动在位编辑的功能。

2. 操作步骤详解

1)启动块的在位编辑。

2)此时要编辑的块是高亮显示,其余图形变灰;对块可以任意修改其形状及图层。

3)编辑完成后取消选择状态,在空白处点击右键选择【关闭 REFEDIT 任务】→【保存参照编辑】,完成在位编辑。

5.2.4 块编辑器

通过修改图块可以为绘图工作带来较大的便捷,但当遇到一些非统一比例缩放的块时,REFEDIT 是无法运行的。此时,可借助块编辑器的功能,达到整体调整图块的目的。

1. 打开块编辑器的常用的方法如下。

1)功能区:选择【默认】→【块】→【编辑】图标,启用编辑块的功能,进行重新定义。

2)命令行:输入"Bedit"或"Be"。

3)菜单栏:选择菜单栏中的【工具】→【块编辑器】命令。

4)工具栏:选择工具栏中的【标准注释】→【块编辑器】按钮 。

5)快捷键:选定所需要的块,双击鼠标左键,打开块编辑菜单。

2. 实训

利用块编辑器改变广场种植池中樱花树例的形状,进行重新定义块。

1)打开文件,双击现有的樱花图块,打开图形编辑器,点击确定按钮,启动块编辑器页面,如图 5-2-5 所示。

2)在块编辑页面中可以使用 CAD 所有编辑界面及命令对块进行修改,如图 5-2-6 所示,也可在图块编写选项板上修改图块的基点、坐标等,编辑完成后选择功能栏的"关闭块编辑器",完成图块编辑。

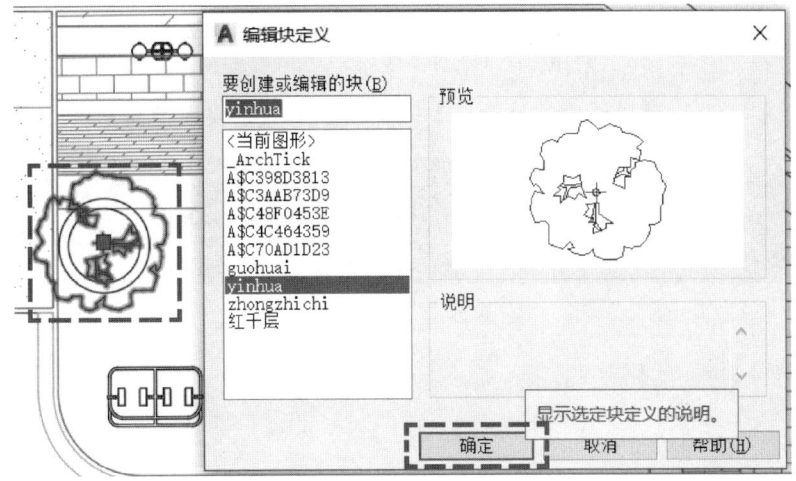

图 5-2-5　图块编辑器

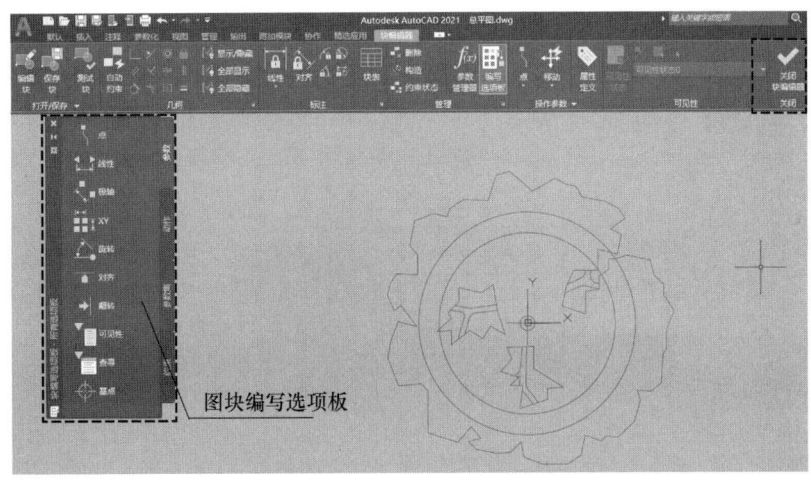

图 5-2-6　图块编辑界面

5.3　块的属性

图块除了包含图形对象以外,还具有非图形信息,把一个图形定义为植物图例后,可以把植物的名称、规格以及说明等文本信息一并加入图块当中。图块的这些非图形信息称为图块的属性,它是图块的组成部分,与图形对象一起构成一个整体。在插入图块时,AutoCAD 2021 会把图形对象连同属性一起插入图形中。

5.3.1　定义及使用块的属性

定义图块属性是将数据附着到块上的标签或标记,此属性中可以是图块的附属说明。

1. 打开定义块属性的常用的方法如下。
1）功能区：选择【默认】→【块】→【定义属性】图标，如图 5-3-1 所示。
2）命令行：输入"Attdef"或"Att"。
3）菜单栏：选择菜单栏中的【绘图】→【块】→【定义属性】命令。

图 5-3-1　块定义属性图标

2. 实训

画通用种植图例，定义属性，在同一图中用一种图例表示同一类型乔木，以属性区分。

1）在打开的文件当中，先画出一个通能种植图例的图形。
2）点击定义属性图标，新建属性，"标记"表示图块性质，"提示"是后期插入图块时提示图块性质内容，"默认"表示不修改文字内容情况下显示的文字；并且按实际尺寸调整文字高度，如图 5-3-2 所示。

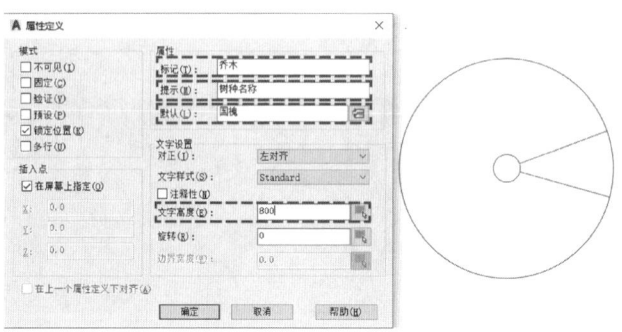

图 5-3-2　定义属性

3）将图形与属性一并选择新建图块，如图 5-3-3 所示。

图 5-3-3　新建含属性图块

4）将块插入相应的位置，在插入同时可以按需修改图块的显示属性，如图 5-3-4 所示。

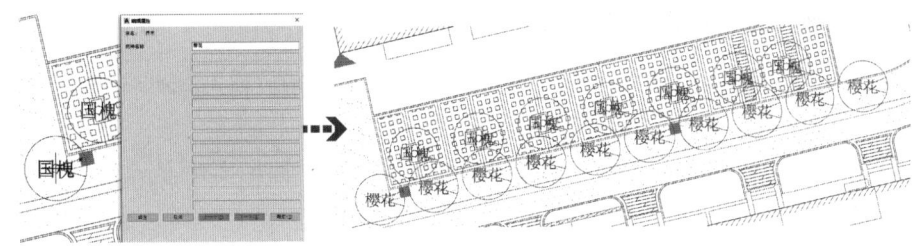

图 5-3-4　插入带属性图块

3. 选项说明

1)"模式"选项组。该选项组用于确定属性的模式。

(1)"不可见"复选框：选中该复选框，属性为不可见显示方式，插入带属性的图块后，属性值在图中并不显示。

(2)"固定"复选框：选中该复选框，属性为常量，即属性值在属性定义时给定，在插入图块时系统不再提示输入属性值。

(3)"验证"复选框：选中该复选框，当插入图块时，系统重新显示属性值，提示用户验证该值是否正确。

(4)"预设"复选框：选中该复选框，当插入图块时，系统自动把事先设置好的默认值赋予属性，而不再提示输入属性值。

(5)"锁定位置"复选框：选中该复选框，即锁定块参照中属性的位置。解锁后，属性可以在块中移动位置，并且可以调整多行文字属性的大小。

(6)"多行"复选框：选中该复选框，可以指定属性值包含多行文字，也可以指定属性的边界宽度。

2)"属性"选项组。该选项组用于设置属性值，在每个文本框中，AutoCAD 2021 允许输入不超过 256 个字符。

(1)"标记"文本框：输入属性标签。属性标签可由除空格和感叹号以外的所有字符组成，需要注意的是系统会自动把小写字母改为大写字母。

(2)"提示"文本框：输入属性提示。属性提示是插入图块时系统要求输入属性值的提示，如果不在此文本框中输入文字，系统则以属性标签作为提示。如果在"模式"选项组中选中"固定"复选框，则不需要设置属性提示。

(3)"默认"文本框：设置默认的属性值。可把使用次数最多的属性值作为默认值，也可不设默认值。

3)"插入"点选项组。用于确定属性文本的位置。可以在插入时由用户在图形中确定属性文本的位置，也可以在 X、Y、Z 文本框中直接输入属性文本的位置坐标。

4)"文字设置"选项组。用于设置属性文本的对齐方式、文本样式、字高和倾斜角度。

5)"在上一个属性定义下对齐"复选框。选中该复选框表示把属性标签直接放在前一个属性的下面，而且该属性继承前一个属性的文本样式、字高、倾斜角度等特性。

5.3.2 创建块之前属性的编辑

在定义图块之前，可以对属性的定义加以修改，不仅可以修改属性标签，还可以修改属性提示和属性默认值。

在命令行中输入"Textedit"，或按快捷键"Te"，并按回车确认，启动块属性编辑，可依对话框提示进行修改相应属性，如图 5-3-5 所示。

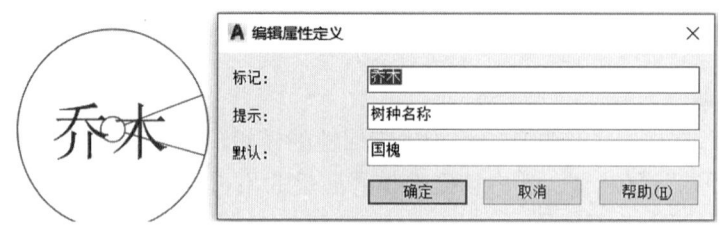

图 5-3-5　编辑属性定义对话框

5.3.3 创建块之后属性的编辑

当属性被定义到图块当中，甚至图块被插入图形当中之后，图块可以通过命令行输入"Attedit"，或按快捷键"Ate"，对图块进行属性编辑，该编辑只能有效修改属性值，不能做其他修改，如图 5-3-6 所示。

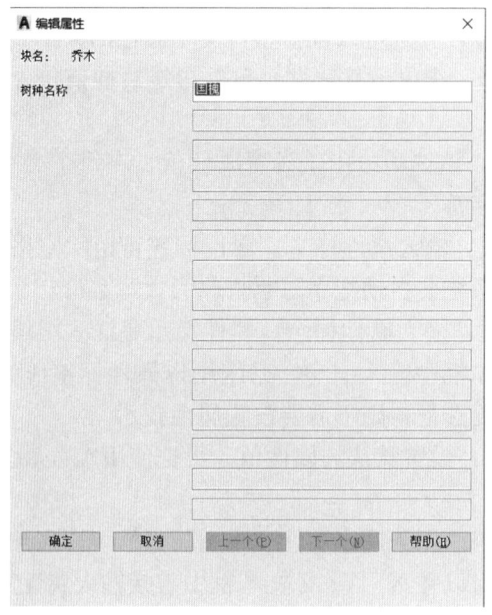

图 5-3-6　图块属性编辑器

5.3.4 块属性管理器

当属性被定义到图块当中，甚至图块被插入图形当中之后，用户还可以对图块进行编辑，该管理器的编辑不仅适用于属性值，还可编辑文字以及特性。

打开块属性管理器的常用的方法如下。

1）功能区：选择【插入】→【块】→【编辑属性】图标，启用块属性管理器的功能，对块属性、文字以及其他特性进行重新定义，如图 5-3-7 所示。

2）命令行：输入"Eattedit"或"Eatt"。

3）菜单栏：选择菜单栏中的【修改】→【对象】→【属性】→【块属性管理器】。

4）快捷键：双击带有属性的块，启用图块增加属性编辑器。

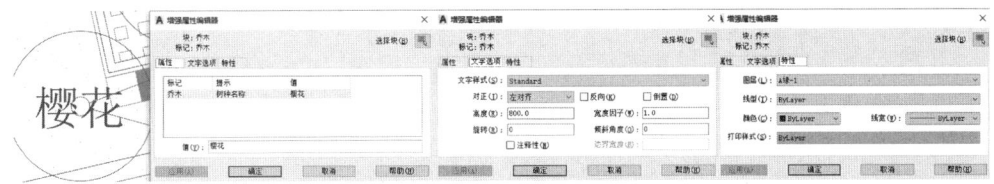

图 5-3-7　图块属性管理器对话框

5.3.5　块属性的提取

图块属性管理器只能提取到单个块的属性，不能大数量地提取块的属性。利用 AutoCAD 2021 的数据提取工具能够提取当前文件的属性，也能提取其他未打开的文件属性。

1. 打开提取属性的常用的方法如下。

1）命令行：输入"Dataextraction"或"Eattext"。

2）功能区：选择菜单栏中的【插入】→【链接和提取】→【提取数据】图标。

2. 实训

提取"总平图.dwg"当中带属性的图块属性，对其进行分析。

1）打开"总平图.dwg"，启动提取属性工具栏。选择创建新数据提取，点击"下一步"按钮，选择合适的存盘位置，出现"数据提取——定义数据源"页面，直接选择下一步，对当前文件进行数据提取，如果有多个需提取属性文件，可选择"添加文件夹"或者"添加图形"来增加提取文件，如图 5-3-8 所示。

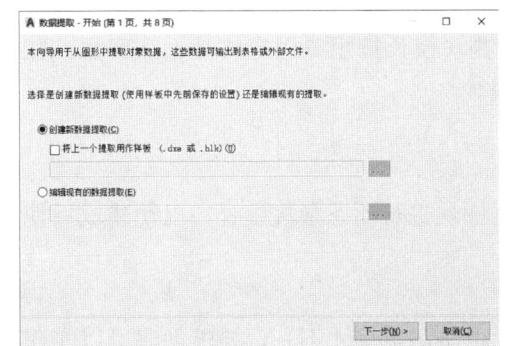 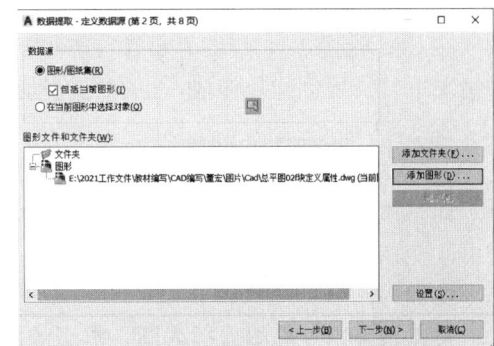

图 5-3-8　数据提取工具栏

2）在"提取数据——选择对象"页面勾选"仅显示具有属性的块"，单击"下一步"按钮到达"选择特性"页面，依据需要勾选要提取的特性内容，如图 5-3-9 所示。

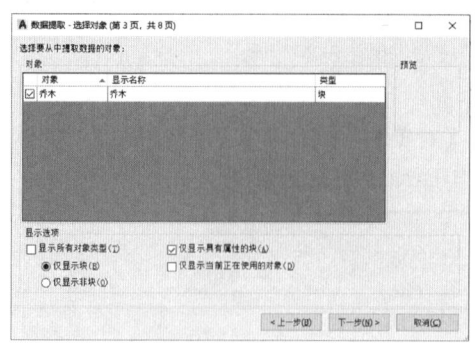 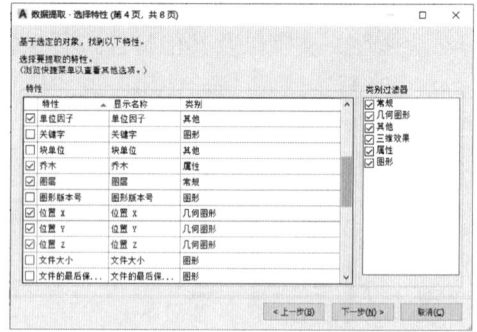

图 5-3-9　数据提取——选择对象及特性

3) 在"优化数据"页面将要提取的属性列表显示，并选择将数据输入至外部文件，可选择将数据提取处理表插入图形，或者选择"xls"格式在外部存储，由此可就其属性对数据进行相应的编辑，如统计苗木数据及列表苗木价格，如图 5-3-10 所示。

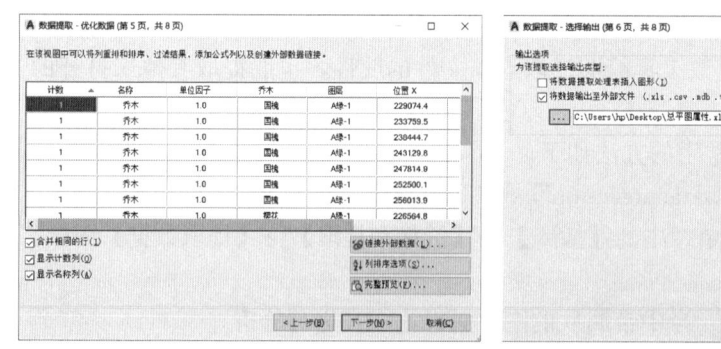 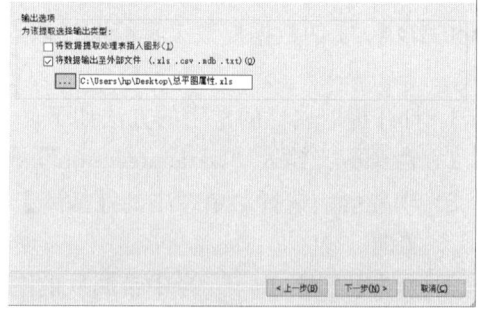

图 5-3-10　数据提取——优化数据及选择输出

5.4　动态块

在 CAD 绘图中，绘图人员往往需要把一些块拉长拉短，固定块是无法实现。在这种情况下，需要创建拉伸块，也称之为动态块。

5.4.1　动态块的创建

动态块的创建是在原有图块的基础上，对图块进行动态参数设置，以便建成后使用时可改变相应形状或者位置。

实训

某建筑室内立面图需插入同一类型的门，但其门宽尺寸不一，要求创建可以实现其需求的动态块。

1) 新建门图形，并将新建图形创建成图块。
2) 对新建图块进行编辑，先选取"参数"栏，选择"线性"标注，标注门宽。
3) 选择"动作"栏，选择"拉伸"命令，点击"距离 1"，要求指定要与动作关联的参数点，点选右侧夹点作为关联参数点；按要求从左至右指定拉伸框架，拉伸框架呈虚线显示；之后选择从右至左选择要拉伸的对象，右侧图表示绿色框选范围，如图 5-4-1 所示。

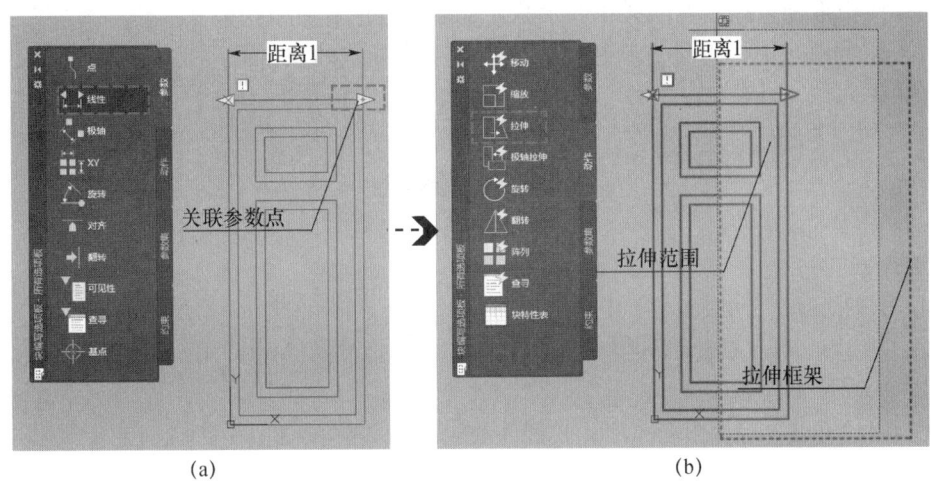

图 5-4-1 创建动态块

4）关闭块编辑器，将更改保存到图块当中，完成动态块的创建。

5.4.2 动态块的使用

动态块包含规则或参数，用于说明当块参照插入图形时如何更改块参照的外观。动态块的输入使用同一般图块一致。使用插入图块命令将新建的动态图块插入到图形当中，点击拉伸点，可以自由改动门的宽度尺寸，如图 5-4-2 所示。

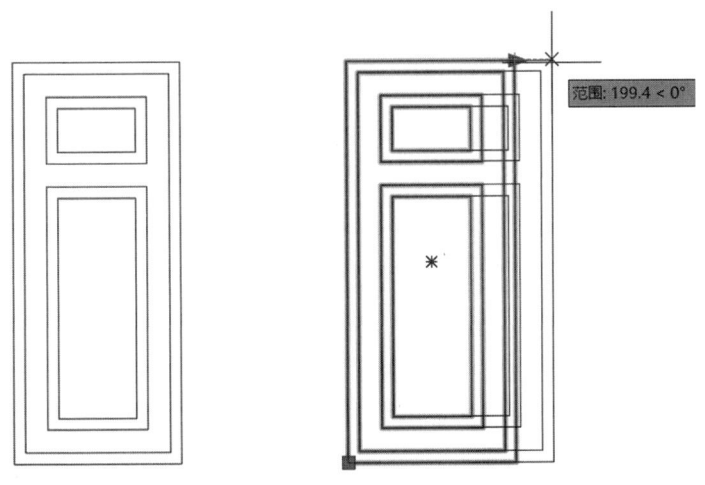

图 5-4-2 动态块的使用

以下再列举一些使用动态块的典型示例。
1）在块上创建其他移动夹点。
2）设置选择在插入块时是镜像块还是翻转块。
3）添加多个插入点，以便在插入块时按快捷键"Ctrl"可循环经过这些点。

4）自动将块与其他几何对象对齐。

5）以表格的格式显示一个零件族或类似样式，以选择相同块的不同版本。

6）按标准增量控制块的大小或形状，如紧固件的长度或门的宽度。

7）通过动态块，插入一个更改形状、大小或配置的块，而不是插入许多静态块定义中的一个。

练习题

选择题

1. 下列选项中不能插入创建好的块的是（　　）。

A. 从 Windows 资源管理器中将图形文件图标拖放到 AutoCAD 绘图区域插入块

B. 从设计中心插入块

C. 用"粘贴"命令（pasteclip）插入块

D. 用"插入"命令（insert）插入块

2. 在 AutoCAD 中，下列两种操作均可以找开设计中心的是（　　）。

A. Ctrl＋3，ADC B. Ctrl＋2，ADC

C. Ctrl＋3，AGC D. Ctrl＋2，AGC

3. 图形无法通过设计中心更改的是（　　）。

A. 大小 B. 名称

C. 位置 D. 外观

4. 下列不能用块属性管理器进行修改的是（　　）。

A. 属性文字如何显示

B. 属性的个数

C. 属性所在的图层和属性行的颜色、宽度及类型

D. 属性的可见性

5. 在属性定义框中，（　　）选框不设置，将无法定义块属性。

A. 固定 B. 标记

C. 提示 D. 默认

6. 用 BLOCK 命令定义的内部图块，下列说法正确的是（　　）。

A. 只能在定义它的图形文件内自由调用

B. 只能在另一个图形文件内自由调用

C. 既能在定义它的图形文件内自由调用，又能在另一个图形文件内自由调用

D. 两者都不能用

7. 带属性的块经分解后，属性显示为（　　）。

A. 属性值 B. 标记

C. 提示 D. 不显示

8. 在设计中心里一种图形被以为是一种（　　）。

A. 内容 B. 内容源

C. 文件夹 D. A 和 B

9. 块定义要涉及的内容包括（　　）。
A. 块名、基点、对象　　　　　　　　B. 块名、基点、属性
C. 基点、对象、属性　　　　　　　　D. 块名、基点、对象、属性
10. 下列哪一项不能用"块属性管理器"进行修改（　　）
A. 属性值可见性　　　　　　　　　　B. 默认属性值
C. 单一块参照属性值　　　　　　　　D. 属性图层
11. 关于属性定义对的是（　　）
A. 块必须要定义属性　　　　　　　　B. 一种块中最多只能定义一种属性
C. 各种块可以共用一种属性　　　　　D. 一种块中可以定义各种属性

第6章

视口及布局

学习指导

主要内容：AutoCAD 的作图空间分为模型空间和布局空间（图纸）。通常制图是在模型空间中进行，而布局空间（图纸）则用于出图前的版面设置。在布局空间（图纸）上，可以创建一个或多个视口，可以编辑标注、文字说明、标题栏和图框等内容。

重点知识：布局空间的创建与调整。

难点知识：布局空间的灵活运用。

学习目标：通过本章内容的学习，掌握布局空间（图纸）的设置及调整，完成对象在打印出图前的图纸布局，并学会在布局中创建视口查看对象及输出对象。

6.1 创建布局

从某种意义上讲，布局空间即图纸空间是对手工绘图空间的模拟。我们通常在模型空间进行制图，在布局空间进行出图前的图纸布局，如指定图纸尺寸、插入图框、添加标题栏、模型的多视图排版及插入标注和注释。两种空间模式可以随时切换，在制图的区域底部显示为"模型"选项卡及一个或多个"布局"选项卡。如图 6-1-1 所示。

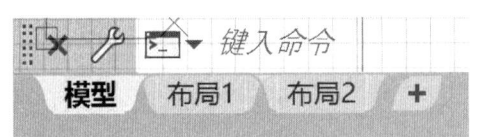

图 6-1-1 模型及布局选项卡

（1）选择菜单栏中的【插入】→【布局】→【创建布局向导】命令，随即出现"创建布局"的各步骤对话框，在"开始"步骤中输入新布局的名称，如文本框中输入"布局 3"，如图 6-1-2 所示，单击"下一步"按钮。

（2）进入"打印机"对话框，为新布局"布局 3"选择配置的绘图仪，这里选择 DWGTOPDF.pc3，如图 6-1-3 所示。单击"下一步"按钮。

（3）进入"图纸尺寸"对话框，在下拉列表中选择你认为需要的尺寸，这里选择"ISO A1（594.00×841.00 毫米）"，"图形单位"选择"毫米"，如图 6-1-4 所示。单击"下一步"按钮。

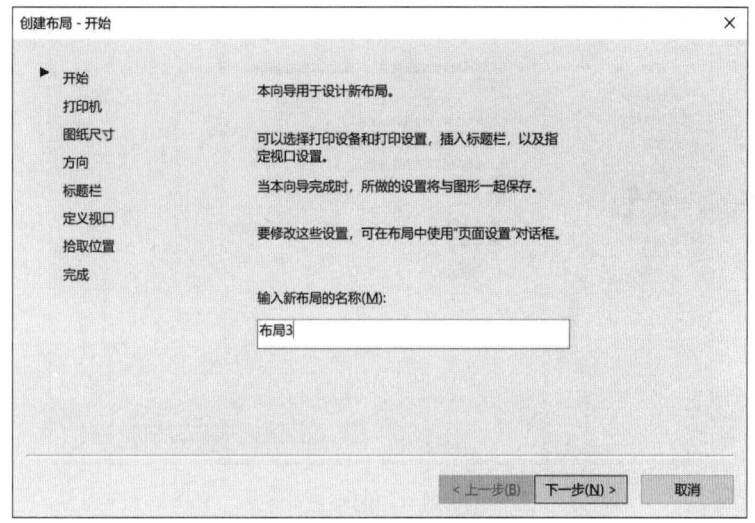

图 6-1-2　创建布局

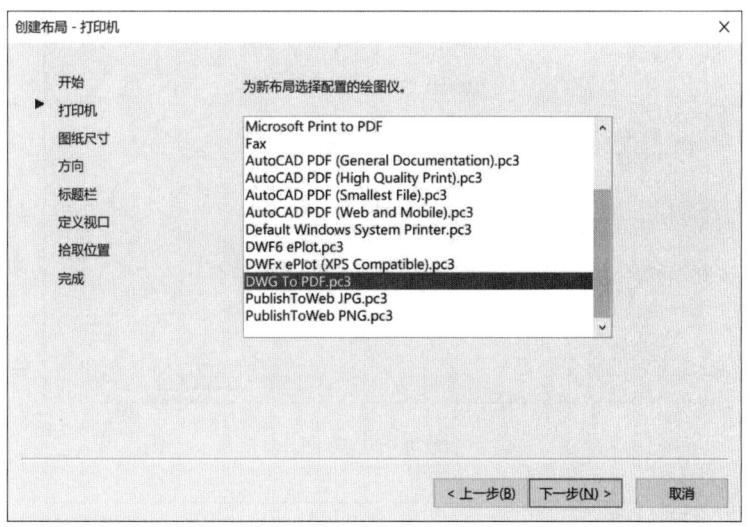

图 6-1-3　打印机

（4）进入"方向"对话框，选择图纸方向，这里选择"横向"，如图 6-1-5 所示。单击"下一步"按钮。

（5）进入"标题栏"对话框，一般在绘图中会有预存的标准标题栏文件，这里选择"无"，如图 6-1-6 所示。单击"下一步"按钮。

（6）进入"定义视口"对话框，视口设置中，一般将视口设置为"单个"，视口比例选择"按图纸空间缩放"，如图 6-1-7 所示。单击"下一步"按钮。

（7）进入"拾取位置"对话框，单击"选择位置"按钮，随即出现图纸布局空间，在其中用鼠标光标指定图纸的放置区域，如图 6-1-8 所示。单击"下一步"按钮。

（8）进入"完成"对话框，单击"完成"按钮，即完成了一个新图纸布局的创建。

图 6-1-4 图纸尺寸

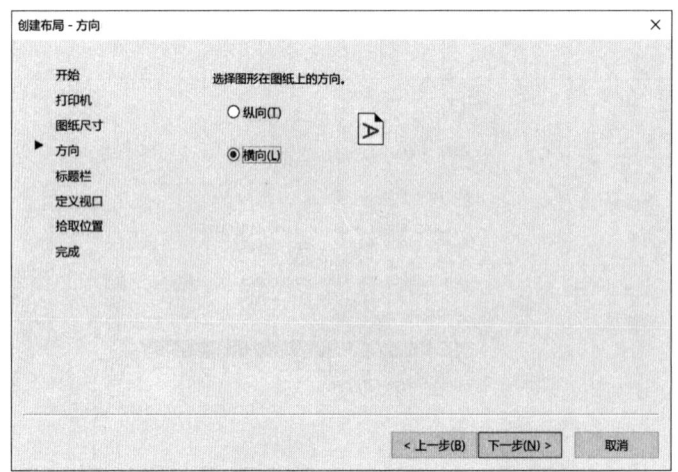

图 6-1-5 方向

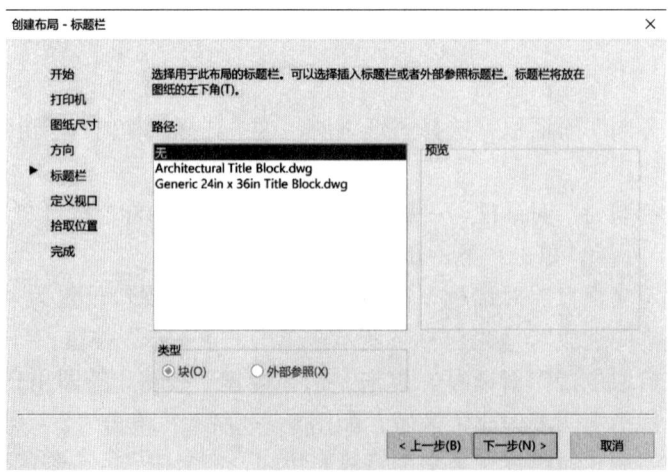

图 6-1-6 标题栏

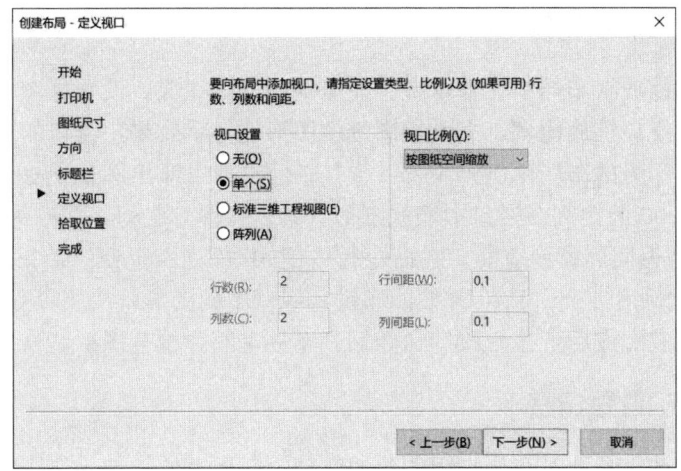

图 6-1-7　定义视口

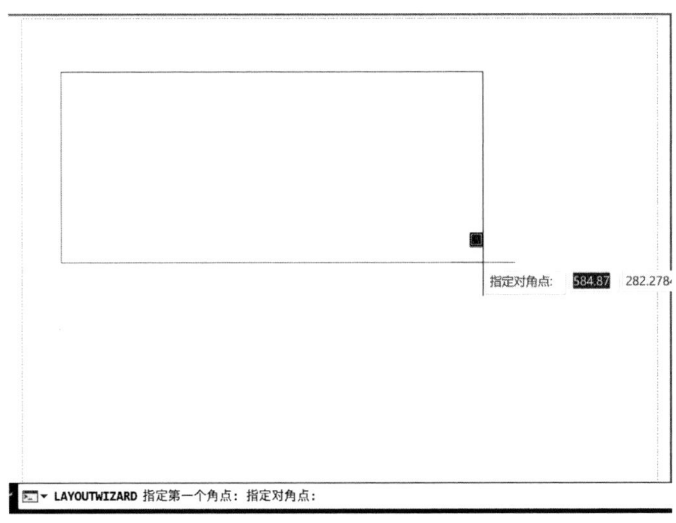

图 6-1-8　用鼠标光标确定拾取位置

6.2　布局调整

　　如果想对已经创建的布局样式进行调整和修改，只需要点击绘图区底部的该布局选项卡，如前面创建的"布局 3"。鼠标右键单击【布局 3】→【页面设置管理器】选项，在出现的页面设置对话框中，单击"修改"按钮，随即出现页面设置的对话框，可根据需要进行各项设置的修改和调整。
　　对布局中的图形对象进行调整，实际上是对布局中的视口进行调整，如视口比例及位置的调整。灵活运用布局及视口的好处就是，无论怎样设置和修改布局视口中显示的图形，都仅仅是作用于打印出图的图形效果，而不会对模型空间的实际图形造成错误操作。

6.2.1 视口比例调整

视口比例的缩放在布局中非常重要。模型空间制图完成，设置好图纸的布局后，都要通过布局中的视口缩放比例，来安排图纸中图形的显示效果，视口的比例即打印出图的图形比例，打印时的布局比例则按照1：1进行出图。即出图比例如果按照1：200，我们就按照1：200的比例在视口中缩放图形。具体操作方法为，在布局中，选择视口，输入"Ms"命令返回到模型空间，在命令行中键入"Z（Zoom）"命令，并输入缩放比例1：200，在比例后加上"Xp"并按回车键，视口中的图形就按照1：200的比例缩放完成了。比例缩放完成后可按"Ps"命令回到布局空间，检查图形。

6.2.2 视口位置调整

视口位置的调整是针对布局空间创建的浮动视口而言的。如果在模型空间中创建视口，视口类型一般为平铺视口。平铺视口是固定的，不能平移，彼此也不能重叠，主要为了模型空间内三维制图时更好地观察图形对象的各个角度。因此，在出图时的布局中，我们通常用布局空间中的浮动视口，方便我们调整所显示图形的移动、缩放、拷贝、重叠等。

点击布局选项卡进入布局空间，如前文创设的"布局3"。选择菜单栏中【视图】选项卡【视口】中【新建视口】命令。在弹出的对话框中选择新建的视口类型，比如，选择"三个：右"，如图6-2-1所示，其他为系统默认设置，单击"确定"按钮，即在窗口中显示出新创建的三个视口，如图6-2-2所示。想要移动任一个视口，只需要单击该视口，随后单击鼠标右键并点击对话框中的"平移"选项，即可调整该视口的位置，用于图纸布局。

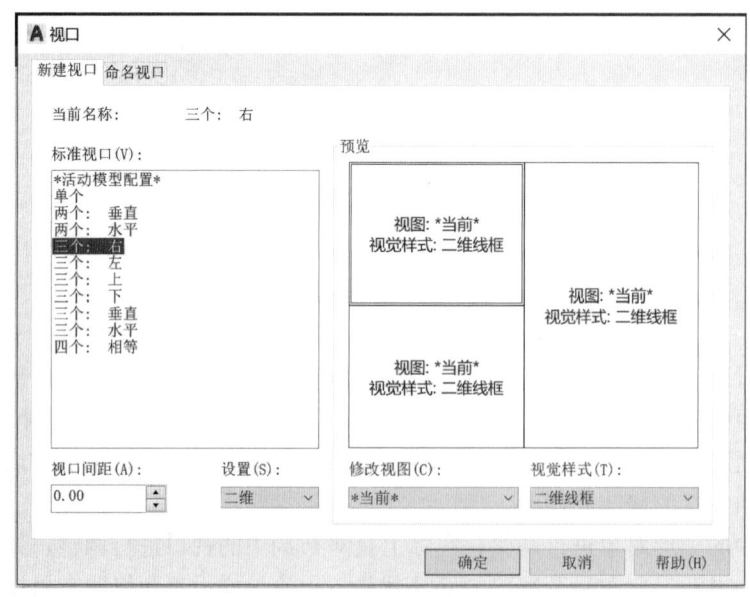

图 6-2-1 视口

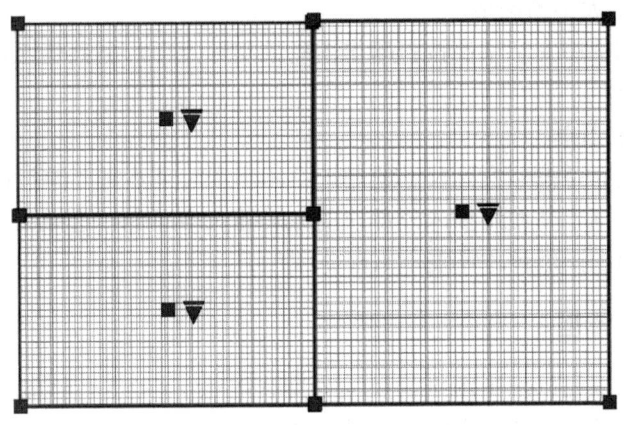

图 6-2-2 新创建的视口

6.3 图框绘制与插入

为了出图版式和风格一致，在每个工程项目之初，会提供一个标准图框供参与该项目的所有人员使用。一般来讲，图框会在模型空间做好，并与模型空间的制图单位保持一致。同时，为便于在布局中插入图框，绘制的图框图应单独保存为一个 DWG 图块文件。

6.3.1 图框形式及绘制方法

AutoCAD 2021 布局中提供两种图框形式，但基本上每一个项目都会预先绘制一个自己的图框用于出图风格一致，故形式实际上是自定的。绘制图框的方法与在模型空间中制图是相似的。但有以下几点需要注意。

1. 按图纸的实际大小绘制图框

图框大小就等同于打印出来图纸规格的大小，例如，A3 的图纸大小为 420mm×297mm，绘制图框时就按照实际的 A3 图纸尺寸制图，如图 6-3-1 所示即为在模型空间绘制的 A3 图框文件。图框形式各个项目都有自己的标准格式，这里不需赘述。

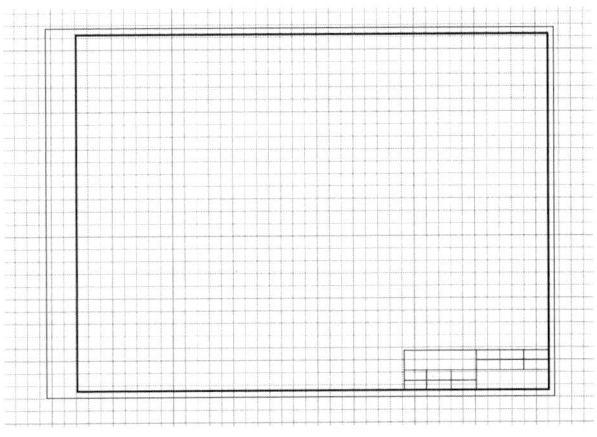

图 6-3-1 A3 图框

2. 图框中文字大小的编辑

需注意的是图框中文字字高按打印出图后的实际大小，也就是说，3.5mm 就按 3.5 个单位编辑文字。

3. 不需要缩放图框

因为图框绘制时是按照实际尺寸绘制，打印出图时是不需要缩放的。此外，建议在模型空间中绘制图框，并使用插入外部块的方式插入布局中，这样无论布局比例怎样调整，都可以保持出图图纸尺寸不变。

6.3.2 插入图框

预先绘制的图框是以出图图纸的尺寸为准，按照 1∶1 进行绘制的。插入图框时在布局中选择插入外部块，插入点位于布局图纸的左上角，布满图纸即可。具体方法会在后面结合建筑制图实例来说明。

练习题

1. 创建一张 A3 尺寸的图纸布局。
2. 绘制一个如图 6-3-1 所示，A3 图纸大小带标题栏的图框。

第7章

文字与表格

学习指导

主要内容：本章节介绍了 CAD 编辑文字与表格的基本命令和基础操作，包含了文字的使用、表格的使用、字段的使用三个部分，包含详细的操作步骤，图文结合，通俗易懂，突出重点，主要针对 CAD 的文字与表格的基本操作训练，提高 CAD 的基本操作技能和综合 CAD 的思维。

重点知识：文本样式、文本标注、文本编辑以及表格新建及编辑。

难点知识：创建表格新样式及更新字段。

学习目标：创建编辑文字与表格指对文字表格进行创建、插入、修改属性等操作。通过本章的学习，要掌握创建文字与表格的命令，并熟练地掌握后期字段编辑等修改操作。

7.1 文字的使用

7.1.1 AutoCAD 中可以使用的文字

在使用 AutoCAD 2021 制图的过程当中，单纯的图形是很难完全表达所有信息的，因此我们还需要对图形对象进行文字注释。一般来说，AutoCAD 所使用的文字类型与操作系统有所不同，AutoCAD 可以使用两种文字类型，一种是形文字，一种是 Windows 自带的 Turetype 字体。

形文字（SHX）——日常绘图最常使用的，它的后缀是 .SHX，从网上下载的 CAD 字体通常都是形文字，这种字体通常来说字形简单，占用资源少，即便在图纸中添加了大量字体也不会导致 AutoCAD 运行过慢。

现行大量 AutoCAD 用户经常在绘图的时候使用形文字，最常见的是 Hztxt.shx 字体，但并不是所有的计算机上都安装了形文字，这也就导致了使用了某种形文字的文件，在一些计算机上打开图纸的时候显示为问号。

AutoCAD 从 2000 的中文版开始，提供了两种专门为中国用户实用的形文字，这两种形文字就是 gbenor.shx 和 gbeitc.shx。一般情况下，运用这两种字体进行图形绘制，在其他的计算机上都可以显示。

TureType 文字——Windows 系统字体，这种字体的后缀是 .ttf，比如宋体、黑体、楷体等，AutoCAD 也支持使用 Turetype 字体，这种字体的特点是比较美观，但占用资源较多，在比较复杂的图纸中容易造成卡慢等情况。另外 Turetype 字体并不符合国标工程用字的要求。因此，一般情况下，不推荐使用该种字体。

7.1.2 写入单行文字

当需要文字标注的文本较短时，可以创建单行文本。即使用单行文本创建一行或多行文字，每行文字都是独立的对象，可对其进行移动、格式设置或其他修改。

1. 打开单行文字的常用的方法如下。

1）功能区：选择【默认】→【注释】→【文字】→【单行文字】图标。

2）命令行：输入"Text"。

3）菜单栏：选择菜单栏中的【绘图】→【文字】→【单行文字】按钮。

4）工具栏：选择工具栏中的【文字】→【单行文字】按钮。

2. 实训

用单行文字输入"工程名称：鼎宇花园景观工程"

1）在命令提示行输入"Text"，打开单行文字编辑。

2）根据命令提示行要求指定文字起点，指定适宜高度，并指定文字旋转角度。

3）在作图窗口输入要输入的文字，结果如图7-1-1所示。

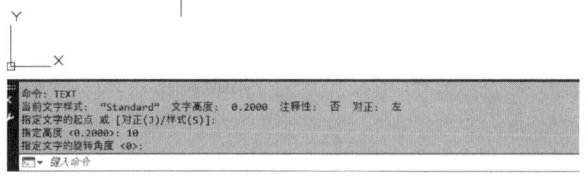

图 7-1-1　单行文字输入

> **注意与提示**
>
> 用TEXT命令创建文本时，在命令行输入的文字同时会在绘图区显示，而且在创建过程中可以随时改变文本的位置。只要移动光标到新的位置单击鼠标，则当前行被终止，随后输入的文字会在新的文本位置出现，用这种方法可以重复输入单行文本至绘图区的不同位置。

7.1.3 写入多行文字

当需要标注很长、很复杂的文字信息时，可以将若干文字段落创建为单个多行文字对象，可以使用文字编辑器格式化文字外观、列和边界。

1. 打开多行文字的常用的方法如下。

1）功能区：选择【默认】→【注释】→【文字】→【多行文字】图标。

2）命令行：输入"Mtext"或"T"/"Mt"。

3）菜单栏：选择菜单栏中的【绘图】→【文字】→【多行文字】命令。

4）工具栏：选择工具栏中的【绘图】→【多行文字】按钮

选择工具栏中的【文字】→【多行文字】按钮。

2. 实训

用多行文字输入如下文字。

> 二、设计依据
> 1. 甲方与乙方签订的本项目设计合同。
> 2. 经业主认可的景观方案文件。
> 3. 甲方提供的其他相关资料及各阶段的会议纪要。
> 4. 国家和地区现行的有关景观与建筑设计的各类规范、规定及标准。

1) 在命令提示行输入"Mtext",打开多行文字编辑。

2) 根据命令提示行要求指定文字输入区范围,在多行文字编辑功能区可对文字的字体及字号以及对正方式进行设置。

3) 在作图窗口输入要输入的文字,拖动多行文字区域控制区标尺左侧边界进行整体位置移动调整,拖动右侧边界进行控制区范围大小调,结果如图 7-1-2 所示。

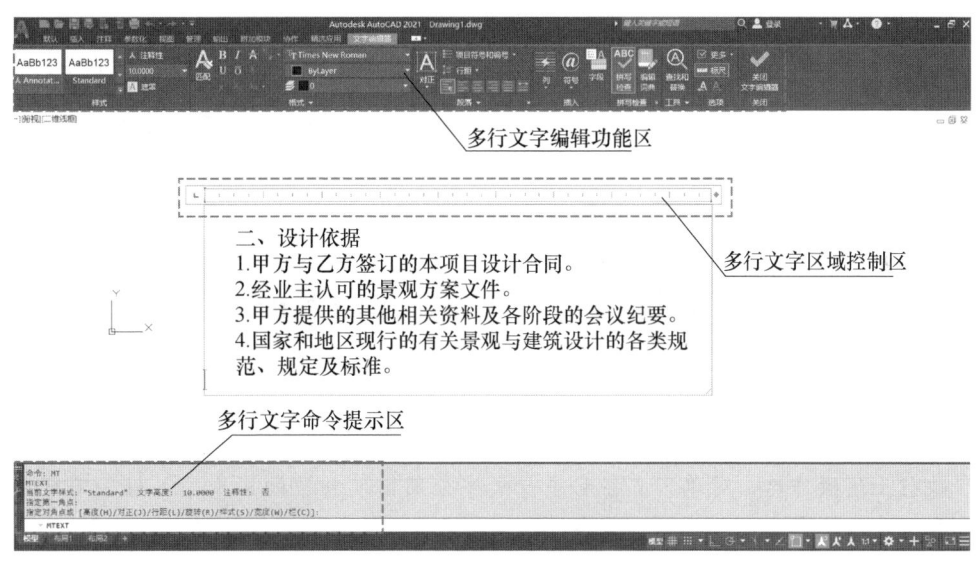

图 7-1-2　多行文字输入

7.1.4　定义文字样式

所有 AutoCAD 2021 图形中的文字都有与其相对应的文本样式。当输入文字对象时,使用的是当前设置的文本样式。文本样式是用来控制文字基本形状的一组设置,在文本输入之前应该先定义合理的文字样式。

打开定义文字样式的常用的方法如下。

1) 功能区:选择【默认】→【注释】→【文字】→【文字样式】图标。

2) 命令行:输入"Style"或"Ddxtyle"或"St"。

3) 菜单栏:选择菜单栏中的【格式】→【文字样式】命令。

4) 工具栏:选择工具栏中的【文字】→【文字样式】按钮。

执行上述操作后，系统会打开"文字样式"对话框，如图 7-1-3 所示。

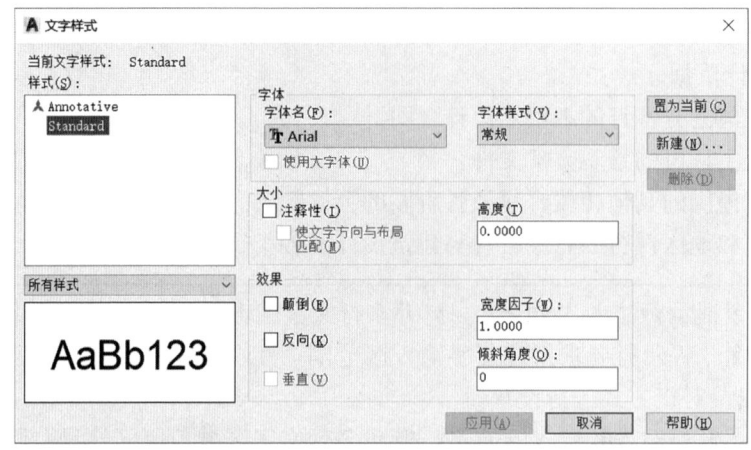

图 7-1-3　"文字样式"对话框

7.1.5　编辑文字

AutoCAD 2021 提供了"文字样式"编辑器，通过这个编辑器可以方便直观地设置需要的文本样式，或是对已有样式进行修改。

打开编辑文字的常用的方法如下。

1）命令行：输入"Textedit"。

2）工具栏：选择工具栏中的【文字】→【编辑文字】按钮 。

3）鼠标键：鼠标左键双击所需编辑的文字。

> **注意与提示**
>
> 执行上述操作后，对单行文字和多行文字分别出现相应的文本输入框，单行文字编辑仅可以修改文字内容，多行文字可以调整跟输入文本设置相同的所有内容。

7.1.6　注释性特性的应用

CAD 当中完成的图形不同比例输出时，应在图纸空间通过设置不同比例的视口进行打印，此时，同样大小的文字、符号及尺寸标注在不同比例的视口中均表现为不同的大小，为了使各视口中的注释性内容均满足 GB 规定的大小，需在不同比例的视口中重新注写并调整大小，增加了大量重复性工作，绘图效率大大降低。AutoCAD 2021 的注释性特性能够解决文字标注在不同比例视口中大小不等的问题。

实训：

以"鼎宇花园景观工程"平面图局部添加设计技术说明文字为例，利用注释性特性实现不同出图比例统一字高的功能。

1）打开"总平图.dwg"文件，找到合适的位置准备插入文字。

2）首先在命令提示行输入快捷键"ST"设置文本样式，选择合适的字体，输入图纸显示文字高度,请注意勾选"注释性"复选框;同时要点选"显示注释对象"和"在注释比例发生变化时,将比例添加到注释性对象"两个图标高亮显示,如图7-1-4所示。

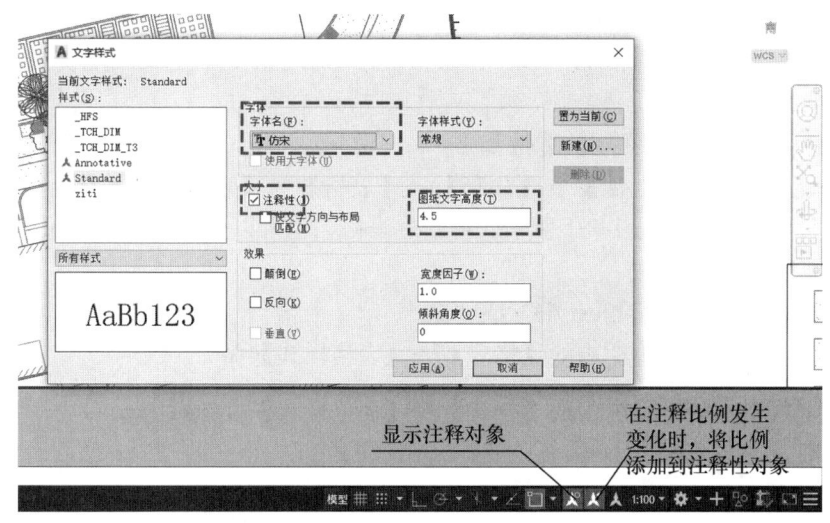

图7-1-4 注释性特性文字样式设置

3) 在布局比例位置设置适宜的比例,插入多行文字;再调整比例成1:40,可观察到文字大小进行了相应的自动调整,如图7-1-5所示。

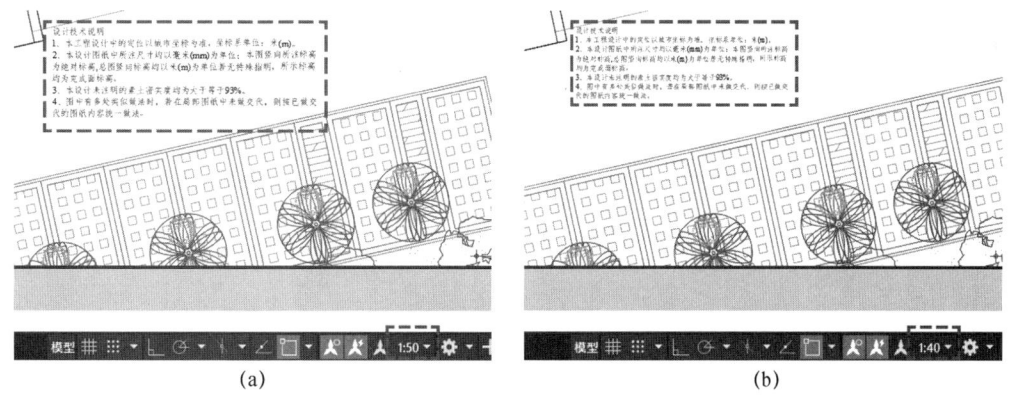

图7-1-5 注释性特性文字显示

7.2 表格的使用

在以前的AutoCAD版本中,要绘制表格必须采用绘制制图线或结合偏移、复制等编辑命令来完成,操作过程烦琐复杂,不利于提高绘图效率。从AutoCAD 2021开始新增"表格"绘图功能,创建表格变得非常容易,用户可以直接插入设置好样式的表格。同时随着版本的不断升级,表格功能也在日趋完善。

7.2.1 创建表格样式

和文字样式一样，所有 AutoCAD 图形中的表格都有与其相对应的表格样式。当插入表格对象时，系统使用当前设置的表格样式。表格样式是用来控制表格基本形状和间距的一组设置，模板文件 ACAD.DWT 和 ACADISO.DWT 中定义了名为 Standard 的默认表格样式。

打开定义表格样式的常用的方法如下。

1）功能区：选择【默认】→【注释】→【表格】→【表格样式】图标，系统打开"表格样式"对话框，如图 7-2-1 所示。可新建表格，也可以选择修改表格来进行表格样式编辑，如图 7-2-2 所示。

2）命令行：输入"Tablestyle"或"Ts"。

3）菜单栏：选择菜单栏中的【格式】→【表格样式】命令。

4）工具栏：选择工具栏中的【样式】→【表格样式】按钮。

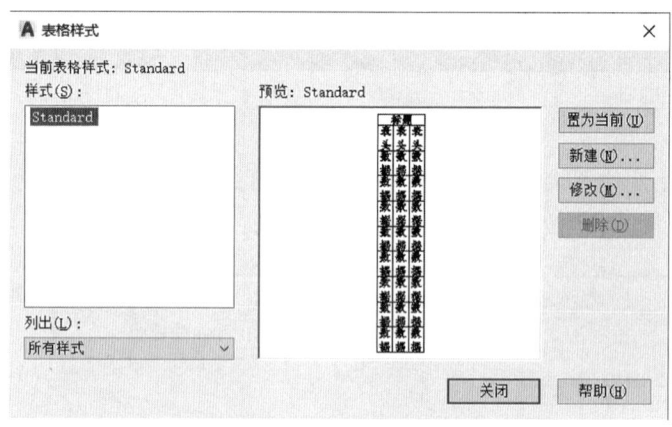

图 7-2-1 "表格样式"对话框

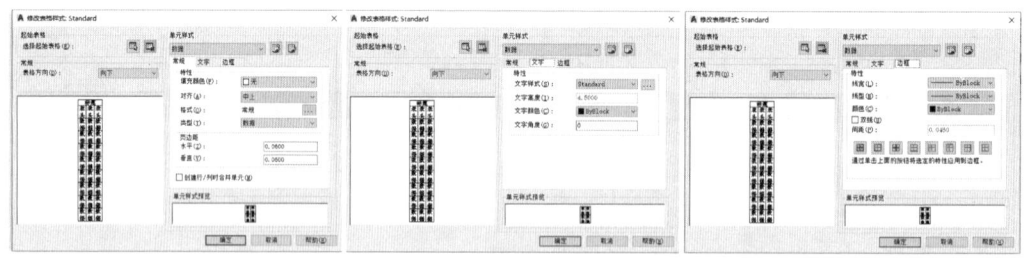

图 7-2-2 "修改表格样式"对话框

7.2.2 插入表格

在设置好表格样式后，可以直接新建表格插入到文件当中。

1. 插入表格的常用的方法如下。

1）功能区：选择【默认】→【注释】→【表格】→【表格】图标，系统打开"表格"对话框，如图 7-2-3 所示。

2) 命令行：输入"Table"。

3) 菜单栏：选择菜单栏中的【绘图】→【表格】命令。

4) 工具栏：选择工具栏中的【绘图】→【表格】按钮。

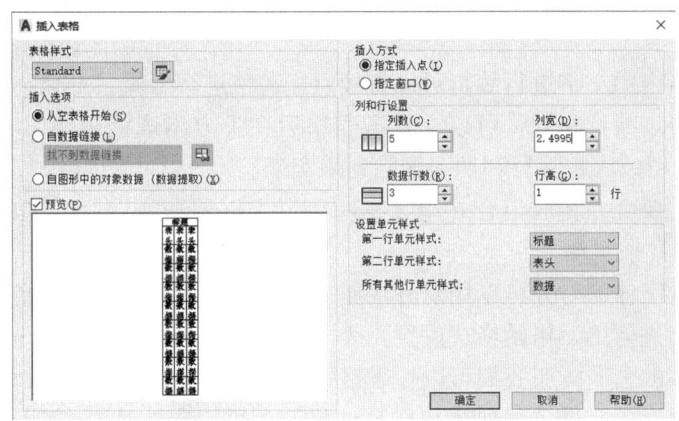

图 7-2-3 "插入表格"对话框

2. 实训

利用表格命令绘制表格，如图 7-2-4 所示。

图纸目录					
序号	图号	图纸名称	图幅	张数	备注
总图部分					
1	ZS-ML	目录	A2	1	
2	ZS-SM	设计说明	A2	2	
3	ZS-01	总平面布置图	A2	1	1：400
4	ZS-02	总平面尺寸定位图	A2	2	1：300
5	ZS-03	总平面坐标定位图	A2	2	1：300

图 7-2-4 表格示例

1) 在命令行输入"Table"，按回车键确认。设置表格列数为"6"，列宽为"30"，数据行数为"6"，行高为"1"行。

2) 表格新建完成之后，输入相应文字，生成表格如图 7-2-5 所示。

图纸目录					
序号	图号	图纸名称	图幅	张数	备注
总图部分					
1	ZS-ML	目录	A2	1	
2	ZS-SM	设计说明	A2	2	1：400
3	ZS-01	总平面布置图	A2	1	
4	ZS-02	总平面尺寸定位图	A2	2	1：300
5	ZS-03	总平面坐标定位图	A2	2	1：300

图 7-2-5 新建表格

7.2.3 编辑表格

在 AutoCAD 中直接插入的表格往往在格式上不够美观，布局上不符合我们的需求，此时，需要对表格进行相应的编辑，可以调整行高、行宽、合并及分解单元格，字体调整等操作。

1. 要对表格内的文字进行编辑可以直接点击表格进行编辑。
2. 如果需要增减行和列，可以在点击表格后在上方出现的表格工具条中点击左侧的工具来实现，用插入删除行和插入删除列来实现。
3. 当我们需要合并和取消合并单元格时可以用框选选择两个以上的单元格，然后用合并单元格工具来实现。
4. 如果需要字体的对齐可以用对齐按钮来实现，点击对齐后，选择相应的选项。
5. 对单元格进行单元格的格式设置，等同于 excel 中的格式。
6. 点击后方的公式按钮我们可以在表格中插入公式，公式和 excel 中的公式一致。
7. 如果需要对单元格进行列宽和行高的修改，可以点击表格的边框进行修改，然后点击相应的蓝色点来实现行高和列宽的修改。
8. 选择表格后点击鼠标右键可以在右键菜单中选择均匀调整列宽和行高了。

针对图 7-2-5 的表格进行修改后如图 7-2-6 所示。

图纸目录					
序号	图号	图纸名称	图幅	张数	备注
总图部分					
1	ZS-ML	目录	A2	1	
2	ZS-SM	设计说明	A2	2	
3	ZS-01	总平面布置图	A2	1	1∶400
4	ZS-02	总平面尺寸定位图	A2	2	1∶300
5	ZS-03	总平面坐标定位图	A2	2	1∶300

图 7-2-6　修改后的表格

7.2.4 利用现有表格创建新的表格样式

AutoCAD 2021 还可以利用现成的 Excel 表格创建 CAD 表格，在已有 Excel 表格的前提下可以在"插入表格"对话框中选择"自数据连接"按钮，会弹出一个选择连接数据的对话框，如果要使用之前建立过的链接，可以直接在链接列表里选取，如果没有，点击"创建新的 Excel 数据链接"，之后会弹出一个命名对话框，给链接起一个名字之后点击确定，弹出"新建 Excel 数据链接：链接名"对话框，再单击选择 Excel 文件按钮，浏览选择一个 Excel 文件，就可以建立这种链接，如图 7-2-7 所示。对于链接的 Excel 表格，还可以设置工作表或范围。

当所链接的 Excel 表格有所变动时，CAD 文件当中的表格也会随变动进行调整。

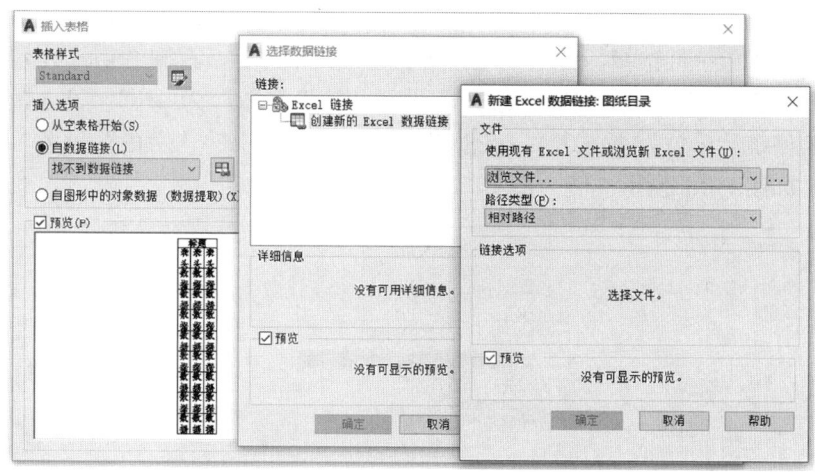

图 7-2-7　从 Excel 表格创建新的 CAD 表格

7.3　字段的使用

在日常绘图过程中，我们经常会用到一些文字和数据，比如，图形对象的面积，编号，更改图形后的出图尺寸和日期，以及各种数据的计算结果等。当遇到这种情况的时候，我们需要手动对原来的数据进行修改，这种方式不仅效率低，而且还可能出错。

从 AutoCAD 2005 版开始，就引入了字段的概念。字段就是指能够实现自动更新的文字。

7.3.1　插入字段

字段涵盖的内容极其广泛，以其中的"对象"为例，又可分为绘图命令当中所呈现的所有对象分类，除此之外，还有组合对象及特殊对象，如图 7-3-1 所示。因此对象的使用范围极其广泛，我们不能一一示例，但其使用方法是一致的。

1. 打开插入字段的常用的方法如下。

1）功能区：选择【插入】→【数据】/面板中的【字段】图标，系统打开"字段"对话框，如图 7-3-1 所示。

2）命令行：输入"Field"。

3）菜单栏：选择菜单栏中的【插入】→【字段】命令。

2. 实训

以室内建筑面积计算为例讲解"字段"的插入使用。

1）先对如图所示的建筑卧室进行编号，所需求取的面积包括主卧、次卧及儿童房三间，新建"面积"图层，将三个卧室面积分别用多段线围合。

2）在命令行输入快捷键"H"，利用填充命令点选三个卧室边界多段线组合成一个填充图块。

3）打开"字段"命令，在"字段类别"选择对象，然后在"对象类型"目录点击右侧绿色点选框，点选主卧 1 围合多段线，出现对象"特性"选择，此时将所需要设置为"字段"的对象特性选择，此次设置选择内容为"面积"，右侧"格式内容"及"精度"依需要选定，随后点选"其他格式"，设置"转换系数"为 0.000001（做图原单位为毫米，表格统计单位为平方米），点击确定，完成主卧 1 的"字段"设置，并插入到表格当中，如图 7-3-2 所示。

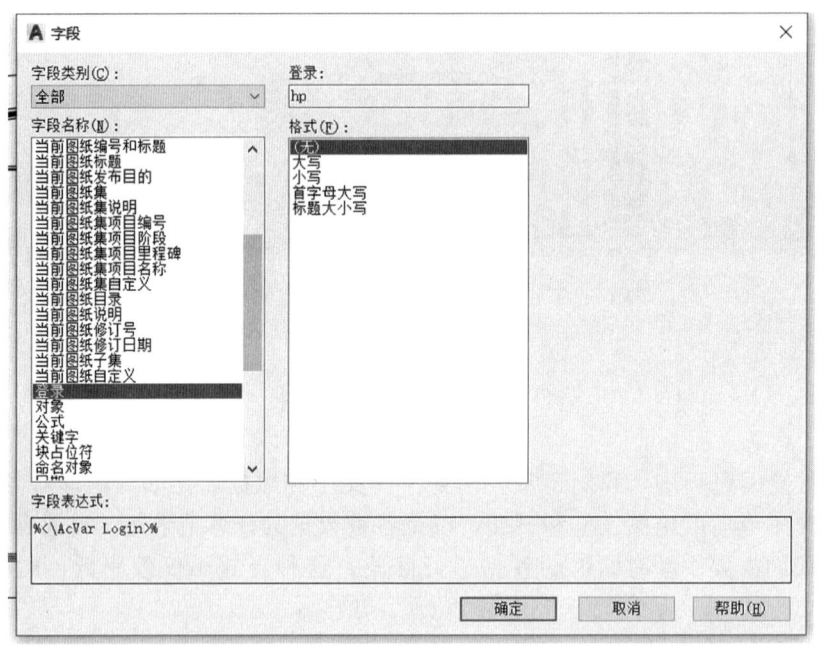

图 7-3-1　"字段"对话框

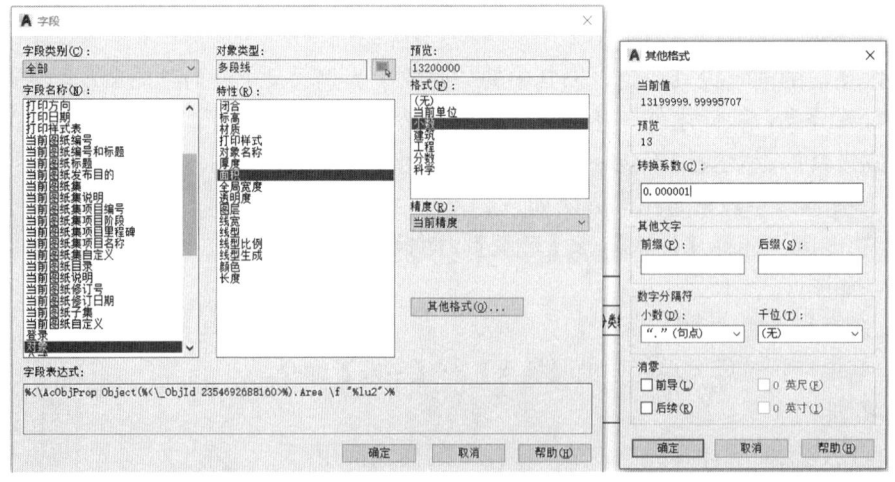

图 7-3-2　插入对象"字段"

4）重复选择多段线对象设置次卧、儿童房"字段"，随后选择总填充区域"字段"，完成图表面积"字段"输入，如图 7-3-3 所示。

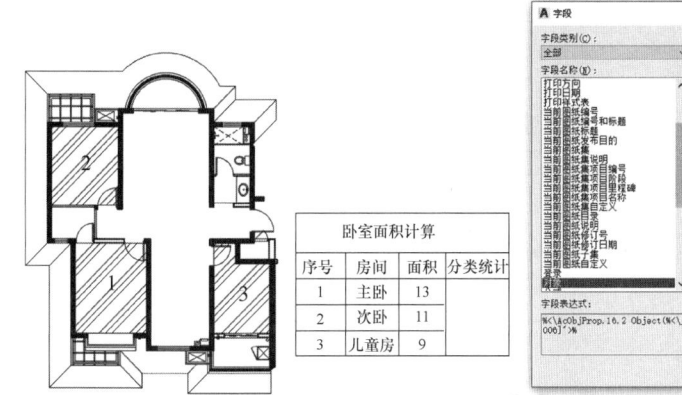
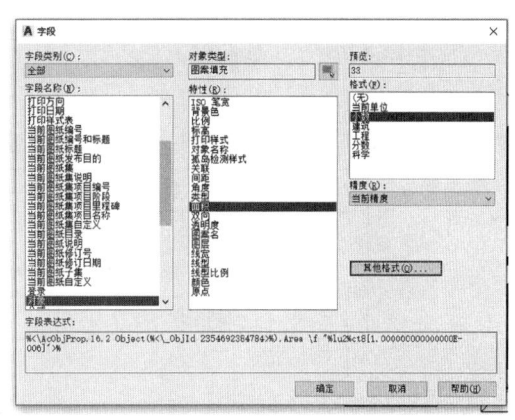

图 7-3-3　重复插入对象"字段"

7.3.2　更新字段

"字段"的优点是当我们在图纸中插入字段的时候，当这个字段的数据发生变化时，在引用了该字段的地方的数据也会随着更新，而不需要再手动逐个地方进行修改，也称之为"更新字段"。

打开更新字段的常用的方法如下。

1）功能区：选择【插入】→【数据】/面板中的【更新字段】图标，系统自动更新。

2）命令行：输入"Updatefield"。

3）菜单栏：选择菜单栏中的【工具】→【更新字段】命令。

4）工具栏：跟"字段"相关的内容调整之后，保存文件，系统自动更新字段。

练习题

一、选择题

1. 在设置文字样式的时候设置了文字的高度，其效果是（　　）。

A. 在输入单行文字时，可以改变文字高度

B. 在输入单行文字时，不可以改变文字高度

C. 在输入多行文字时，不能改变文字高度

D. 都能改变文字高度

2. 可以创立文字命令的有（　　）。

A. Text　　　　　　　　　　　　B. DText

C. MText　　　　　　　　　　　 D. 以上命令均可以

3. 在正常输入汉字时却显示"?"，原因是（　　）。

A. 因为文字样式没有设定好　　　B. 输入错误

C. 堆叠字符　　　　　　　　　　D. 字高太高

4. 以下不能创建表格方式的是（　　）。

A. 从空表格开始 B. 自数据链接
C. 自图形中的对象数据 D. 自文件中的数据链接

二、使用"表格"的新建及编辑命令创建如下所示的表格。

序号	类型	种植土用量（%）	腐热厩肥用量（%）
01	乔木	90	10
02	灌木类、竹类	90	10
03	地被类、花卉类	90	10

第8章

尺寸标注

学习指导

主要内容：本章节主要内容包括了创建各种类型的尺寸标注，包括线性标注、半径标注、角度标注、弧长标注、连续标注、多重引线标注等；标注样式的定义、修改与编辑的过程；公差标注等部分。

重点知识：创建尺寸标注，熟练运用各种标注方式。

难点知识：标注样式的定义，掌握标注样式的新建与修改的方法。

学习目标：尺寸标注在风景园林制图中非常重要，正确标准的标注有助于图纸的清晰明了。

通过本章节的学习要求学者熟练掌握各种类型的尺寸标注方法并能够灵活地运用。

8.1 创建各种类型的尺寸标注

AutoCAD 2021 中包含了多种类型的尺寸标注以满足不同情况的使用需求，接下来将分别介绍不同类型的尺寸标注的使用方法和注意事项。

8.1.1 线性标注

线性标注是指通过指定两条尺寸界限原点进行标注的一种标注方式，适用于标注物体水平、垂直或旋转的尺寸线方向上的长度尺寸。

1. 设置线性标注的常用的方法如下。

1）功能区：选择【默认】→【注释】→【■线性】，如图 8-1-1 所示。

　　　　　选择【注释】→【标注】→【■线性】，如图 8-1-2 所示。

2）命令行：输入"Dimlinear"或"Dli"。

3）菜单栏：选择菜单栏中的【标注】→【线性】。

4）工具栏：选择工具栏中的【标注】→【线性】按钮■。

图 8-1-1　线性标注方法 1

图 8-1-2　线性标注方法 2

2. 使用后其命令行反馈如下。

【指定第一个尺寸界线原点或〈选择对象〉】：提示输入或拾取第一个尺寸界线的起始点，或者通过确定键转换为选择对象的方式进行线性尺寸标注。

【指定第二条尺寸界线原点】：提示输入或拾取第二条尺寸界线的起始点。

【指定尺寸线位置】：通过移动十字光标或者输入坐标的方式指定标注尺寸线所在的位置，同时可以调整其标注方向。

【多行文字（M）】：使用多行文字的方式设置线性标注文字。

【文字（T）】：使用单行文字的方式设置线性标注文字。

【角度（A）】：确定标注文字的旋转角度（逆时针）。

【水平（H）】：从水平方向上进行线性尺寸标注。

【垂直（V）】：从垂直方向上进行线性尺寸标注。

【旋转（R）】：确定标注尺寸线的旋转角度。

> **注意与提示**
>
> 在操作的过程中，激活命令并依据命令行给出的提示依次操作，一般采用通过默认拉出标注尺寸线的方式指定尺寸线位置，标注文字由系统自动给出，不需要人工输入以保证尺寸标注具备的关联性。在指定尺寸界线原点时需打开对象捕捉功能（F3），以确保拾取原点的准确性。

8.1.2　对齐标注

对齐标注是指创建与尺寸界线的原点相对齐的一种线性标注方式，常用于物体倾斜方向上的尺寸标注。

1. 设置对齐标注的常用的方法如下。

1）功能区：选择【默认】→【注释】→【线性】→【对齐】，如图 8-1-3 所示。

　　　　　　选择【注释】→【标注】→【线性】→【已对齐】，如图 8-1-4 所示。

2）命令行：输入"Dimaligned"或"Dal"。

3）菜单栏：选择菜单栏中的【标注】→【对齐】。

4）工具栏：选择工具栏中的【标注】→【对齐】按钮。

/ 第 8 章 尺寸标注 /

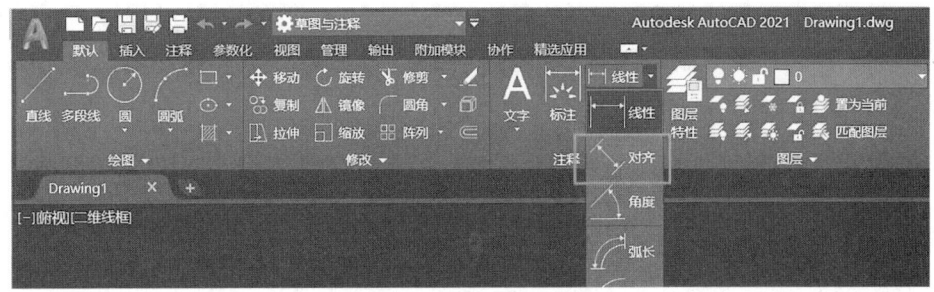

图 8-1-3 对齐标注方法 1

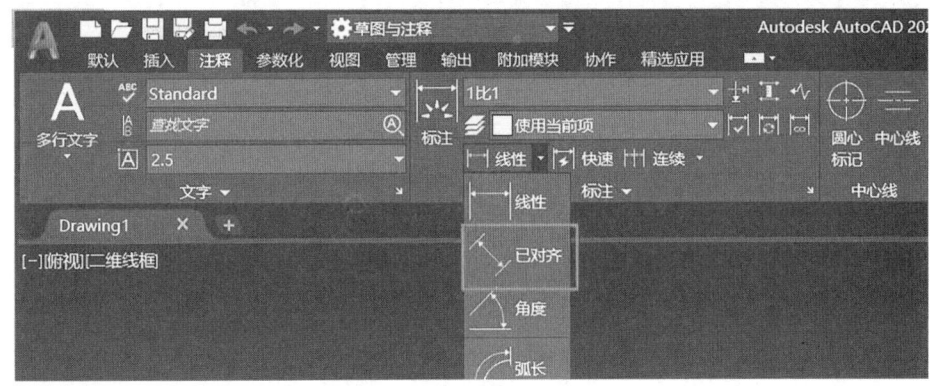

图 8-1-4 对齐标注方法 2

2. 使用后其命令行反馈如下。

【指定第一个尺寸界线原点或〈选择对象〉】：提示输入或拾取第一个尺寸界线的起始点，或者通过确定键转换为选择对象的方式进行对齐标注。

【指定第二条尺寸界线原点】：提示输入或拾取第二条尺寸界线的起始点。

【指定尺寸线位置】：通过移动十字光标或者输入坐标的方式指定标注尺寸线所在的位置。

【多行文字（M）】：使用多行文字的方式设置对齐标注文字。

【文字（T）】：使用单行文字的方式设置对齐标注文字。

【角度（A）】：确定标注文字的旋转角度（逆时针）。

> **注意与提示**
>
> 对齐标注的用法基本与线性标注相同，其区别主要在于线性标注多用于标注水平和垂直方向上的长度尺寸，而对齐标注多用于标注物体倾斜方向上的长度尺寸。

8.1.3 半径标注

半径标注是通过选中圆或圆弧的方式来标注物体的半径尺寸，标注文字前会显示半径符号"R"。

1. 设置半径标注的常用的方法如下。

1) 功能区：选择【默认】→【注释】→【线性】→【半径】，如图 8-1-5 所示。
选择【注释】→【标注】→【线性】→【半径】，如图 8-1-6 所示。
2) 命令行：输入"Dimradius"或"Dra"。
3) 菜单栏：选择菜单栏中的【标注】→【半径】。
4) 工具栏：选择工具栏中的【标注】→【半径】按钮。

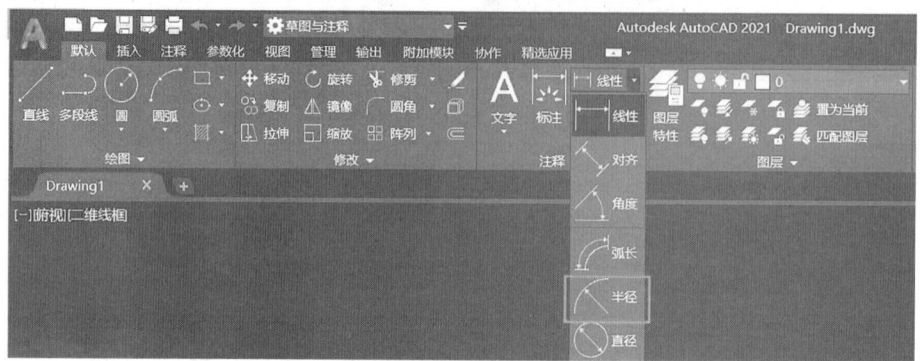

图 8-1-5　半径标注方法 1

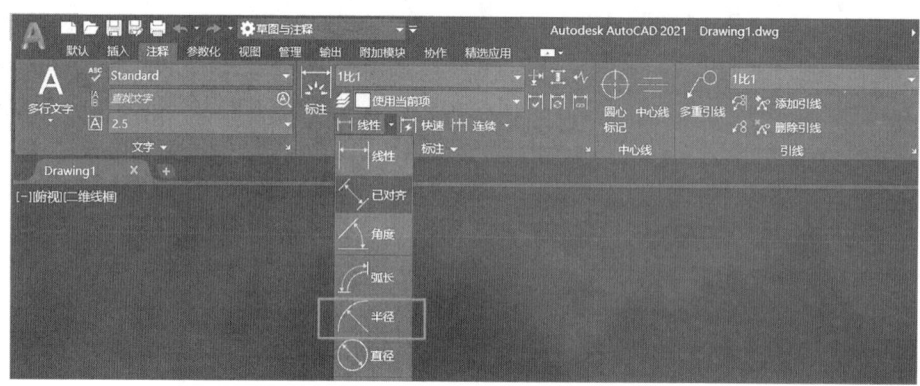

图 8-1-6　半径标注方法 2

2. 使用后其命令行反馈如下。

【选择圆弧或圆】：拾取需要进行半径标注的圆弧或圆上的弧线。

【指定尺寸线位置】：通过移动十字光标或者输入坐标的方式指定标注尺寸线所在的位置。

【多行文字（M）】：使用多行文字的方式设置对齐标注文字。

【文字（T）】：使用单行文字的方式设置对齐标注文字。

【角度（A）】：确定标注文字的旋转角度（逆时针）。

8.1.4　直径标注

直径标注是通过选中圆或圆弧的方式来标注物体的直径尺寸，标注文字前会显示直径符号"ø"。

1. 设置直径标注的常用的方法如下。

1) 功能区：选择【默认】→【注释】→【线性】→【直径】，如图 8-1-7 所示。

选择【注释】→【标注】→【线性】→【⊘直径】，如图8-1-8所示。

2) 命令行：输入"Dimdiameter"或"Ddi"。

3) 菜单栏：选择菜单栏中的【标注】→【直径】。

4) 工具栏：选择工具栏中的【标注】→【直径】按钮⊘。

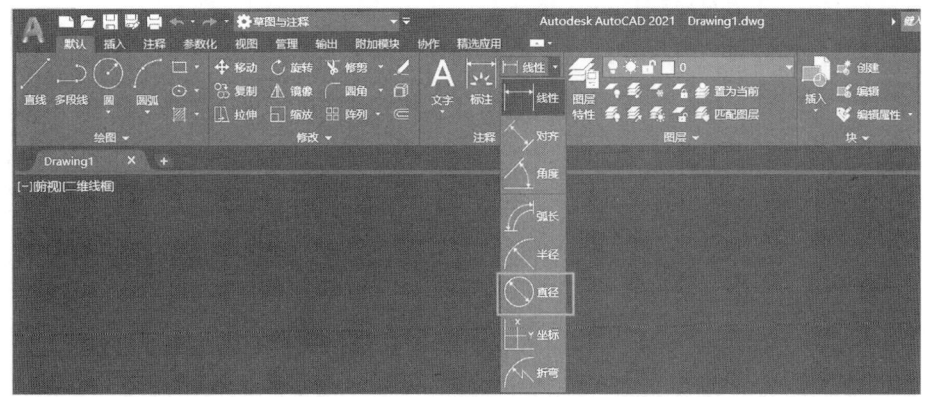

图8-1-7 直径标注方法1

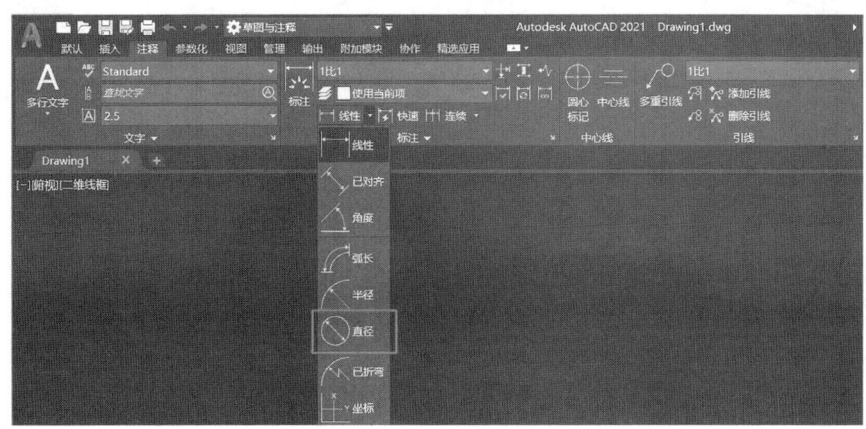

图8-1-8 直径标注方法2

2．使用后其命令行反馈如下。

【选择圆弧或圆】：拾取需要进行直径标注的圆弧或圆上的弧线。

【指定尺寸线位置】：通过移动十字光标或者输入坐标的方式指定标注尺寸线所在的位置。

【多行文字（M）】：使用多行文字的方式设置对齐标注文字。

【文字（T）】：使用单行文字的方式设置对齐标注文字。

【角度（A）】：确定标注文字的旋转角度（逆时针）。

8.1.5 角度标注

角度标注可以用来标注圆弧的圆心角，圆上某段圆弧的圆心角以及直线所形成的夹角或三个点之间的角度，角度标注会在标注文字后添加度数单位"°"。

1. 设置角度标注的常用的方法如下。

1) 功能区：选择【默认】→【注释】→【线性】→【▲角度】，如图 8-1-9 所示。

　　　　　　选择【注释】→【标注】→【线性】→【▲角度】，如图 8-1-10 所示。

2) 命令行：输入 "Dimangular" 或 "Dan"。

3) 菜单栏：选择菜单栏中的【标注】→【角度】。

4) 工具栏：选择工具栏中的【标注】→【角度】按钮▲。

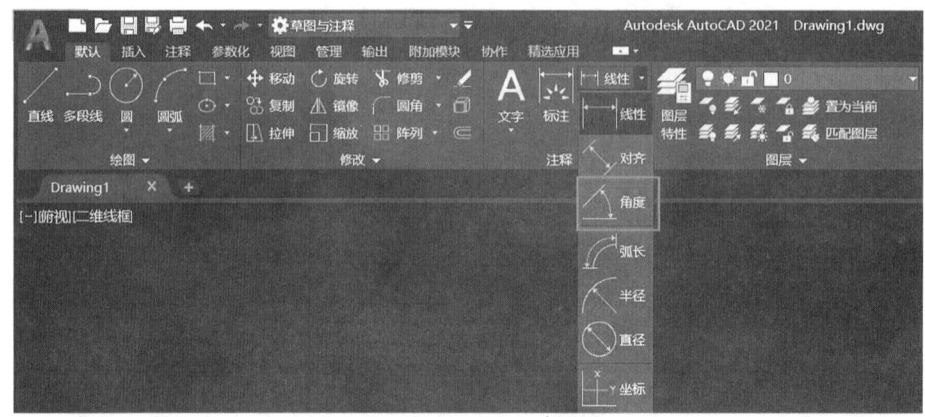

图 8-1-9　角度标注方法 1

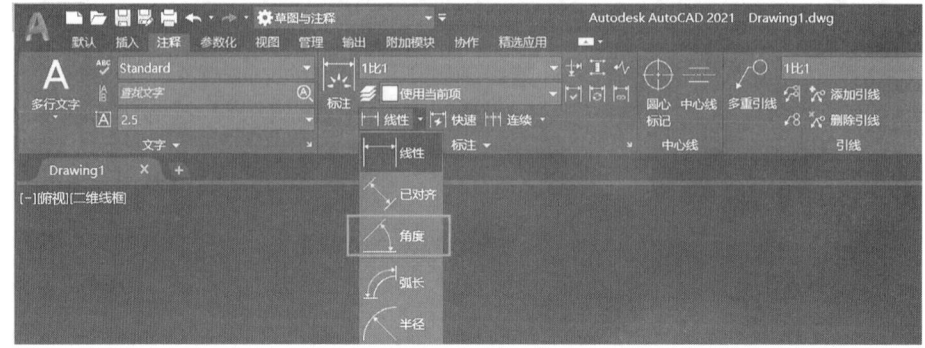

图 8-1-10　角度标注方法 2

2. 使用后其命令行反馈如下。

【选择圆弧】：拾取需要进行角度标注的圆弧，系统会自动根据所选圆弧的圆心和圆弧端点进行标注。

【选择圆】【指定角的第二个端点】：拾取圆进行角度标注，拾取点为指定角的第一个端点，圆心为角度的顶点。拾取圆上指定角的第二个端点。

【选择直线】【选择第二条直线】：分别拾取需要进行角度标注的两条直线。

【指定顶点】【指定角的顶点】【指定角的第一个端点】【指定角的第二个端点】：在选择圆弧、圆、直线或〈指定顶点〉的状态下，通过空格键进入指定顶点状态，分别指定角的顶点、第一个端点、第二个端点以确定三点间的夹角。

【指定标注弧线位置】：通过移动十字光标或者输入坐标的方式指定角度标注尺寸线所在的位置。

【多行文字（M）】：使用多行文字的方式设置对齐标注文字。

【文字（T）】：使用单行文字的方式设置对齐标注文字。

【角度（A）】：确定标注文字的旋转角度（逆时针）。

【象限点（Q）】：通过指定象限点的位置来确定角度标注的象限。

> **注意与提示**
>
> 角度标注在使用的过程中包含了多种不同的标注方式，因此在应用时应多注意命令栏所给予的提示，同时指定标注弧线位置时，根据光标所处的位置有多种不同的角度可供选择，圆弧可以形成两个角度值，圆也可以形成两个角度值，直线可以形成四个角度值，指定顶点可以形成两个角度值。

8.1.6 弧长标注

弧长标注用于标注圆弧或者多段线圆弧上的距离，在标注文字的上方会显示圆弧符号。

1. 设置弧长标注的常用的方法如下。

1）功能区：选择【默认】→【注释】→【线性】→【弧长】，如图 8-1-11 所示。
　　　　　选择【注释】→【标注】→【线性】→【弧长】，如图 8-1-12 所示。

2）命令行：输入"Dimarc"或"Dar"。

3）菜单栏：选择菜单栏中的【标注】→【弧长】。

4）工具栏：选择工具栏中的【标注】→【弧长】按钮。

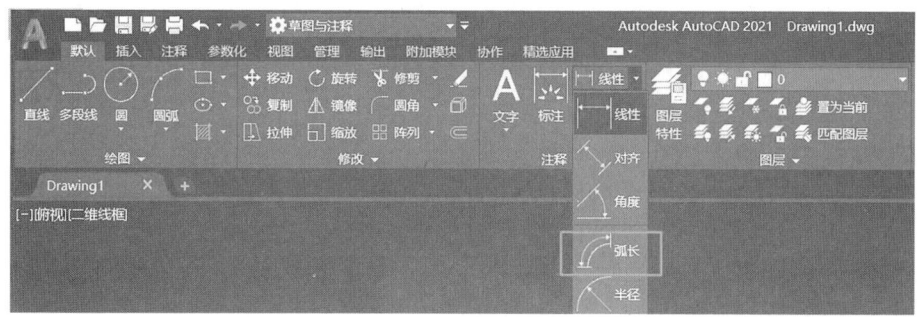

图 8-1-11　弧长标注方法 1

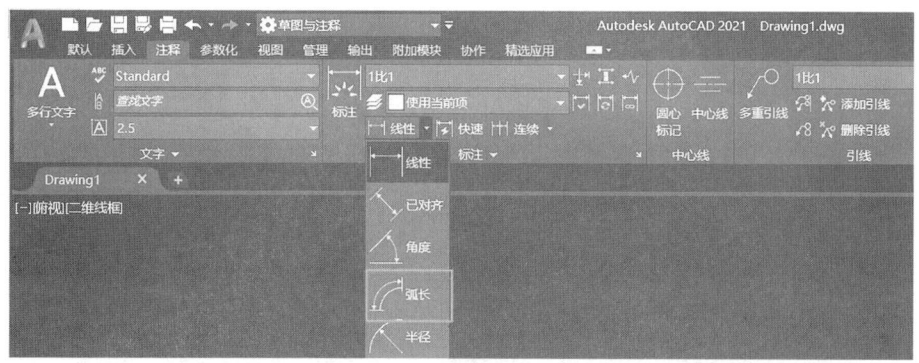

图 8-1-12　弧长标注方法 2

2. 使用后其命令行反馈如下。

【选择弧线段或者多段线圆弧】：拾取需要进行弧长标注的圆弧或多段线圆弧。

【指定弧长标注位置】：通过移动十字光标或者输入坐标的方式指定弧长标注尺寸线所在的位置，可以形成两个弧长值。

【多行文字（M）】：使用多行文字的方式设置对齐标注文字。

【文字（T）】：使用单行文字的方式设置对齐标注文字。

【角度（A）】：确定标注文字的旋转角度（逆时针）。

【部分（P）】：通过指定弧长标注两点位置来进行弧线的部分弧长标注。

【引线（L）】：是否开启弧长标注引线。

8.1.7 折弯标注

折弯标注用于图纸中存在的某些大型圆弧或圆进行省略的折线标注法标注半径，标注文字前会显示半径符号"R"。

1. 设置折弯标注的常用的方法如下。

1) 功能区：选择【默认】→【注释】→【线性】→【 折弯】，如图8-1-13所示。

选择【注释】→【标注】→【线性】→【 已折弯】，如图8-1-14所示。

2) 命令行：输入"Dimjogged"或"Djo"。

3) 菜单栏：选择菜单栏中的【标注】→【折弯】。

4) 工具栏：选择工具栏中的【标注】→【折弯】按钮 。

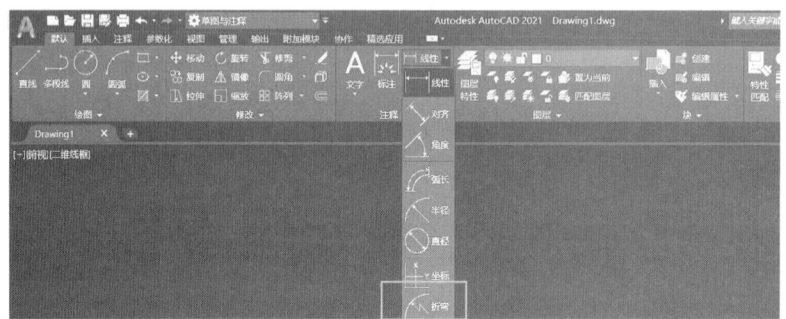

图8-1-13 折弯标注方法1

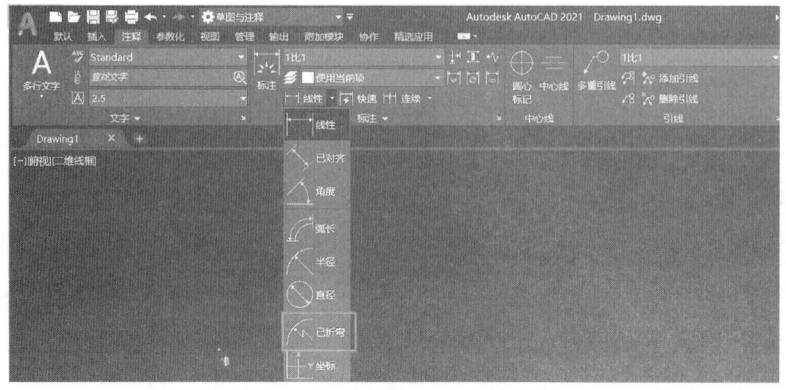

图8-1-14 折弯标注方法2

2. 使用后其命令行反馈如下。

【选择圆弧或圆】：拾取需要进行折弯标注的圆弧或圆上的弧线。

【指定图示中心位置】：通过移动十字光标或者输入坐标的方式指定折弯标注的图示中心位置。

【指定尺寸线位置】：通过移动十字光标或者输入坐标的方式指定尺寸线和标注文字所在的位置。

【多行文字（M）】：使用多行文字的方式设置对齐标注文字。

【文字（T）】：使用单行文字的方式设置对齐标注文字。

【角度（A）】：确定标注文字的旋转角度（逆时针）。

【指定折弯位置】：通过移动十字光标或者输入坐标的方式指定折弯标记的位置。

8.1.8 基线标注

基线标注是从同一个基线处引出的一系列的尺寸标注，常在线性标注、对齐标注、角度标注和坐标标注等后使用。

1. 设置基线标注的常用的方法如下。

1) 功能区：选择【注释】→【标注】→【连续】→【　　基线】，如图8-1-15所示。

2) 命令行：输入"Dimbaseline"或"Dba"。

3) 菜单栏：选择菜单栏中的【标注】→【基线】。

4) 工具栏：选择工具栏中的【标注】→【基线】按钮　　。

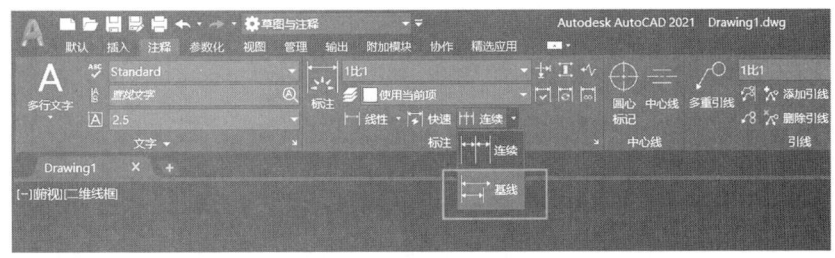

图8-1-15 基线标注方法

2. 使用后其命令行反馈如下。

【选择基准标注】：对于基线标注而言，需要预先指定一个已完成的线性标注、对齐标注、角度标注或坐标标注等作为基准，否则将跳出此命令。

【指定第二个尺寸界线原点】：命令默认采用基准标注的第一条尺寸界线为原点，通过十字光标或输入坐标的方式指定第二点，可进行多次标注。

【指定点坐标】：如果基准标注是坐标标注，则显示此项，通过十字光标或输入坐标的方式指定坐标点。

【选择（S）】：重新选择基准标注。

【放弃（U）】：放弃上一个命令生成的基线标注。

8.1.9 连续标注

连续标注用于一系列连续的首尾相连的尺寸标注，在使用时需要提前创建线性标注、对其标注、角度标注等后再来使用。

1. 设置连续标注的常用的方法如下。

1) 功能区：选择【注释】→【标注】→【 】连续】，如图 8-1-16 所示。

2) 命令行：输入"Dimcontinue"或"Dco"。

3) 菜单栏：选择菜单栏中的【标注】→【连续】。

4) 工具栏：选择工具栏中的【标注】→【连续】按钮 。

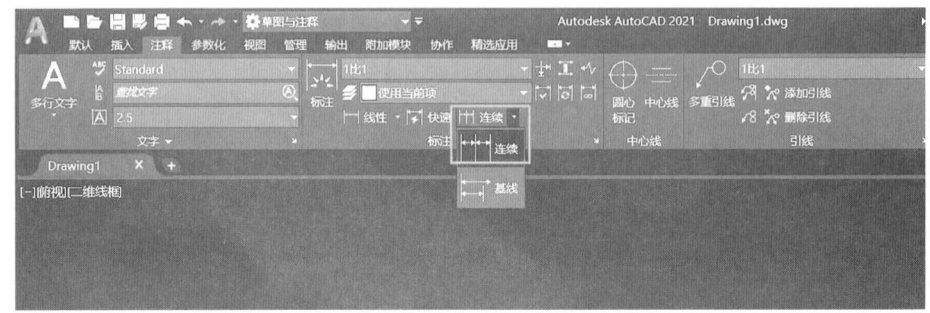

图 8-1-16 连续标注方法

2. 使用后其命令行反馈如下。

【选择连续标注】：在执行连续标注命令时，一般会优先创建线性标注等，否则将跳出此命令。

【指定第二个尺寸界线原点】：命令默认采用基准标注的终点尺寸界线为原点，通过十字光标或输入坐标的方式指定第二点，可进行多次标注。

【选择（S）】：重新选择基准标注。

【放弃（U）】：放弃上一个命令生成的基线标注。

8.1.10 标注

标注命令能够自动选择合适的标注类型进行快捷操作，同时提供了多种可供选择的指令。

1. 设置标注的常用的方法如下。

1) 功能区：选择【默认】→【注释】→【 标注】，如图 8-1-17 所示。

　　　　　　选择【注释】→【标注】→【 标注】，如图 8-1-18 所示。

2) 命令行：输入"Dim"。

图 8-1-17 标注方法 1

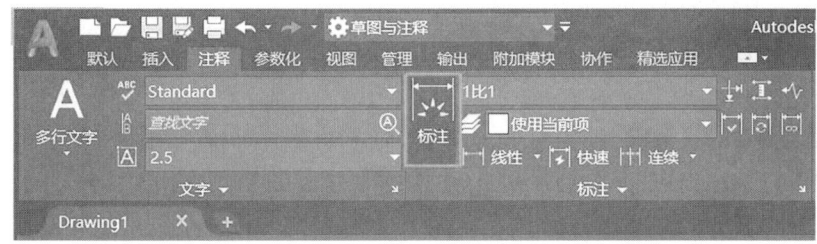

图 8-1-18 标注方法 2

2. 使用后其命令行反馈如下。

【选择对象或指定第一个尺寸界线原点】：十字光标置于对象之上，系统会自动选择合适的标注类型。此外，还可通过指定尺寸界限的方式进行线性标注或对齐标注。

【角度（A）】：转换为角度标注。

【基线（B）】：转换为基线标注。

【连续（C）】：转换为连续标注。

【坐标（O）】：转换为坐标标注。

【对齐（G）】：转换为对齐标注。

【分发（D）】：分发标注有两种方法，一种是相等，使多个标注保持间距相等；一种是偏移，选择基准标注后，保证多个标注的偏移距离相同。使用时要求平行、同心或同基准标注才可。

【图层（L）】：输入图层名称或选择对象来指定图层用于放置标注。

【放弃（U）】：放弃上一个命令生成的标注。

8.1.11 快速标注

快速标注可以用来从选定对象中快速创建一组标注。为系列基线、连续标注和一系列圆或圆弧创建标注时，非常方便。

1. 设置快速标注的常用的方法如下。

1) 功能区：选择【注释】→【标注】→【快速】，如图 8-1-19 所示。

2) 命令行：输入"Qdim"。

3) 菜单栏：选择菜单栏中的【标注】→【快速标注】。

4) 工具栏：选择工具栏中的【标注】→【快速标注】按钮。

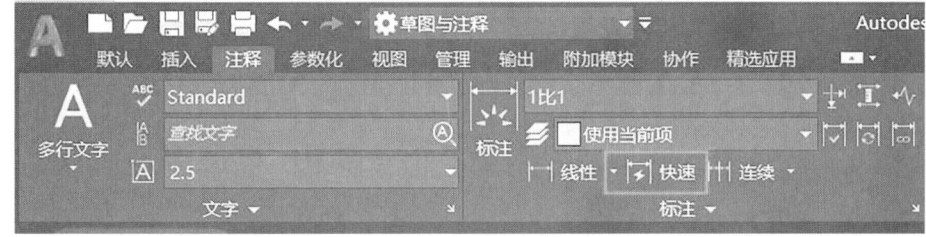

图 8-1-19 快速标注方法

2. 使用后其命令行反馈如下。

【选择要标注的几何图形】：点选、框选或交选的方式选择需要进行标注的几何图形。

【指定尺寸线位置】：通过移动十字光标或者输入坐标的方式指定尺寸线位置。

【连续（C）】：创建一系列连续标注，其中线性标注线端对端地沿同一条直线排列。

【并列（S）】：创建一系列并列标注，其中线性尺寸线以恒定的增量相互偏移。

【基线（B）】：创建一系列基线标注，其中线性标注共享一条公用尺寸界线。

【坐标（O）】：采用坐标标注的方式进行标注。

【半径（R）】：创建一系列半径标注，其中将显示选定圆弧和圆的半径值。

【直径（D）】：创建一系列直径标注，其中将显示选定圆弧和圆的直径值。

【基准点（P）】：为基线标注和坐标标注重新设定基准点。

【编辑（E）】：添加或者删除标注点。

【设置（T）】：为指定尺寸界线原点（交点或端点）设置对象捕捉优先级。

8.1.12 标注面板

标注面板位于 CAD 2021【注释】选项卡中，如图 8-1-20 所示，里面包含了多种常用的标注工具，通过点击下方【标注】下拉菜单可以展开更多工具选项。

图 8-1-20 标注面板

除了上面已经介绍过的工具之外还包含以下几种。

【标注样式】：在此处可以打开标注样式管理器，同时可以随时更改已经设定好的标注样式。

【标注图层替代】：修改尺寸标注所处的图层，可根据需要进行调整。

【打断】：使用折断标注可以使尺寸线、尺寸界线或引线不显示，包含自动、手动和删除三个功能，自动打断会依据相交对象自动进行打断；手动则需要指定两个打断点进行打断；删除可以去掉所进行的打断标注。

【调整间距】：通过选择基准标注和要产生间距的标注来调整标注的间距，分为自动和手动输入值。

【标注，折弯标注】：在线性标注或对齐标注中添加或删除折弯线。标注中的折弯线表示所标注的对象中的折断。标注值表示实际距离，而不是图形中测量的距离。

【检验】：在选定标注中添加或删除检验信息，用于指定应检查制造的部件的频率。

【更新】：用当前选择的标注样式更新选定标注的标注样式。

【重新关联】：使标注与选择对象重新关联，对象发生改变则标注同时改变。

8.1.13 多重引线标注

多重引线标注用于需要引线进行标注的图纸，包含箭头、基线和文字 3 个部分。在引线面板上还包含了多重引线样式、对齐、合并、添加和删除等多种功能。

1. 设置多重引线标注的常用的方法如下。

1）功能区：选择【注释】→【引线】→【多重引线】，如图 8-1-21 所示。

2）命令行：输入"Mleader"或"Mld"。

3）菜单栏：选择菜单栏中的【标注】→【多重引线】。

4）工具栏：选择工具栏中的【多重引线】→【多重引线】按钮。

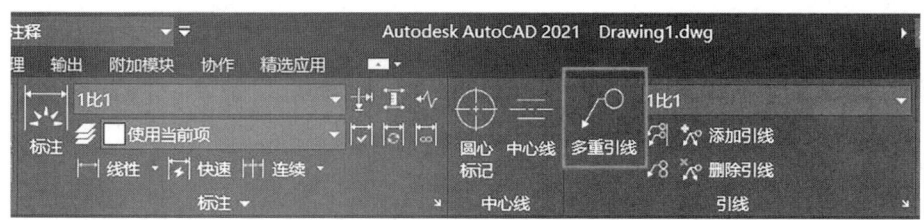

图 8-1-21 多重引线标注

2. 使用后其命令行反馈如下。

【指定引线箭头位置】：拾取需要进行引线标注的箭头起始位置。

【指定引线基线位置】：拾取点指定标注水平线和文字所处的位置。

【引线基线优先（L）】：优先指定基线所在位置，随后指定箭头位置，最后输入文字。

【引线箭头优先（H）】：优先指定箭头标注位置，随后指定基线和文字。

【内容优先（C）】：优先指定文字范围，随后指定箭头位置。

【选项（O）】：用于调整多重引线的引线类型、基线、内容等参数的修改。

【引线类型（L）】：可以调整引线为直线或者样条曲线。

【引线基线（A）】：可以调整是否使用基线以及固定基线距离的尺寸。

【内容类型（C）】：调整内容类型为块或者多行文字。

【最大节点数（M）】：调整多重引线标注的节点数量。

【第一个角度（F）】：调整第一段引线的角度捕捉。

【第二个角度（S）】：调整第二段引线的角度捕捉，需提前增加节点数。

【退出选项（X）】：退出多重引线标注选项命令栏。

> **注意与提示**
>
> 在多重引线本身无法满足作图的需求时，可以通过执行【管理多重引线样式】→【多重引线样式管理器】或者输入命令"Mleaderstyle"，如图8-1-22所示，在弹出的窗口中包含了置为当前、新建、修改和删除等多种功能。可以通过点击【新建】按钮创建新的多重引线样式，并对新样式进行命名，点击【继续】后在弹窗中可以看到三个不同的选项卡，接下来将分别介绍。
>
>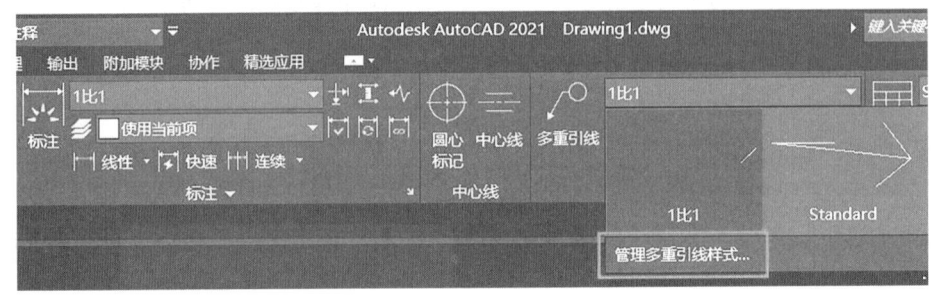
>
> 图8-1-22 管理多重引线样式

【引线格式】：在引线格式中可以修改多重引线标注的引线类型、颜色、线型、线宽以及箭头符号、箭头大小和打断大小，在此处可调整的参数将会更为精细。

【引线结构】：在引线结构中可以调整引线点数、角度、基线的设置以及标注比例。

【内容】：内容中可以调整多重引线的内容为多行文字和块，多行文字包含了字体、角度、颜色、高度和引线连接方式等参数，而块中则包含了多种不同的图形样式，其中"详细信息标注"在风景园林专业制图中非常重要，用于标注图纸编号和视图编号。

8.2　定义标注样式

上一节讲述了常用的尺寸标注的使用方法，用户还可以通过标注样式来对尺寸标注的外观进行调整，标注样式是对标注中所涉及的线、箭头、符号和文字等所有参数的一个整体的集合，通过标注样式的调整以满足不同行业的规范标准，本节将对标注样式进行重点介绍。

8.2.1　定义尺寸标注样式

想要定义尺寸标注样式，首先需要打开【标注样式管理器】。

1. 打开标注样式管理器的常用的方法如下。

1）功能区：选择【注释】→【标注】面板中的标注样式列表，点击管理标注样式，如图8-2-1所示。

2）命令行：输入"Ddim"。

3）菜单栏：选择菜单栏中的【格式】→【标注样式】。

4）工具栏：选择工具栏中的【标注】→【标注样式】按钮。

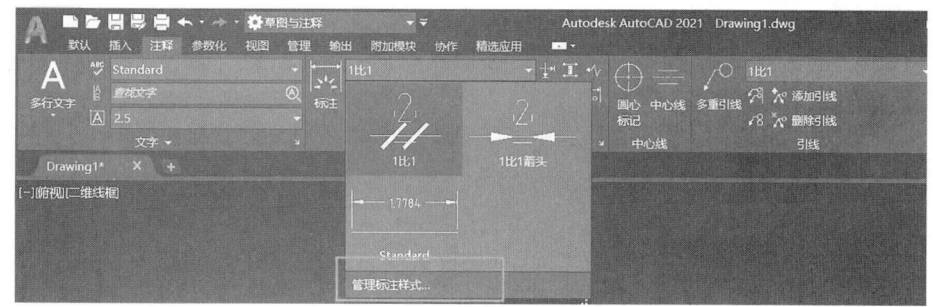

图 8-2-1　管理标注样式

2. 标注样式管理器窗口如图 8-2-2 所示，左侧为标注样式列表，用于浏览创建的标注样式，右侧的按钮分别是：

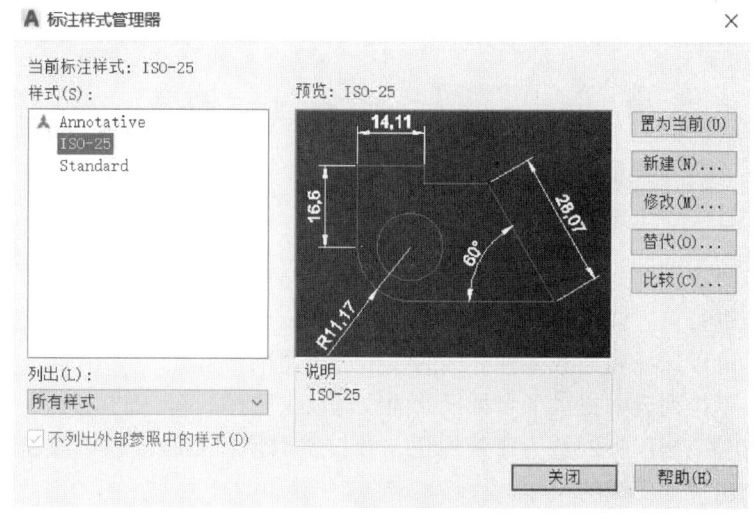

图 8-2-2　标注样式管理器

【置为当前（U）】：通过标注样式列表选择标注样式并设置为当前标注样式。

【新建（N）】：创建新的标注样式。

【修改（M）】：修改选定标注样式的设置。

【替代（O）】：设置当前选定标注样式的替代样式，常用于临时修改标注样式。

【比较（C）】：用于比较两种标注样式的参数区别，或者单列出某一样式的全部参数。

在点击【新建】按钮后，系统会弹出【创建新标注样式】窗口，里面包含了新样式名称；用于新标注样式作为参照的基础样式；是否打开注释性以及样式适用的标注类型。

3. 单击【继续】按钮进入到标注样式参数设置面板，包含了【线】【符号和箭头】【文字】【调整】【主单位】【换算单位】和【公差】七个选项卡，每个选项卡中都设有预览窗口，可以方便地调整参数，下面将对选项卡中的参数进行详细说明。

1)【线】该选项卡中主要对尺寸线和尺寸界线的参数进行调整，如图 8-2-3 所示。

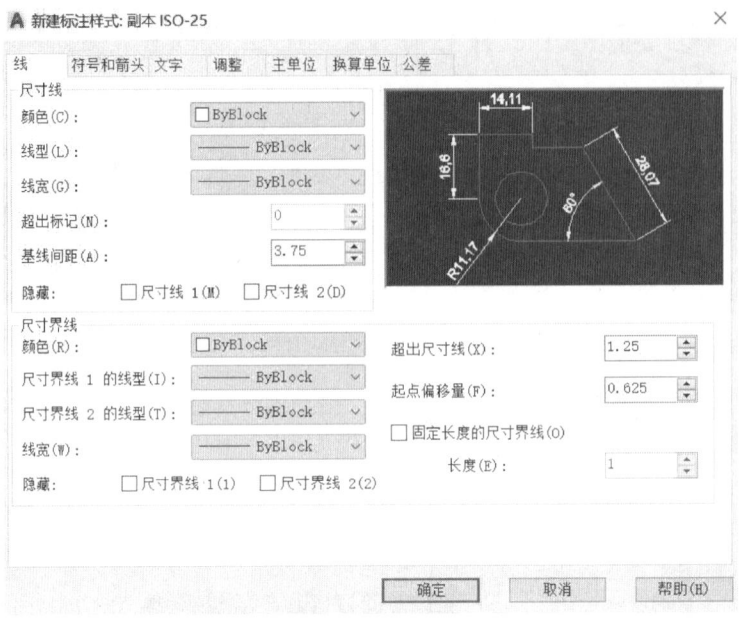

图 8-2-3 线选项卡

(1) 尺寸线

【颜色】：对应设置标注尺寸线的颜色，下拉列表中列出了一些常用的颜色和模式，还可以对颜色进行自主调整。

【线型】：可以选择和加载多种样式的线型进行使用。

【线宽】：下拉列表中提供了多种尺寸的线宽以供选择。

【超出标记】：当箭头调整为建筑标记、倾斜、积分和无时可以修改超出标记尺寸，是指尺寸线超出尺寸界线的尺寸。

【基线距离】：基线标注时尺寸线之间的距离。

【隐藏】：勾选是否隐藏尺寸线。

(2) 尺寸界线

【颜色】：对应设置标注尺寸界线的颜色。

【尺寸界线1的线型】【尺寸界线2的线型】：分别控制两边尺寸界线的线型。

【线宽】：用于调整尺寸界线的线宽。

【隐藏】：勾选是否隐藏尺寸界线。

【超出尺寸线】：尺寸界线超出尺寸线的距离。

【起点偏移量】：标注起始位置到尺寸界线的距离。

【固定长度的尺寸界线】：勾选后可通过数值设定固定长度的尺寸界线。

2)【符号和箭头】：该选项卡对各类标记、符号进行设定，如图 8-2-4 所示。

(1) 箭头

【第一个】【第二个】【引线】：调整尺寸线和引线的箭头显示类型，第一个箭头改变后第二个箭头会自动调整。

【箭头大小】：调整显示箭头的大小。

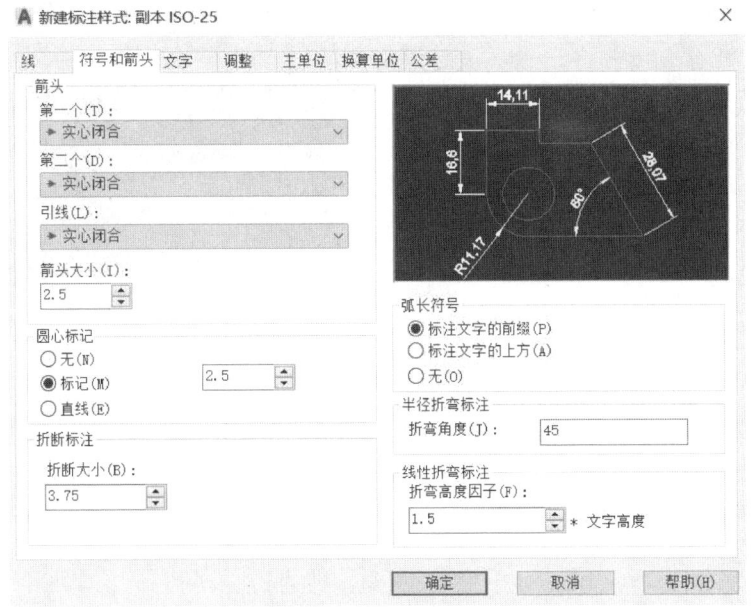

图 8-2-4 符号和箭头选项卡

（2）圆心标记

【无】【标记】【直线】：是否显示圆心标记和中心线，并设置大小。

（3）折断标注

【折断大小】：用于设置折断标注中打断的大小尺寸。

（4）弧长符号

【标注文字的前缀】【标注文字的上方】【无】：用于调整弧长标注中弧长符号的位置及是否显示。

（5）半径折弯标注

【折弯角度】：用于控制半径折弯标注的折弯角度。

（6）线性折弯标注

【折弯高度因子】：用于控制线性折弯标注的折弯显示高度。

3）【文字】：该选项卡用于控制标注文字的显示外观、位置和对齐等，如图 8-2-5 所示。

（1）文字外观

【文字样式】：下拉列表中列出了当前已经设定好的文字样式可供选择，右侧按钮可以打开文字样式设置，调整字体、大小和效果等。

【文字颜色】【填充颜色】：分别调整字体的颜色和字体的背景色。

【文字高度】：设置文字的高度值，如果在文字样式中已设置，当前设置则被替代。

【分数高度比例】：在主单位为分数时，可以调整分数高度的比例大小。

【绘制文字边框】：是否勾选启用文字边框设置。

（2）文字位置

【垂直】【水平】【观察方向】：调整标注文字在水平、垂直方向上的位置，并且调整观察方向。

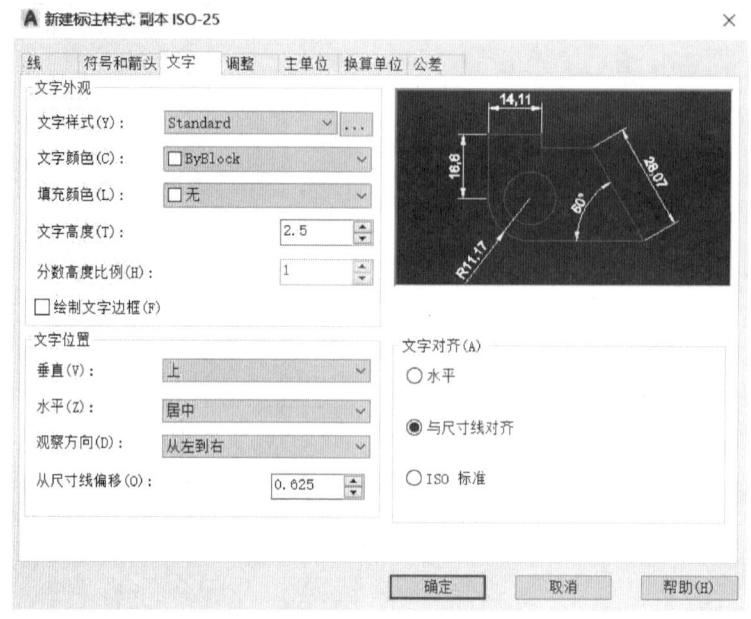

图 8-2-5 文字选项卡

【从尺寸线偏移】：调整尺寸线之间为标注文字所断开的距离。

（3）文字对齐

【水平】【与尺寸线对齐】：调整标注文字的方向，为水平方向或者与尺寸线对齐。

【ISO 标准】：在当前选项下，标注文字在尺寸界线内则与尺寸线对齐，反之则水平对齐。

4）【调整】：该选项卡用于在特殊情况下调整文字、箭头等的位置，还可以设置标注比例，如图 8-2-6 所示。

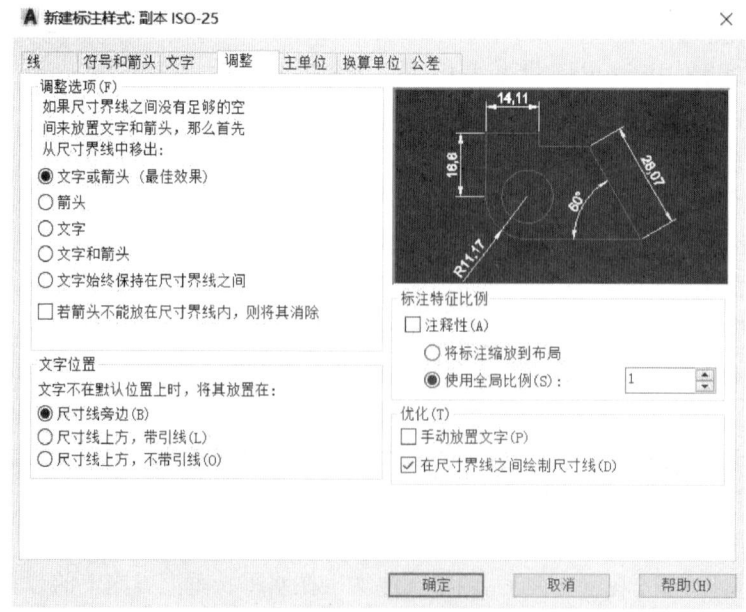

图 8-2-6 调整选项卡

(1) 调整选项

用于调整尺寸界线之间的标注文字和箭头的位置，当空间不足时，通过当前选项调整。一般采用默认的【文字或箭头（最佳效果）】。

(2) 文字位置

文字无法在标注样式的默认位置时，将放置在当前选项位置。

(3) 标注特征比例

【使用全局比例】：用于设置全局比例，通过参数的修改决定在当前标注样式的基础上对于箭头、文字、尺寸线和尺寸界线等的缩放大小，以此来适应不同大小的图纸需求。

【将标注缩放到布局】：根据当前模型空间视口和图纸空间之间的比例确定比例因子。

【注释性】：勾选指定标注是否为注释性。

(4) 优化

【手动放置文字】：在进行标注时，可以手动调整标注文字所在的水平位置。

【在尺寸界线之间绘制尺寸线】：始终在测量点之间绘制尺寸线。

5)【主单位】：该选项卡用于控制标注单位和格式，如图 8-2-7 所示。

图 8-2-7　主单位选项卡

(1) 线性标注

在此区域内可以调整线性标注的单位、精度等，通常单位采用小数，精度为0。此外，还可以调整分数格式、小数分隔符、测量单位比例和消零等，一般采用默认值。

(2) 角度标注

在此区域内可以调整角度标注的单位格式、精度和消零等。

6)【换算单位】选项卡便于为不同的单位（如公制、英制）进行标注值的测量与转换，方便一目了然，如有需要可以勾选【显示换算单位】，通常不勾选此项，如图8-2-8所示。

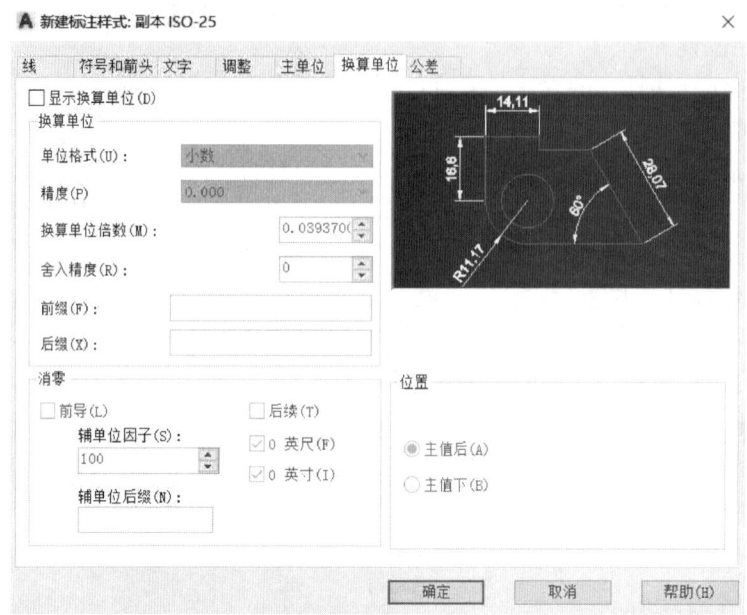

图 8-2-8 换算单位选项卡

7)【公差】该选项卡用于设置公差的标注格式，如图8-2-9所示。

图 8-2-9 公差选项卡

8.2.2 定义标注样式的子样式

在实际绘图中经常会遇到图纸中包含了多种类型的标注，通常在基础的标注样式设定完成后仍然会碰到某些问题，比如说在风景园林制图中通常会把标注样式中的箭头设置为"建筑标记"，但是在角度、半径和直径的标注中却需要用到"实心闭合"的箭头类型。在这种情况下如果通过设置两种不同的标注样式，那么在使用的过程中就会需要来回切换标注样式，造成不必要的麻烦，这时就可以采用定义标注样式子样式的方式来解决。

在"标注样式管理器"中，选中已经设置好的标注样式后单击【新建】按钮，打开对话框，此时默认采用选中的样式作为基础样式，在下方【用于】列表可以选中"角度标注"，如图8-2-10所示，然后点击【继续】，在标注样式【符号和箭头】中更改箭头为"实心闭合"，点击【确定】即可，此时标注样式中就会多出一个子样式，如图8-2-11所示。"半径标注""直径标注"均可采用此方法进行设置子样式。这样在标注中系统会自动根据不同的标注类型选择合适的标注符号。

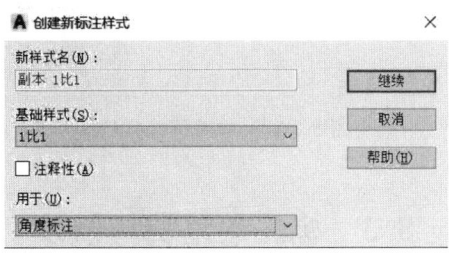

图 8-2-10　定义子样式 1

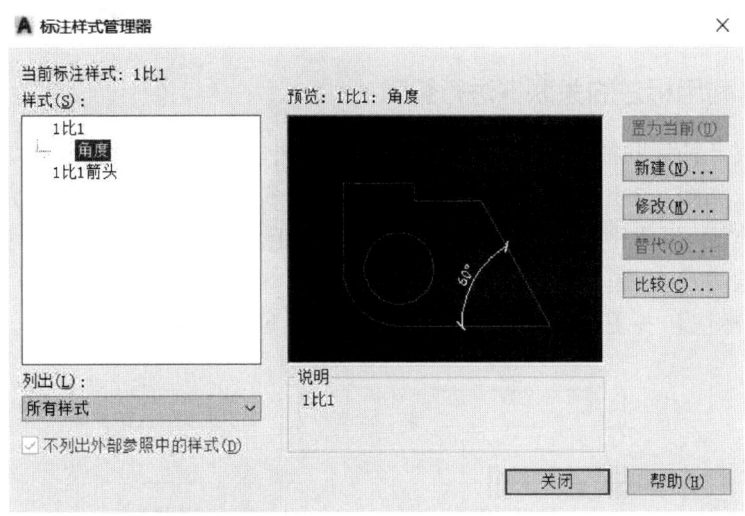

图 8-2-11　定义子样式 2

8.2.3 标注样式的编辑与修改

想要对标注样式进行编辑和修改需要打开"标注样式管理器"，在右侧选中【修改】按钮即可打开标注样式参数栏，如图8-2-12所示，根据需求进行修改。如果想要删除标注样式，可以在左侧的"标注样式"列表中选中标注样式然后右键删除，也可用此方法对标注样式重命名。需要注意的是，当前标注样式和已经使用的标注样式无法进行删除。

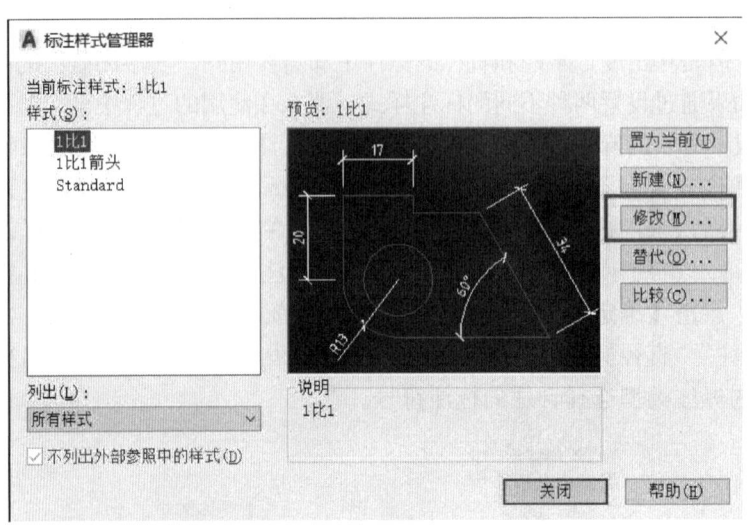

图 8-2-12　修改标注样式

8.3　标注的编辑与修改

在完成图纸标注后，可以通过修改标注图形利用尺寸关联修改标注，也可以直接对标注的文字、尺寸、尺寸界线进行编辑与修改。

8.3.1　利用标注的关联性进行编辑

制图中尺寸标注和被标注的图形之间具有关联性，一旦图形发生改变，尺寸标注将会自动修改。如图 8-3-1 所示，图（a）为进行线性标注后的矩形，标注完成后选中矩形，单击夹点 a，沿水平方向往右指定拉伸点输入距离 6，在矩形发生改变后，可以发现线性标注会发生如图（b）所示的变化。当部分标注不存在关联性时，可通过点击【注释】→【标注】→【重新关联】使标注与选择对象重新关联。

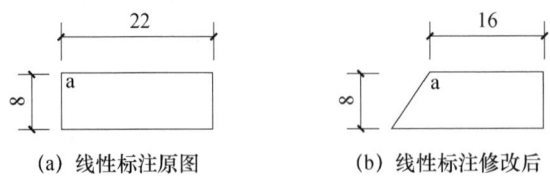

图 8-3-1　标注关联性说明

8.3.2　编辑标注的尺寸文字

在标注完成之后，当标注尺寸文字需要进行添加和修改时，可以通过双击标注文字来进行编辑。双击标注文字后会弹出文字编辑器,可以发现尺寸文字带有背景色,如图 8-3-2 所示,此时文字仍具有关联性,可以在其前后添加信息,而一旦删除后重新输入文字会导致标注的关联性消失,标注尺寸文字将不再跟随图形发生变化,因此需要注意。

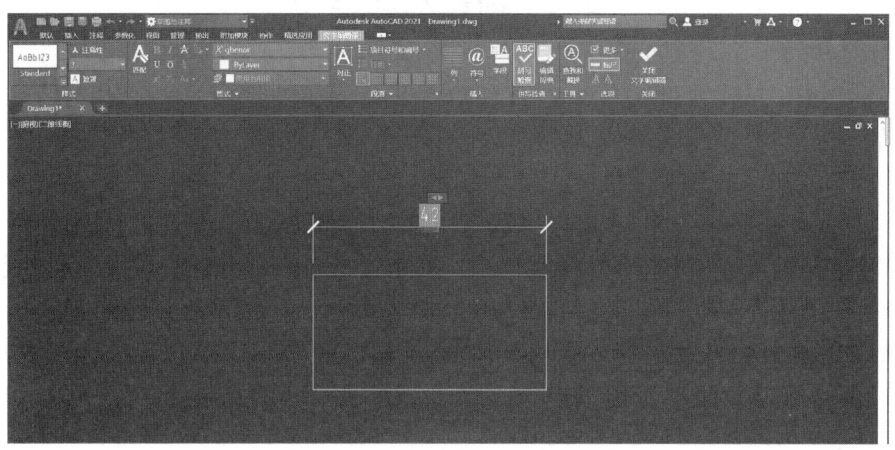

图 8-3-2　编辑标注尺寸文字

8.3.3　编辑标注尺寸

标注文字除了能够进行关联性编辑和双击修改之外,还可以调整其文字的倾斜、角度和位置等,通过打开【注释】→【标注】面板的展开菜单可以发现如下工具,如图 8-3-3所示。

图 8-3-3　编辑标注尺寸其他工具

【倾斜】：调整线性标注尺寸界限的倾斜角度。
【文字角度】：调整标注文字的旋转角度。
【左对正】：调整标注文字为左对齐。
【居中对正】：调整标注文字为居中对齐。
【右对正】：调整标注文字为右对齐。
【替代】：通过修改当前标注的要替代的标注变量名和参数进行标注替代。

8.3.4　利用对象特性管理器编辑尺寸标注

在 AutoCAD 中任意标注或图形都拥有详细的特性参数,在选中的状态下,可以通过右键"特性"按钮打开特性管理器,或者使用快捷键"Ctrl+1"。打开的对象特性管理器中内容丰富,可以对常规参数和标注样式进行全面的修改。需要注意的是,每次修改只对选中的标注或图形有效。

8.4 创建公差标注

AutoCAD 2021 中提供了尺寸公差和形位公差两种不同的公差标注方式,多应用于机械产品领域。

8.4.1 尺寸公差标注

在制图中当需要标注图形尺寸公差时,可以打开"标注样式管理器",通过【新建】或【替代】→【公差】选项卡,设置公差格式,如图 8-4-1 所示。在此区域内可以更改【方式】列表,用以设置标注公差的形式,包括"无""对称""极限偏差""极限尺寸""基本尺寸"。在【精度】中可以设置尺寸公差的精度值。此外,还可以调整尺寸的上下公差值、大小比例、位置和消零等。

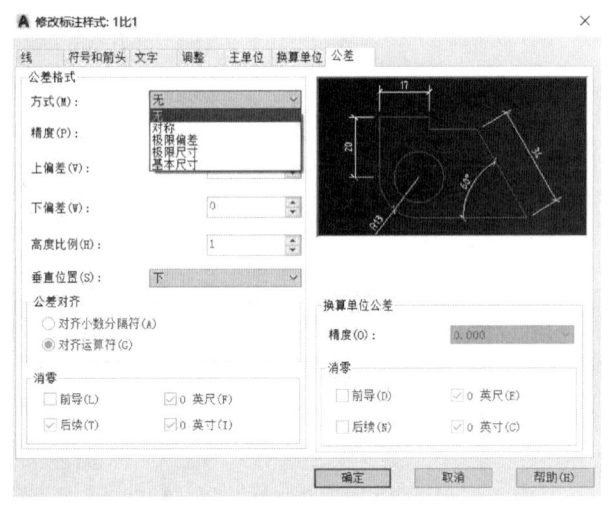

图 8-4-1 尺寸公差标注

尺寸公差标注除了在"标注样式管理器"中进行设置外,还可以打开"对象特性管理器",对应修改其中的公差栏即可。

8.4.2 形位公差标注

由于在实际生活中物体制作出来都会存在一定的形状或位置上的差异,为了控制这种差异,在 AutoCAD 中通过形位公差,来表示形状、轮廓、方向和位置等所允许的偏差。

打开【注释】→【标注】→ 公差 按钮,可以打开形位公差对话框,或者输入命令"Tolerance",如图 8-4-2 所示。对话框中左侧【符号】可以为公差选择符号特征,如定位、同心轴、对称等,中间【公差】部分可以插入直径符号和输入公差值,右侧【基准】部分可以设置公差基准和附加符号,下方还包含了【高度】【延伸公差带】和【基准标识符】的设置。

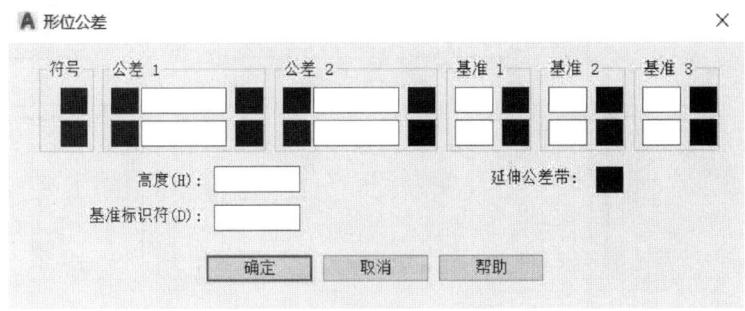

图 8-4-2 形位公差标注

练习题

1. 在完成本章节课程学习之后,请利用前面所学的方法进行实践练习,要求在 AutoCAD 中绘制如图 1 所示图形,并完成尺寸标注。

2. 要求在 AutoCAD 中绘制如图 2 所示图形,并完成尺寸标注。

3. 要求在 AutoCAD 中绘制如图 3 所示图形,并完成尺寸标注。

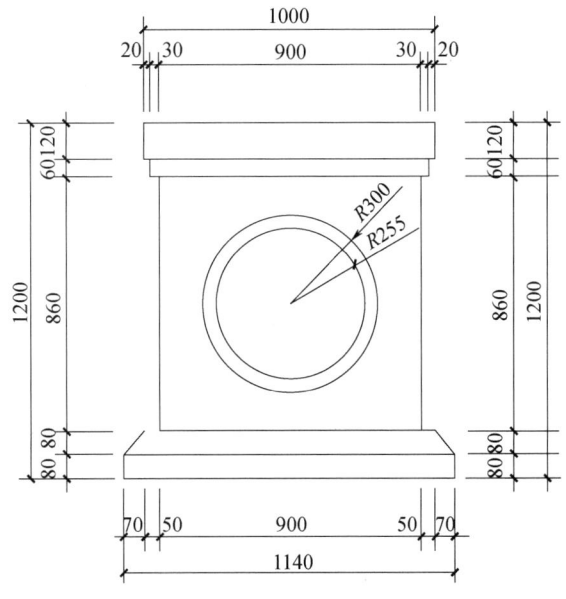

图 1 尺寸标注练习 1

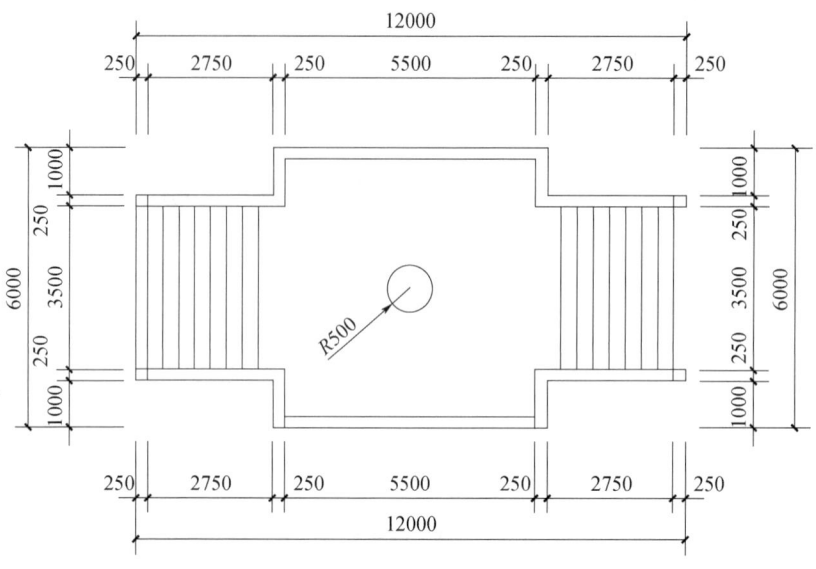

图 2　尺寸标注练习 2

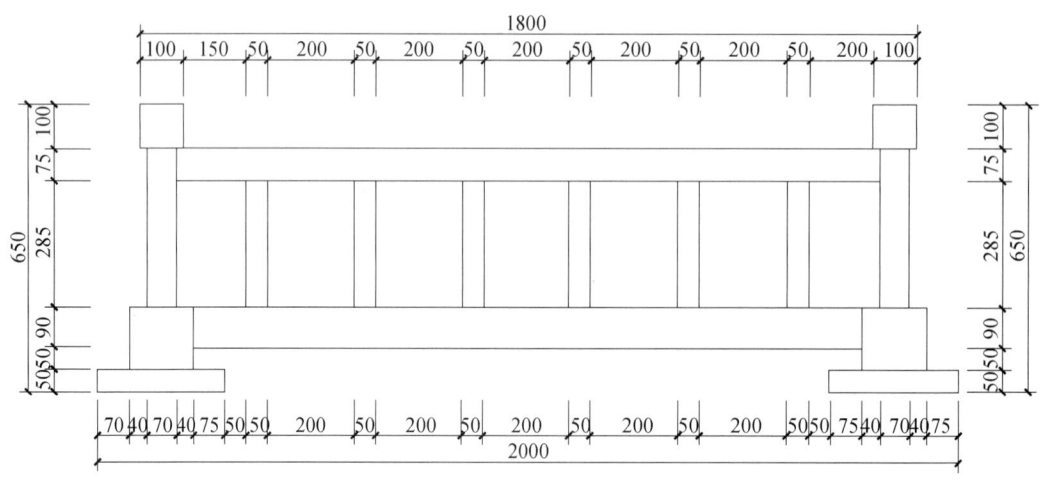

图 3　尺寸标注练习 3

第9章

打印出图

学习指导

主要内容：本章介绍了如何在模型空间和布局空间中打印图纸，并对于打印页面设置、打印样式表和管理比例列表做了详细的说明，最后对电子打印和批处理打印两种打印方式进行讲解。

重点知识：在模型空间和布局空间中进行图纸打印，打印样式和打印比例的使用，图纸的出图与发布。

难点知识：在理解的基础上熟练地掌握打印设置的各项参数，灵活地使用各类打印和出图方式。

学习目标：掌握如何在模型空间和布局空间中进行图纸打印，灵活使用打印设置的各项参数，灵活运用打印样式和打印比例，以及各类打印方式，实现图纸的出图与发布。通过勤加练习以加强对于软件和知识的掌握能力。

9.1 在模型空间中打印图纸

在进行简单的二维图纸打印时可以在模型空间中完成绘图并进行打印，这需要完整的注释和恰当的比例因子。可以通过打开【输出】→【打印】→【打印】激活命令，或者使用命令"Plot"或快捷键"Ctrl+p"，如图 9-1-1 所示。在弹出的打印设置窗口中包含以下内容。

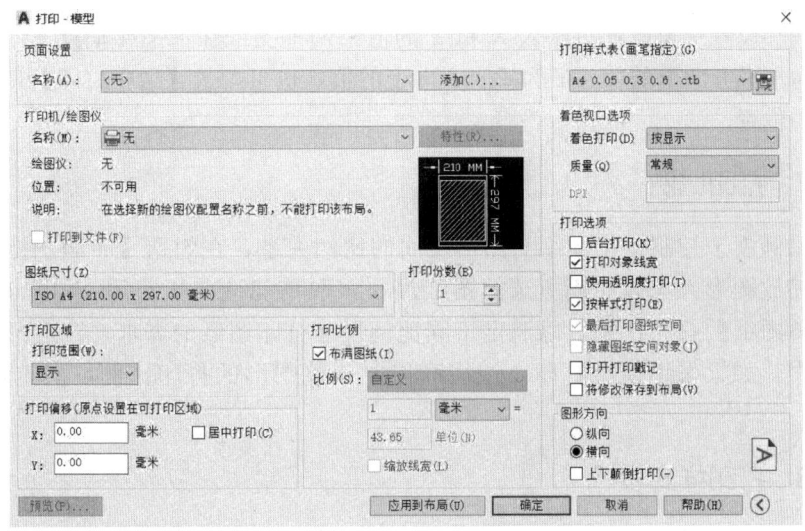

图 9-1-1　打印设置

9.1.1 页面设置

在【名称】下拉菜单中可以选择已经保存的页面设置，也可以通过【添加】按钮把当前调整好的页面设置进行保存。

9.1.2 打印机/绘图仪

此栏用于指定打印设备，如果已经安装打印设备和驱动，则可在【名称】下拉菜单中找到打印机，如果没有则可指定列表中的电子打印机。右侧的【特性】按钮可以用来调整打印机的配置编辑，包括介质、图形、用户定义图纸尺寸与校准等。下方还有绘图仪、位置、说明、打印区域的信息。需要注意的是【打印到文件】按钮，该按钮一旦勾选，则会将图纸打印文件输出到指定的位置，输出电子版图纸有时会用到。

9.1.3 图纸尺寸

用于指定使用的图纸大小，列表中根据所选打印设备显示相应的标准图纸尺寸。图纸尺寸还可在打印机【特性】中进行添加。

9.1.4 打印份数

指定打印图纸的数量。

9.1.5 打印区域

打印范围列表下包含四个选项，当选择【窗口】模式时，可以通过指定矩形区域来选择打印的范围；【范围】模式下将会根据图纸内容打印当前空间内的所有图形；【图形界限】模式下将根据模型所设置的空间界线范围进行图纸打印；【显示】模式会根据当前图纸模型空间显示的视口范围进行打印。

9.1.6 打印偏移

打印偏移设置中可以通过输入 X 和 Y 的值来调整图纸在水平或垂直方向上偏移的位置，X 为水平方向上的值，Y 为垂直方向上的值，也可勾选【居中打印】使图形位于图纸的正中位置。

9.1.7 打印比例

打印比例用于控制输出图纸与图形之间的比例关系，在勾选【布满图纸】时，系统将自动缩放图形大小以布满所选的图纸尺寸，取消勾选此按钮后，可以在【比例】栏自行调整图纸的打印比例，以满足不同比例尺寸打印图纸的需求。在进行风景园林出图打印中，如果采用模型打印，往往都需要调整图形的打印比例，如 1∶50、1∶100 等。

9.1.8 打印样式表

在点击右下角【更多选项】按钮可以展开打印样式表等菜单，通过打印样式列表可以指定或者新建打印样式，在右侧的【编辑】→【打印样式列表编辑器】，在【表格视图】中可以根据不同的颜色来指定打印出图形的颜色、线宽等特征。

9.1.9 着色视口选项

在【着色打印】中可以按显示、线框、隐藏线和渲染等方式来打印视口，并指定着色和渲染视口的分辨率。

9.1.10 打印选项

在打印选项中可以通过勾选来调整是否启用后台打印、打印线宽、打印对象透明度、打印样式、打印戳记和保存布局等。

9.1.11 图形方向

用于调整打印图纸的方向性，分为纵向、横向和上下颠倒。

除了上述菜单之外，在打印设置窗口中还提供了【预览】按钮用于即时观察设置的打印参数，可配合"Esc"和"Enter"键灵活使用。当单击【应用到布局】时，在下一次打开打印设置窗口时将会默认使用上一次调整的打印设置。

9.2 布局中图纸的打印输出

上一节讲解了如何在模型空间中进行图纸打印，在实际操作的过程中还可能会遇到图纸尺寸、标注比例等问题，而在布局空间中进行打印则容易得多。

9.2.1 布局中打印出图的过程

1. 布局是一种图纸空间，用于模拟实际中真实的图纸，在布局空间中打印首先需要把选项卡位置由【模型】→【布局】，可通过"+"号新建多个布局，也可把多个图纸放在同一个布局上，其次打印命令的激活方式和在模型空间中相同，同样可以执行【输出】→【打印】命令，或者使用命令"Plot"或快捷键"Ctrl+p"。

2. 打印前首先需要在模型空间中完成图形的绘制，其次在布局空间中创建图框，并通过新建视口的方式把图纸放入，操作方法为切换到【布局】→【布局视口】面板，使用【插入视图】【矩形】【多边形】和【对象】等命令，也可使用命令"Mview"和"Vports"，如图9-2-1、图9-2-2所示。

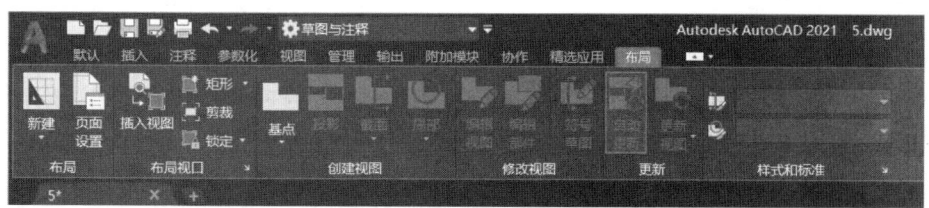

图 9-2-1 创建视口1

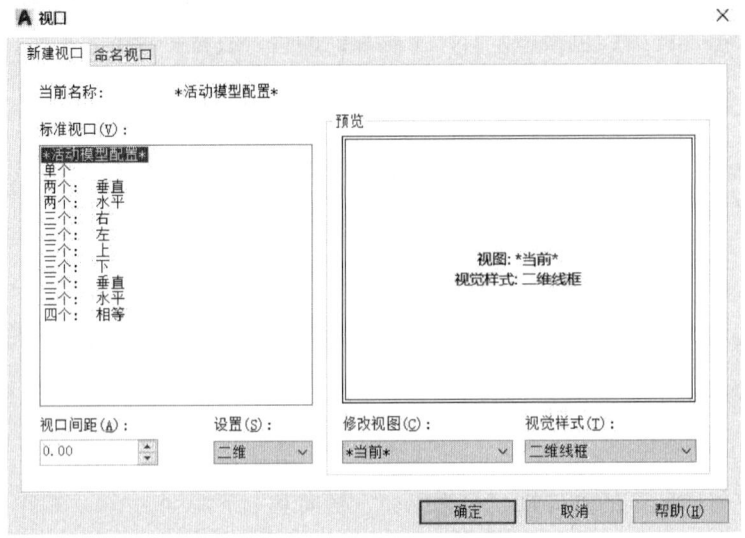

图 9-2-2　创建视口 2

3. 根据图纸和视口大小调整图形比例，选中视口后可在底部【状态栏】、【特性面板】等调整比例，如图 9-2-3 所示，也可在进入视口后通过命令"Zoom"来调整比例。完成后可对视口进行锁定，锁定按键位于【状态栏】和【布局视口】面板。最后进行图纸的注释与标注即可出图，打印方法与在模型中打印一致。

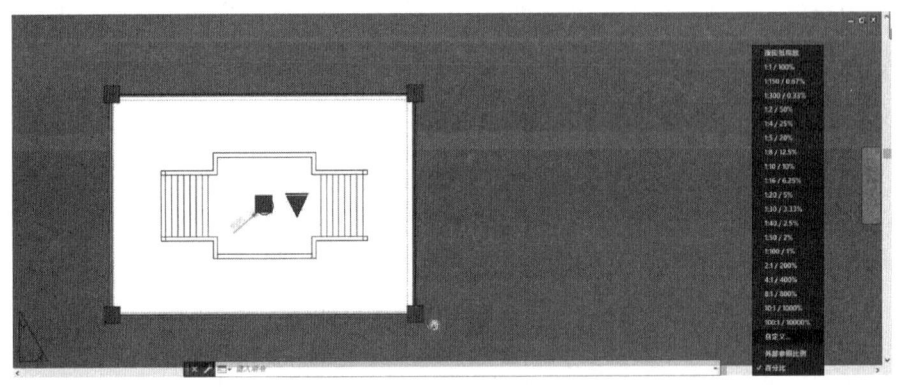

图 9-2-3　调整视口比例

9.2.2　页面设置

页面设置能够把所有的打印设置保存成一个新命名文件，方便应用在布局中或者在打印中直接调用，打开【输出】→【打印】→【页面设置管理器】，如图 9-2-4 所示，可以看到系统会自动为每一个布局指定一个页面设置，调整好后在打印时就无需每次再进行打印参数设置，方便很多。

窗口中左侧是页面设置列表，列出了当前文件中所有的页面设置，可通过右侧的【置为当前】把所选的页面设置指定给当前布局，也可通过【新建】【修改】等来进行页面设置的新建与调整，【输入】可以把外部文件输入到页面设置中来。在下方则列出了选定页面设置的详细信息，包含了设备名、绘图仪、打印大小、位置和说明等，方便进行预览。

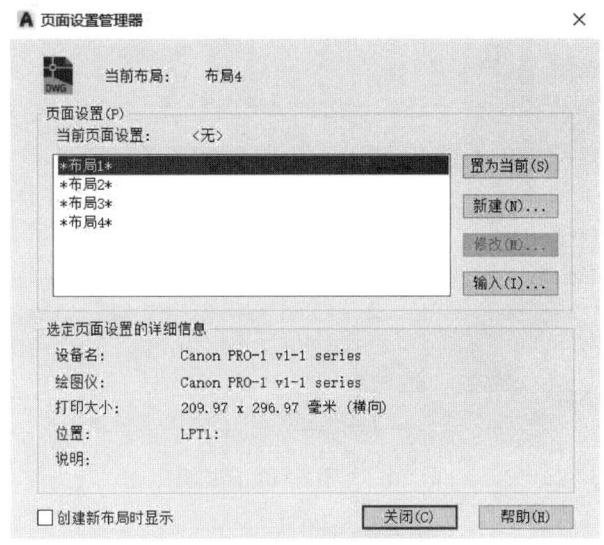

图 9-2-4　页面设置管理器

9.3　使用打印样式表

在模型空间中打印图纸时提到了关于打印样式表的设置，打印样式表通过图层、颜色、线宽、线型等来控制打印的方式，可以同时用于模型和布局空间打印中。打印样式表分为两种，一种是颜色相关打印样式表，另一种是命名打印样式表，每个图纸只能使用一种打印样式，在新建图形文件时可以选择，命名末尾带有"Named Plot Styles"的为命名打印样式，相反则是颜色相关打印样式。后期也可以通过【选项】→【打印和发布】→【打印样式表设置】来查看。

9.3.1　颜色相关打印样式表

颜色相关打印样式表是通过控制图纸中每种颜色的打印特性来实现的，如图 9-3-1 所示，左侧共有 255 种不同的颜色，并且都有编号，通过右侧调整每一种颜色的打印颜色、淡显、线型、线宽等，以此来实现图纸中每种不同颜色采用所设置的参数进行打印，形成深浅和粗细的变化。这就要求在绘图阶段设置好图形的颜色，以满足打印的需求。

在打印设置窗口中通过【打印样式表】的下拉菜单选择打印样式，也可通过新建来创建新的打印样式，如图 9-3-2 所示。如要管理打印样式，可以在 AutoCAD 界面的左上角单击图标，选择【打印】→【管理打印样式】，在打开的文件夹中可以添加和删除打印样式，也可从外部导入打印样式，打印样式文件夹为"Plot Styles"，如图 9-3-3 所示。

图 9-3-1 颜色打印样式表

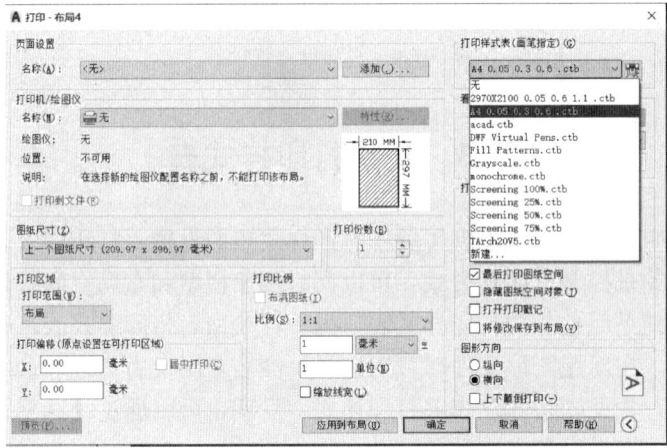

图 9-3-2 打印样式表

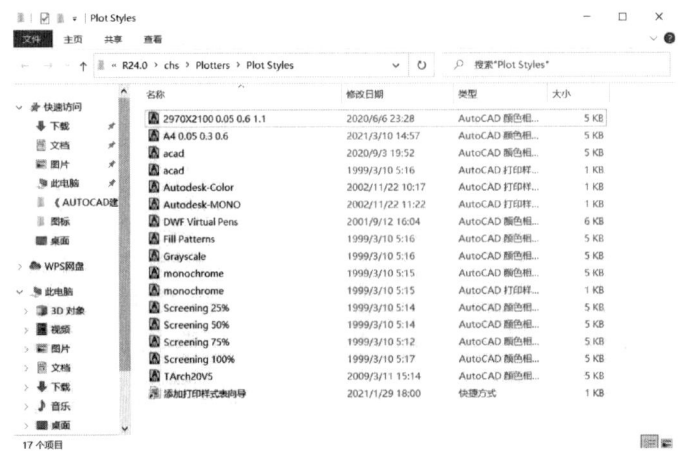

图 9-3-3 打印样式文件夹

9.3.2 命名打印样式表

命名打印样式与颜色相关打印样式的不同之处在于其不是通过颜色来控制打印的，而是通过分别为图层或对象指定单独的打印样式来实现的，这样就能够保证打印样式的调整与对象的颜色无关。

想要使用命名打印样式，需要在新建图形文件时选择命名打印样式样板文件，在完成图形绘制后就可以通过【图层特性管理器】来调整打印样式，如图 9-3-4 所示。在管理器中找到对应图层的打印样式，单击进行打印样式选择，弹出的窗口如图 9-3-5 所示。在下方【活动打印样式表】中列出了当前可用的样式表文件，从中选择一个，点击右侧的【编辑器】可以看到详细的参数设置，也可进行调整，点击【保存并关闭】，这时将会列出打印样式表中的打印样式，可选择后指定给图层。同样的方法可以调整其他图层的打印样式，也可以通过对象特性来指定打印样式。

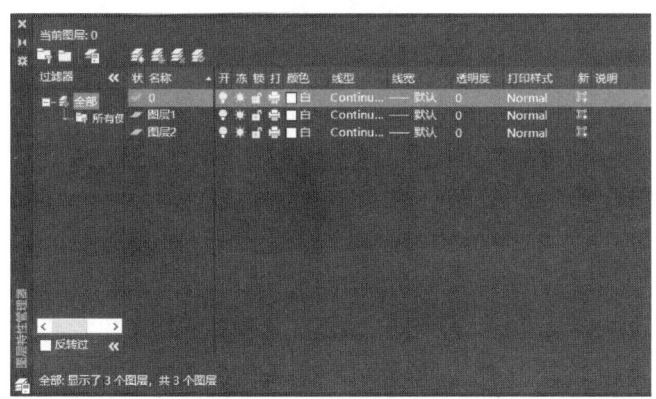

图 9-3-4　图层特性管理器

图 9-3-5　打印样式选择

9.4　管理比例列表

比例列表是用于控制视口布局比例、注释性比例和打印缩放比例的列表，在面对电子文件和实际图纸转换时需要通过一定的比例来对图纸进行缩放以保证图纸大小的准确性和观察的方便性，因此 AutoCAD 提供了一些常用的出图比例，例如"1∶10""1∶50""1∶100"等，前后的比值分别为图纸尺寸和实际尺寸，同时为了满足多种需求，比例列表还可以自定义添加和编辑。

1. 打开比例列表的常用的方法如下。

1）功能区：选择【注释】→【注释缩放】→【比例列表】按钮。

2）命令行：输入"Scalelistedit"。

3）菜单栏：选择菜单栏中的【格式】→【比例缩放列表】。

4）状态栏：选择状态栏中的【注释比例】→【自定义】。

2. 注意与提示

在【编辑图形比例】窗口左侧已经列出了常用的图形比例，如图 9-4-1 所示，点击右侧的【添加】按钮可以设置新的图形比例，如显示名称"1∶150"，在下方的比例特性中输入图纸单位"1"等于图形单位"150"，即可完成1∶150图形比例的创建，如图9-4-2所示。在【编辑】中还可以对显示名称和比例特性进行调整。【上移】和【下移】可以调整图形比例在比例列表中的位置。【删除】可以删除列表中的图形比例。【重置】可以重置比例列表，把新添加的比例全部清除。

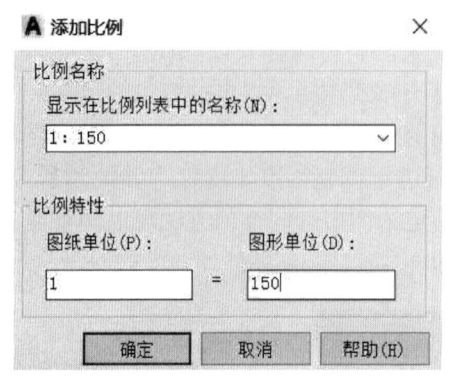

图 9-4-1　编辑图形比例　　　　　　　图 9-4-2　添加比例

点击【确定】按钮，新添加的图形比例就已经完成了，在后期视口布局和出图打印时就可以选择使用。

9.5　电子打印与发布

在 AutoCAD 中除了用上述方法进行真实图纸打印和使用源文件 DWG 图形文件之外，还可以采用电子打印的方式生成 DWF 或 PDF 等格式的文件以便进行图纸的传输、交流。电子打印的文件区别于传统文件，使用更加安全和方便，可以及时交流、批注和修改等。

9.5.1　电子打印

在 AutoCAD 电子打印中 DWF 文件格式最为通用和便利，文件小巧便于传输，用户可以即时浏览图形信息，进行缩放、平移等操作，图片精度不受影响，但同时却不能够进行编辑、改动，保证了安全性。打印 DWF 格式的文件需要在打印设置中调整【打印机/绘图仪】选项为"DWF6 ePlot.pc3"，如图 9-5-1 所示，其余设置根据用户需要进行调整即可。

打印输出后的文件后缀为.dwf，可以使用 Autodesk Design Review 软件打开，Autodesk Design Review 是一款非常强大的辅助软件，在界面上方包含了标记和测量等工具，可以帮助在查看 DWF 文件时进行审阅、批注、标记、绘制、测量等，方便对于图纸的修改，如图 9-5-2 所示。

经过标记和批注的 DWF 图纸，可以通过在 CAD 中【视图】→【选项板】→【标记集管理器】导入到 CAD 的源文件中，通过打开图纸的方法即可预览，方便及时修改同时不对图纸产生影响。

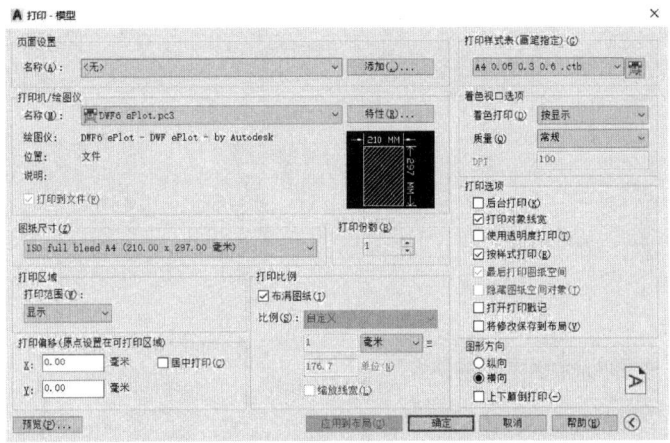

图 9-5-1　DWF 文件打印设置

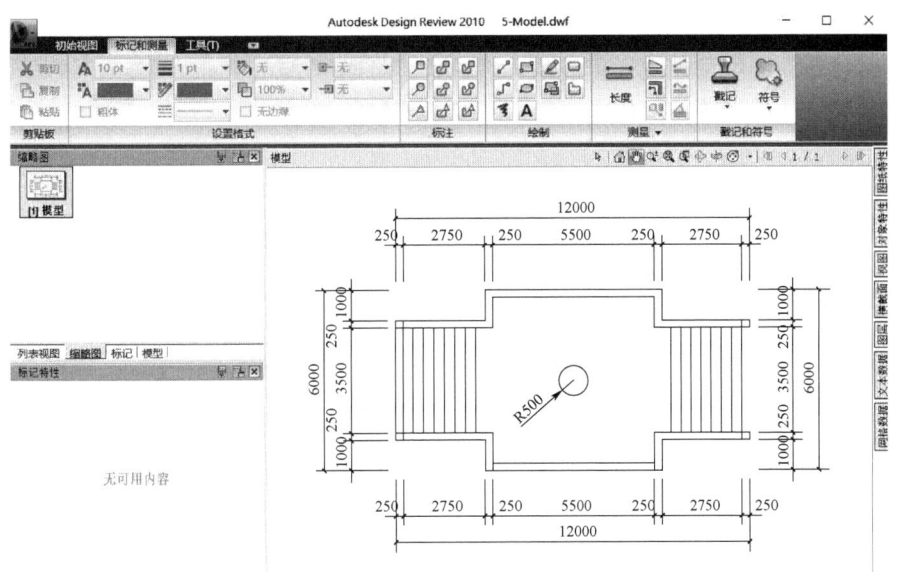

图 9-5-2　Autodesk Design Review

9.5.2　批处理打印

批处理打印是针对于一个文件多个布局或多个文件多个布局的情况下进行集体打印的一种方式，可以打印成多个 DWF 文件或是一个集合的 DWF 文件，以方便进行查阅。

当绘制完成图纸后，需要将打印机指定为"DWF6 ePlot.pc3"，调整好其他页面参数设置，选择【输出】→【打印】→【批处理打印】。在弹出的发布面板上，如图 9-5-3 所示，通过左上角【加载图纸列表】和【保存图纸列表】功能，实现图纸发布设置的保存与加载，方便修改后重新打印。【发布为】可以调整发布图纸的格式。右侧【发布选项】可以调整发布的路径位置、文件类型（单页文件、多页文件）等信息。中间区域为批处理打印的图纸名称，可以通过上方或右键添加、删除、上移、下移和预览。完成设置后点击下方【发布】即可。

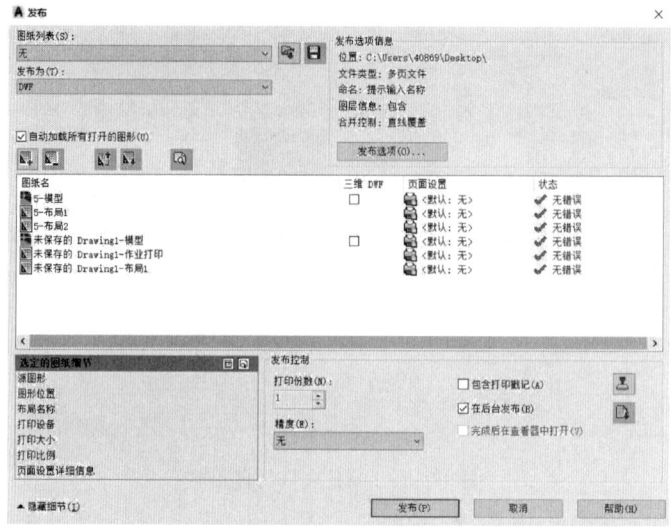

图 9-5-3　发布面板

完成发布的图纸呈现图形集或单页的形式，可通过 Autodesk Design Review 软件进行审阅、批注、标记等，操作方法和上一节电子打印相同。

练习题

1. 绘制如图1所示图形，并采用模型空间打印出图。

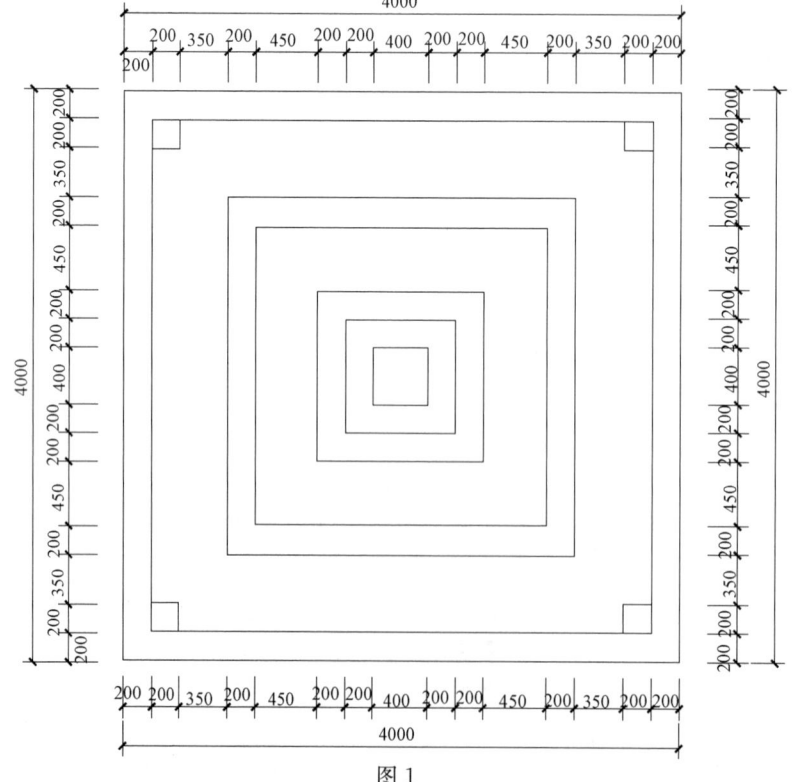

图1

2. 绘制如图 2 所示图形，并采用布局空间打印出图。

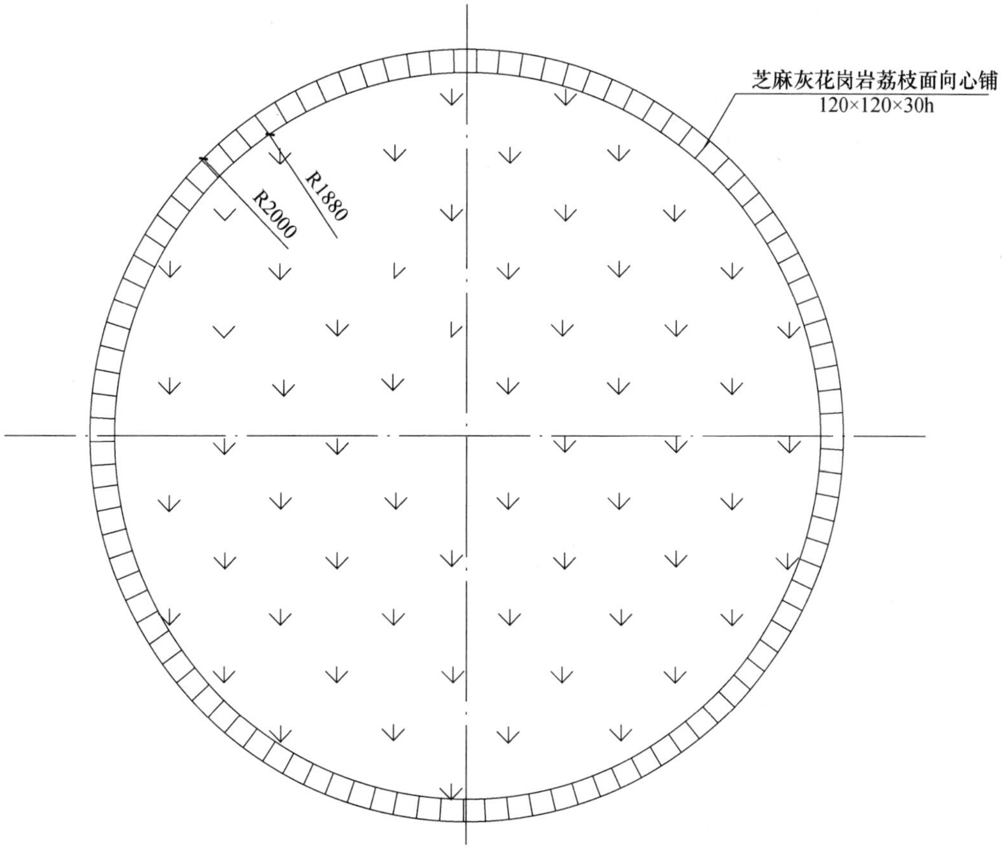

图 2

3. 绘制如图 3 所示图形，并采用 DWF 格式的电子打印出图。

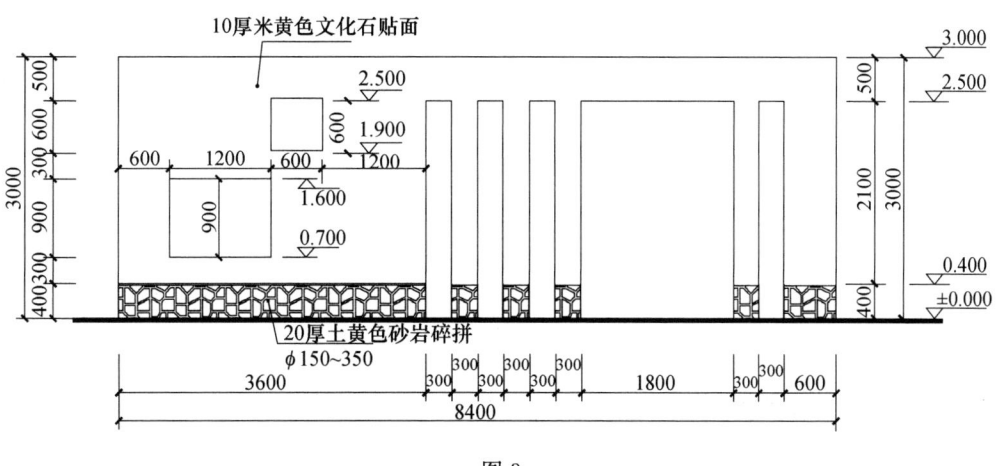

图 3

第10章

园林设计综合实例

学习指导

主要内容：学习 AutoCAD 的最终目的在于设计制图的应用，本章内容引入具体的设计制图案例，结合前文所讲的基本命令与方法，指导大家在制图中熟练操作与运用 AutoCAD 2021 的各种基本命令、编辑技巧、制图程序。

重点知识：建筑施工图与园林总平面图的制图流程及基本方法。

难点知识：各种绘图命令在实际制图过程中的综合运用。

学习目标：通过本章制图案例的实战训练讲解，学生应进一步熟悉 AutoCAD 2021 版的操作方法与基本命令，并通过反复的训练，在制图过程中能够熟练运用各基本命令、制图程序及编辑中的一些技巧，达到软件工具服务于设计应用的目的。

10.1 概述

学习 AutoCAD 的目的是为了设计制图的应用。掌握了基本命令不等同于学会了 AutoCAD，学习操作软件是在一遍遍的实战训练中不断熟悉并达到灵活运用的过程。因此，想要更好地掌握 AutoCAD 的操作方法，唯一途径就是通过制图不断地磨合练习。园林专业制图中包含不同种类的图纸，AutoCAD 在方案确定后的制图出图阶段成为主要手段，虽然各类图纸表达的内容不同，但在 AutoCAD 中的制图步骤及方法是相似的。以下通过园林建筑施工图和园林工程设计图进行具体的实际操作练习。

10.2 绘制园林建筑施工图

园林建筑施工图主要表达建筑设计的内容，包括建筑平面图、立面图、剖面图和部分构造详图等，不同种类的图表现建筑的各个方面，但制图的步骤及方法是相似的。下面以如图 10-2-1 所示的公园茶室设计施工平面图为例来说明。

10.2.1 设置绘图环境

启动 AutoCAD 2021 程序，进入绘图界面。在绘图之前，先在菜单选择"文件"并单击"保存"按钮，命名图形文件，并选择保存位置，单击"确定"，方便我们找到该图形文件。大家应注意的是，在制图过程中也应随时记得保存图形文件，这样能有效避免因偶发的软件崩溃或误操作等问题造成的损失，提高制图效率。

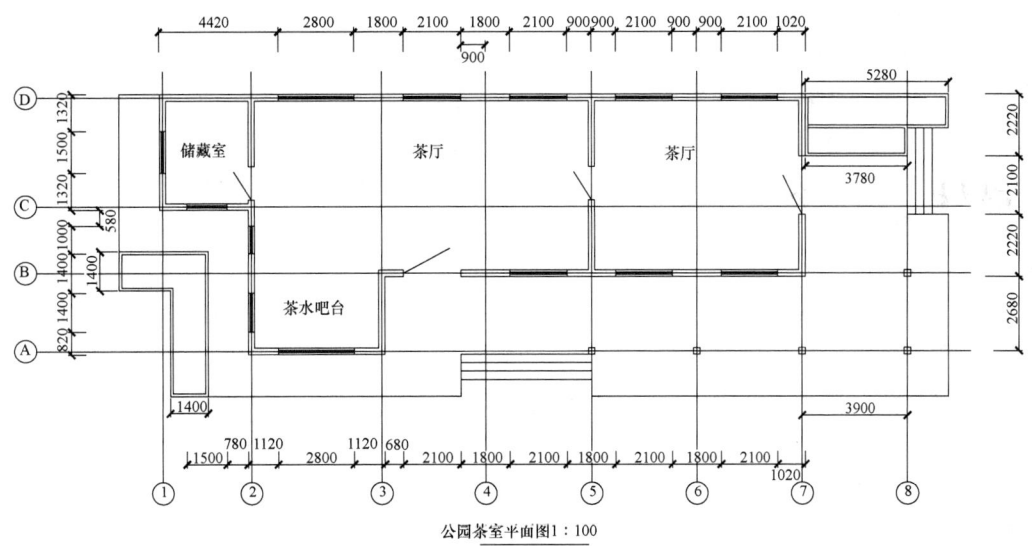

图 10-2-1　公园茶室设计施工平面图

1. 设置图形单位

AutoCAD 2021 中为我们提供了不同的制图精度和单位选择。选择菜单栏中的【格式】→【单位】命令，弹出"图形单位"对话框，精度选择"0"，其他按照默认设置，单击"确定"完成设置，如图 10-2-2 所示。注意屏幕显示的仅为屏幕单位，经过窗口缩放随时发生变化，制图前需要确定的是实际单位，即制图的真实单位，比如，建筑设计施工图制图时单位设定为"毫米"，那么绘制实际长度为 3 米的墙体，则需要输入 3000 个单位。

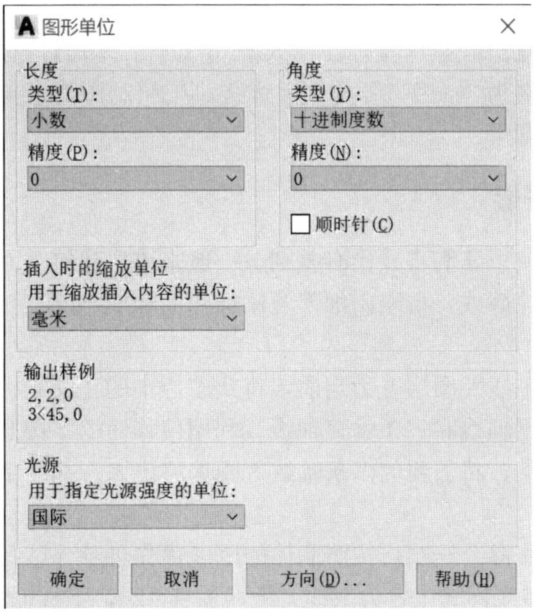

图 10-2-2　图形单位

2. 设置图形界限

在 AutoCAD 中的制图往往是正式图阶段，因此平面的尺寸已经确定。依据已经确定的茶室平面尺寸再加上标注尺寸、轴号及图名文字等信息所占尺寸，进行界限的限定。茶室平面尺寸为 23600×9100，因此把图形界限定为 30000×15000。具体操作为命令行中输入 Limits，指定左下角点为"0，0"，单击 Enter 键后指定右上角点为"30000，15000"，单击 Enter 键后图形界限设置完毕。

3. 设置图层

按照制图类型建立不同图层。如建筑设计施工图的图层可设置为轴线层、各种轮廓线层、中心线层、标注层等。不同的图层可设定不同的线型、线条颜色等格式，还可以分别操作和进行锁定。如图 10-2-3 所示，为茶室平面图设置的图层。

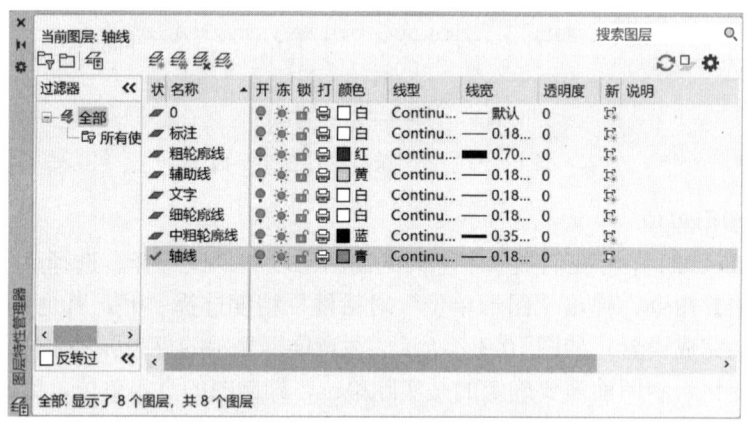

图 10-2-3　茶室平面图图层

4. 设置标注及文字样式

分别单击菜单栏【格式】→【标注样式】和【文字样式】，新建一个命名为"建筑标注"的标注样式和名为"文字 1"的文字样式，按照制图需求自定对话框中的各个项目然后置为"当前"即可。

10.2.2　绘制图形

不同的建筑图绘制思路和步骤稍有差别。一般来讲，建筑平面的绘制应从定位轴线开始，然后绘制墙体轮廓线，再绘制细部及添加标注和文字。

1. 绘制定位轴线

将预先设置的"轴线"图层置为当前，将状态栏中的正交光标打开，使用直线或多段线命令绘制一条水平轴线和一条垂直轴线。利用偏移命令，按照建筑平面图中的网格轴线距离设置偏移距离，将需要的多条轴线等距偏移出来。如图 10-2-4 所示。

2. 绘制墙体轮廓

墙体轮廓线为多线命令绘制。按照墙体的厚度预先创建多线段的样式。如图 10-2-5 中墙体厚度为 240，多线样式设置为双线，上线偏移 120，下线偏移 −120。单击菜单栏【格式】中【多线样式】按钮，创建一个名为"wall"的多线样式，并在对话框中设置第一条线的偏移距离为 120，第二条线的偏移距离为 −120，其他设置为默认，点击

"确定"即创建完成。

将对象捕捉中的交点捕捉打开,便于绘制墙体轮廓线时能够准确地捕捉到轴线交点。

注意将粗轮廓线设置为当前图层,利用多线命令,命令行中输入多线比例为1,对齐方式为无,即可跟随正交光标捕捉轴线交点来绘制墙体。如图10-2-5所示。

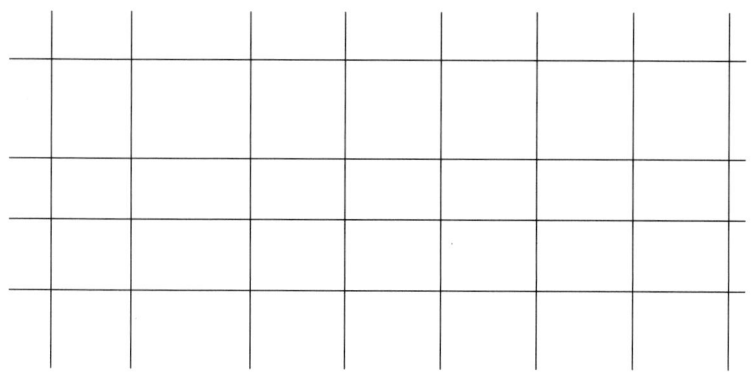

图 10-2-4　定位轴线

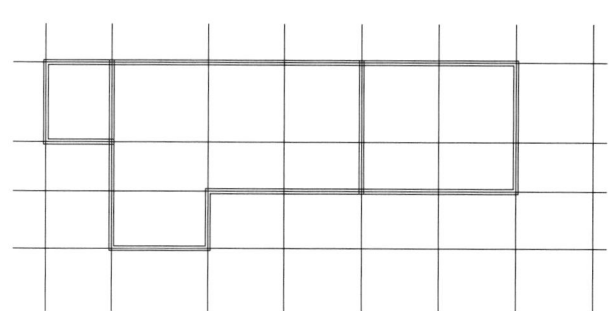

图 10-2-5　墙体轮廓

接下来用修剪命令修改墙体的接头部分。单击菜单栏【修改】→【对象】→【多线】,即弹出"多线编辑工具"对话框,选择"T形合并",单击"确定",按照命令行提示选择对象进行修剪即可,如图10-2-6所示。

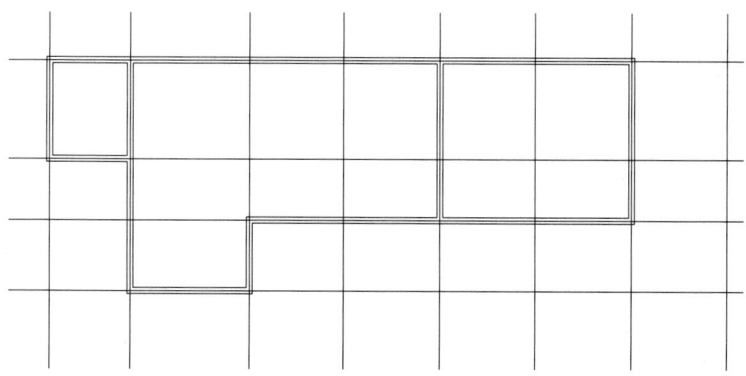

图 10-2-6　修剪后的墙体轮廓

园林建筑形式活泼，如在主墙体外设廊或平台，则需要在墙体轮廓绘制完成后定位并绘制柱子。柱子的绘制比较简单，准确定位中心点后，利用矩形命令依据尺寸绘制即可。如图 10-2-7 所示。

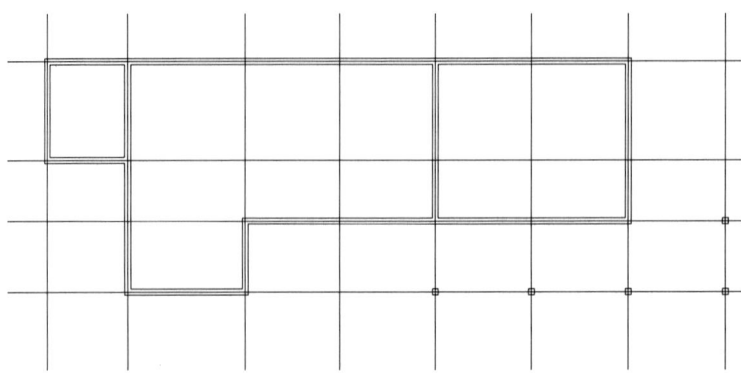

图 10-2-7　柱子

3. 开门窗洞口

此时需要综合运用直线或多段线、偏移、复制、阵列命令，将墙体上需要开门窗的边界线定位并绘制出来，如图 10-2-8 所示。再利用分解命令将墙体多线分解，最后用修剪命令将需要开口的地方全部修剪即完成。如图 10-2-9 所示。

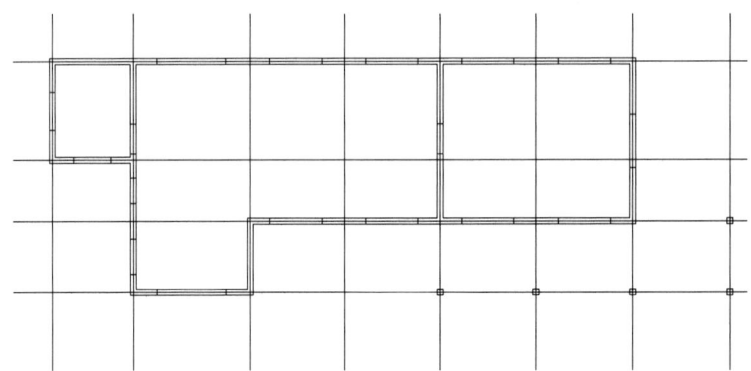

图 10-2-8　门窗洞口定位线

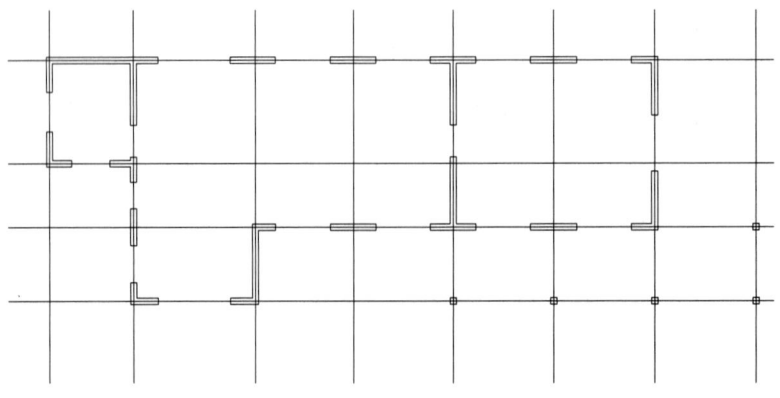

图 10-2-9　门窗洞口

4. 绘制门窗

门窗按照型号绘制成不同的图形，将预先绘制好的门窗图形定义为块，插入茶室平面图中开口的对应位置即可。如图 10-2-10 所示。

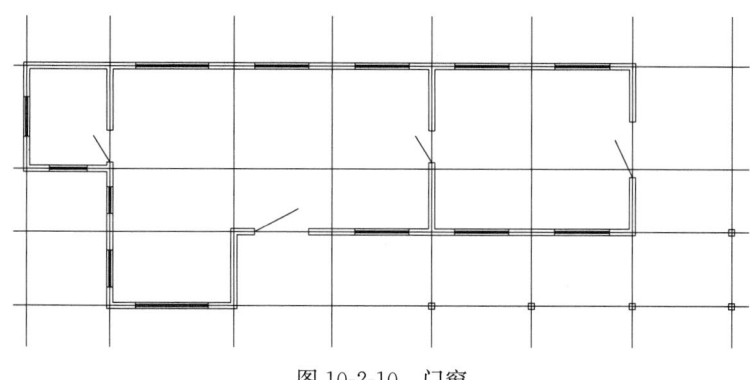

图 10-2-10 门窗

5. 绘制建筑细部

依据设计平面图绘制出挑平台、种植池及台阶。绘制顺序自建筑墙体开始由内向外依次进行。

用直线或多段线命令利用对象捕捉绘制平台轮廓，茶室的平台轮廓线距墙体 1500 个单位，如图 10-2-11 所示。

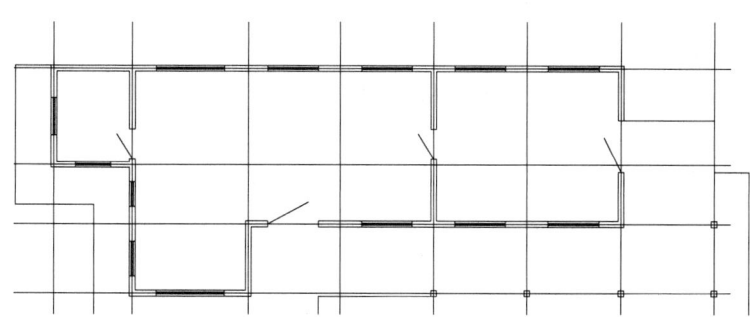

图 10-2-11 平台轮廓线

接下来用多段线命令绘制种植池的外轮廓线，外轮廓线绘制完成，利用偏移命令向内偏移 100 个单位形成内轮廓线。如图 10-2-12 所示。

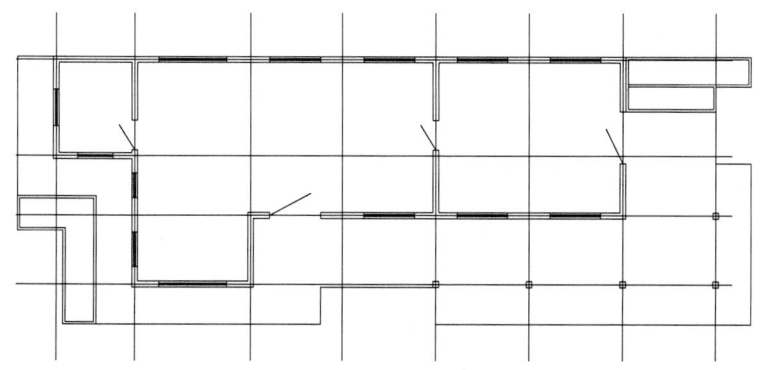

图 10-2-12 种植池轮廓线

最后用多段线命令绘制台阶。绘制台阶时利用对象捕捉和对象追踪来定位点的位置，先绘制台阶内线，然后执行偏移命令，设置距离为台阶宽度300绘制出台阶外线即可，如图10-2-13。

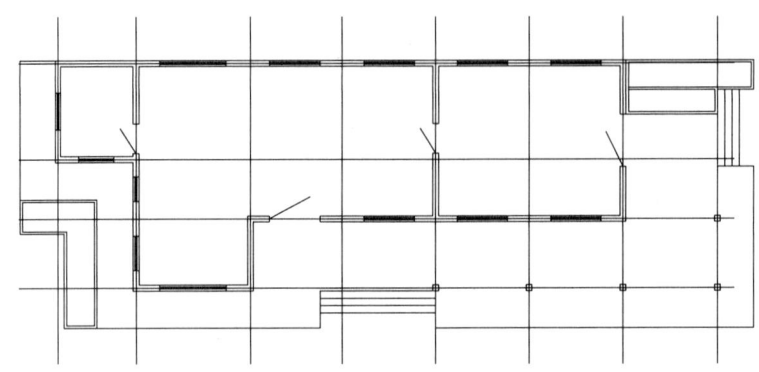

图10-2-13 台阶

6. 尺寸标注

标注尺寸时，为了方便及整齐，一般会先绘制"辅助线"作为标注时的参考线。图形最外以标注区域的角点为基点先绘制一个矩形辅助线框，其他辅助线即为需要标注尺寸的对象外轮廓的延长线，延长至矩形线框。需要注意的是，所有的"辅助线"应先新建一个"辅助线"图层并在该图层创建，方便我们在出图时可以关闭该图层而不显示。

辅助线的交点即为尺寸标注时对象捕捉的点。将"标注"图层置为当前，利用已保存的"标注样式"行交点捕捉完成对象标注即可。如图10-2-14所示。

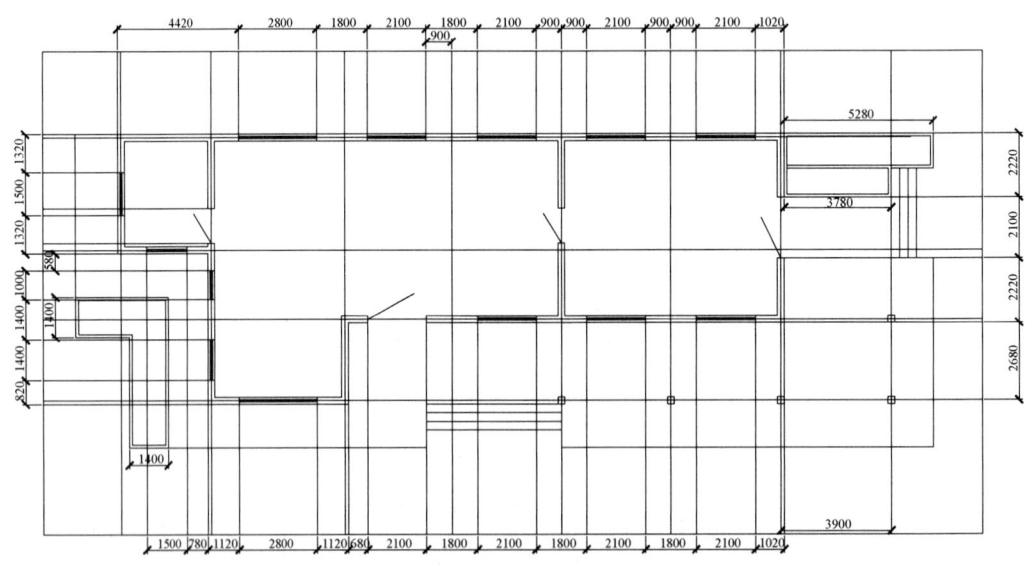

图10-2-14 尺寸标注

生成的标注会有某些部分重叠，利用"编辑标注文字"命令，选中重叠的部分并调整到合适位置即可。完成标注后，为了视图干净整齐，关闭"辅助线"图层，将轴线的长度调整到合适长短，如图10-2-15所示，下一步插入轴线符号。

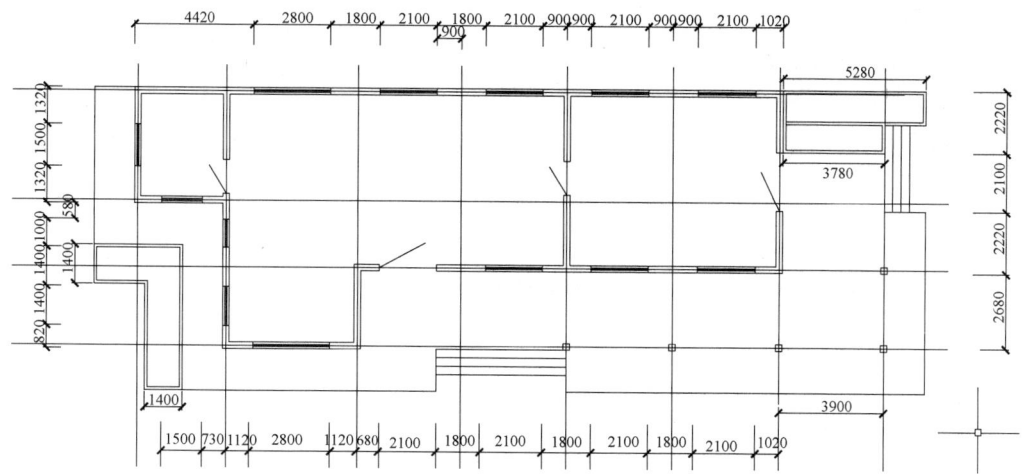

图 10-2-15 关闭"辅助线"图层

将制图的 0 图层置为当前,空白处绘制一个圆,直径自定,这里设定直径为 8。单击菜单栏中的【绘图】→【块】→【定义属性】,弹出"属性定义"对话框,标记栏输入"1",单击"确定",回到屏幕捕捉圆心拾取点,轴线符号的属性就定义好了。

下一步定义外部块。命令行输入"W",弹出"写块"对话框,点击"选择对象"选中圆和里面的属性,"基点"拾取圆心,文件名命名为"轴线 1",保存路径自定,单击"确定"完成带属性轴线符号块的定义。

接下来插入并编辑所有的轴线符号。将"标注"图层置为当前,选择【插入】→【库中的块】,弹出对话框后选择刚才创建的"轴线 1"外部图块,在屏幕中拾取轴线端点插入即可。其他轴线符号的插入都是相同的步骤。

轴线符号的编号不同,我们需要在每一次插入轴线符号块后,选中该符号,单击鼠标右键选择"编辑属性",在弹出的"增强属性编辑器"的"标记"栏输入相应的字母或数字即可。如图 10-2-16 所示,所有的轴线符号插入并完成属性编辑。

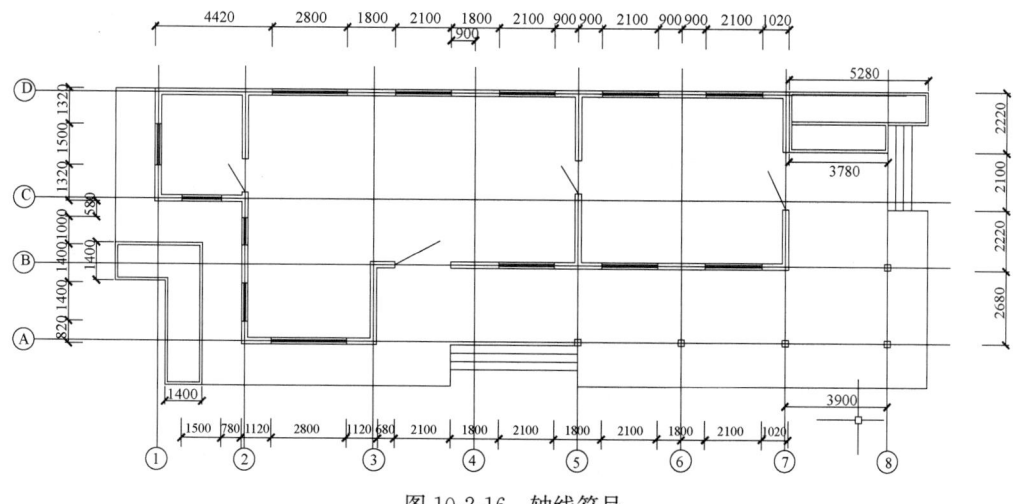

图 10-2-16 轴线符号

7. 编辑文字

将"文字"图层置为当前。使用插入单行文字命令输入需要的文字，如储藏间，字高为250，图名"茶室平面图1∶100"字高为500。将粗轮廓线图层设置为当前，在文字"茶室平面图1∶100"下绘制合适长度的直线段。茶室平面图全部绘制完成，如图10-2-17所示。

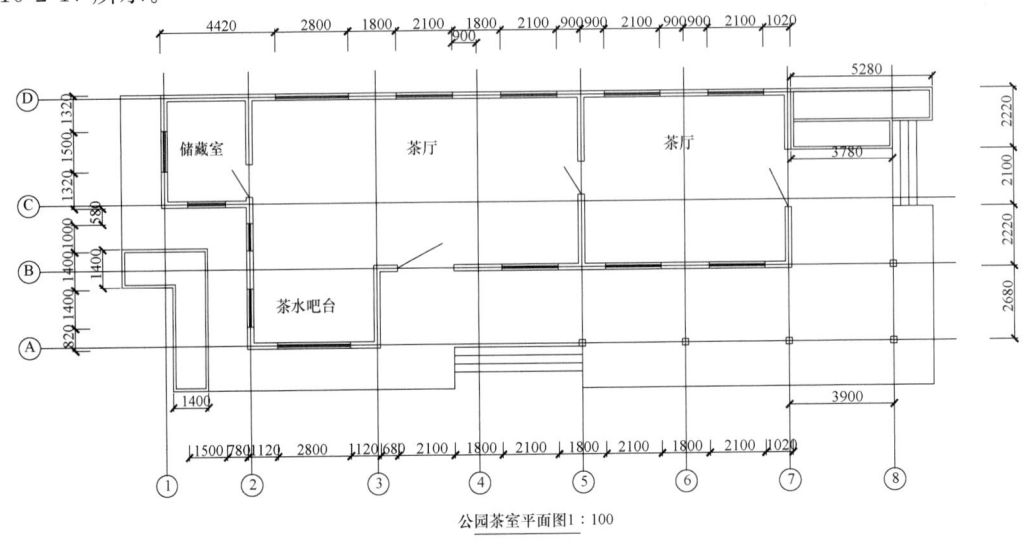

图 10-2-17　文字图层

10.2.3　创建布局

现在进入图纸空间布局图形，平面图将以1∶100的比例打印在A3图纸里。打印机的设置前文已经详细讲解。单击绘图区底部的"布局1"进入图纸空间，鼠标右键单击"布局1"，菜单中选择【页面设置管理器】，进入"页面设置管理器"对话框，如图10-2-18所示，单击"修改"，打开"页面设置"对话框，具体布局设置如图10-2-19所示。单击"确定"，布局1图纸上会自动生成一个视口，将这个视口删除。

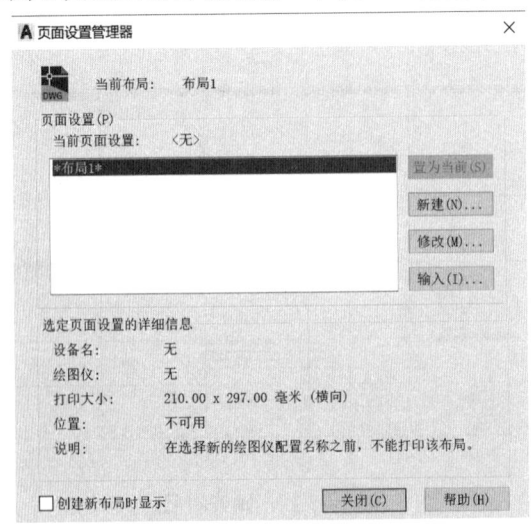

图 10-2-18　页面设置管理器

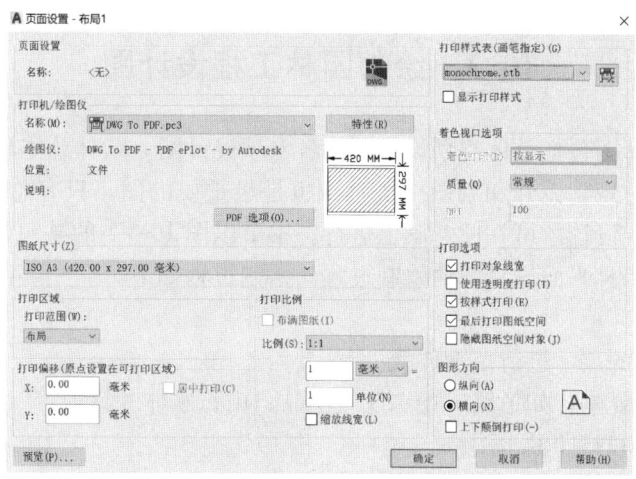

图 10-2-19　页面设置

接下来将预先绘制保存的"A3"图块和"图框标题栏"图块文件在布局中布满插入。将细轮廓线图层置为当前，单击菜单栏【视图】→【视口】→【单个视口】，单击绘图区域的左上角，拖动鼠标至右下角单击，新建一个视口，图形即显示在视口中。将鼠标光标移到视口区域内双击，进入视口模型空间，即可编辑模型空间内的建筑平面图在图纸空间视口中的显示布局。在视口工具栏将视图比例调整为1：100，用平移工具将图形摆放在合适位置，调整好后将鼠标光标移到视口区外双击，即退出视口模型空间回到图纸空间。将文字图层置为当前，使用单行文字命令输入标题栏中的图名，字高设置为5。至此，茶室平面图的绘制和布局就全部完成了，如图10-2-20所示。

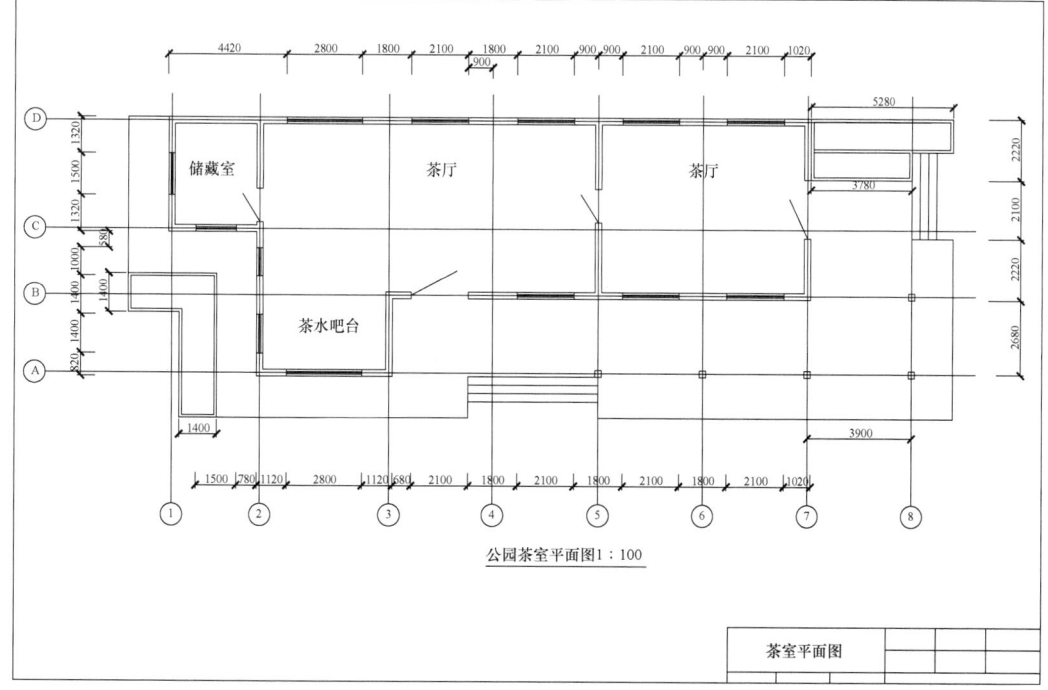

图 10-2-20　茶室平面图成图

10.3 绘制园林工程设计图

园林工程设计图包括总体规划设计图和各专项设计图。园林总体规划设计图，简称总平面图，是园林规划设计和制图中最基础也是最重要的图，只有总平面图确定以后，其他各专项的规划设计才可在此基础上进行。本节以图10-3-1的某园林总平面图的局部绘制为例，说明园林平面设计图的绘制过程。绘制过程如下。

1) 建立绘图环境。
2) 根据提供的尺寸进行范围放线。
3) 绘制造园要素，如道路广场、建筑小品、山石水体、绿地等。
4) 布局设置和打印输出图纸。

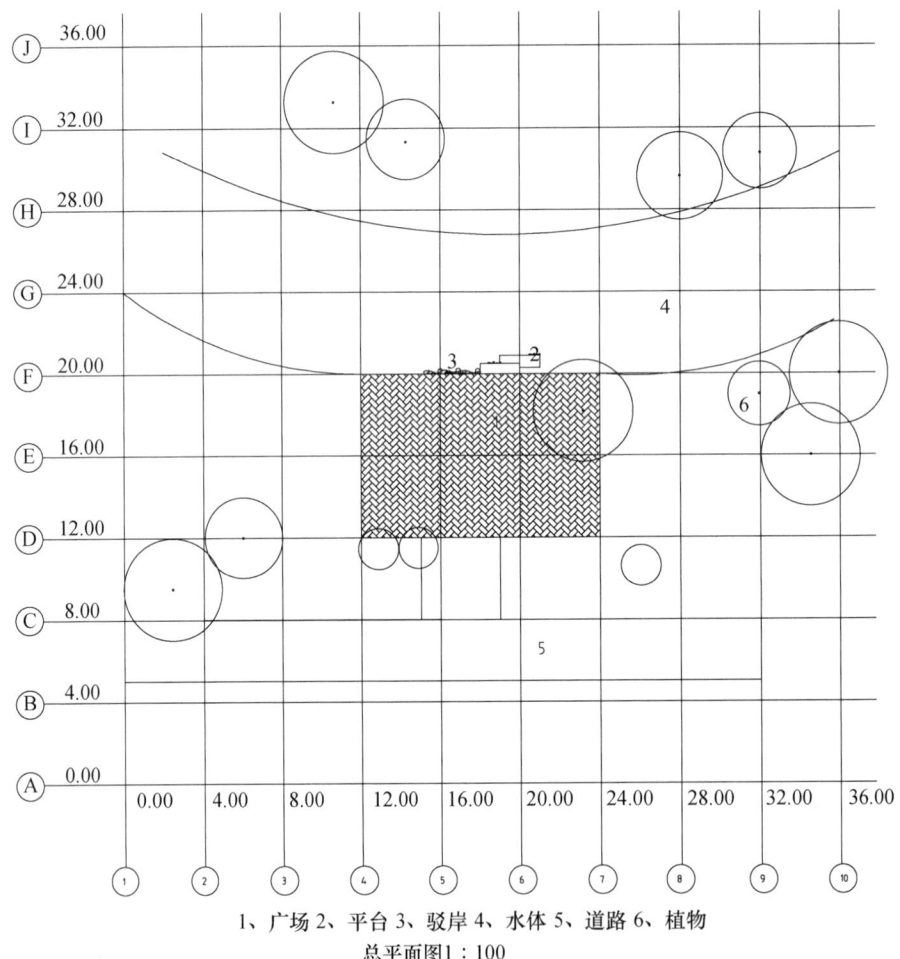

1、广场 2、平台 3、驳岸 4、水体 5、道路 6、植物
总平面图 1:100

图 10-3-1 某园林总平面图

10.3.1 设置绘图环境

启动程序，进入绘图界面，单击菜单【文件】→【保存】，将文件保存至相应位置，

文件名为总平面图。

1. 设置绘图单位

绘制园林总平面图时，一般绘制的面积范围较大，使用的绘图单位不同于园林建筑施工图的"毫米"，而多采用"米"单位，方便绘图时输入数据，小数点取后两位，即"0.00"。

单击菜单【格式】→【单位】，弹出"图形单位"对话框，将精度设置为"0.00"，缩放单位为"米"，如图10-3-2所示，单击"确定"完成设置。

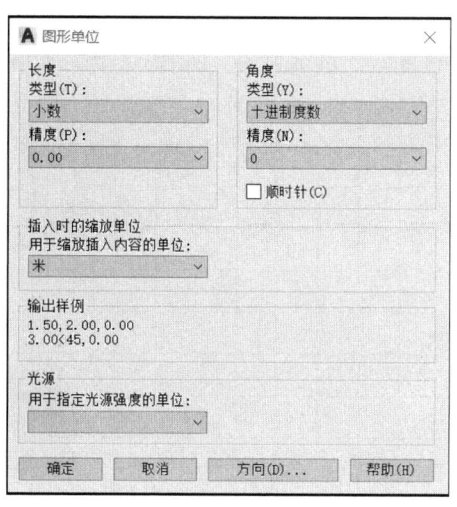

图 10-3-2　图形单位

2. 设置图形界限

一般来讲，在工程项目中，甲方会提供数字化的CAD底图，这样只要直接打开在底图上进行编辑制图即可。如果没有数字化的底图，在确定平面底图数据时，可以通过现场勘测数据绘制底图、扫描纸质底图矢量化成DWG底图文件及利用插入栅格图像进行描图的方法得到数字化底图。

经实地测量得到园区长为40m，宽为36m，加上其他内容将图形界限设置为40×40。

3. 设置图层

根据平面图设计的内容，新建各类图层。单击【格式】→【图层】，打开"图层特性管理器"对话框，在对话框中进行新建图层和设置图层特性，图层设置的结果如图10-3-3所示。

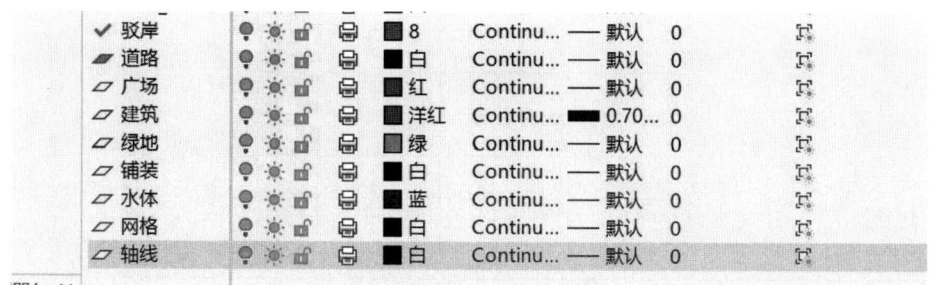

图 10-3-3　图层设置

4. 设置文字样式

创建一个名为"文字"的文字样式,具体方法详见建筑设计施工图的文字设置部分。

10.3.2 绘制图形

1. 范围放线

园区大小为 40×36,所以将网格设置为"4×4"。将"网格"图层置为当前,用直线命令绘制长为 40 的水平线和长为 40 的垂直线,两条线相交在左下位置,然后用阵列命令,分别向上和向右复制直线,形成网格,如图 10-3-4 所示。

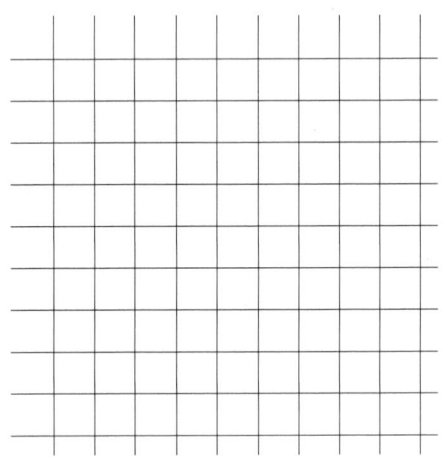

图 10-3-4 网格放线

2. 绘制各造园要素

1) 广场:将"广场"图层置为当前,使用矩形命令,绘制尺寸为 3×2 的矩形。将广场的左上角点定为第五条水平线和第四条垂线的交点上,右下角点定为第七条水平线和第七条垂直线的交点上。广场绘制结果如图 10-3-5 所示。

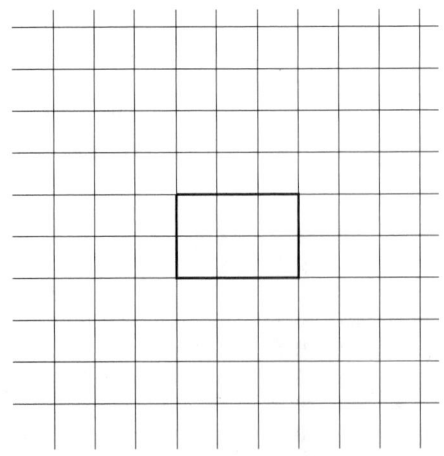

图 10-3-5 广场绘制结果

2）平台：使用多段线命令，将正交功能打开，起点捕捉广场上边线的中点，向上移动鼠标，输入距离0.5，得到第二点，向右移动鼠标，输入2得第三点，向下移动鼠标，捕捉与广场上边线的垂足，完成第一个平台的绘制。捕捉平台上边线的中点，继续绘制第二个平台，完成平台的绘制，如图10-3-6所示。

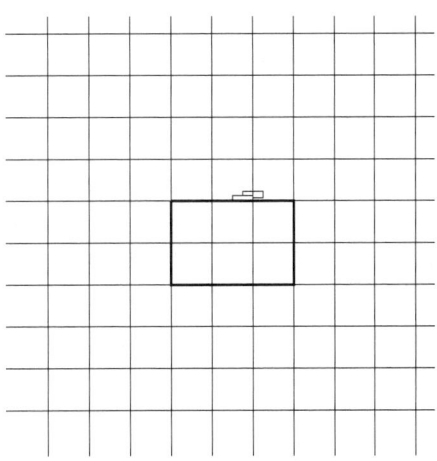

图 10-3-6　平台绘制结果

3）道路：将"道路"图层设置为当前，使用直线命令，先绘制道路的一条边，使用网格确定道路的位置，另一条边利用偏移命令得到，偏移距离分别为4和3，道路绘制结果如图10-3-7所示。

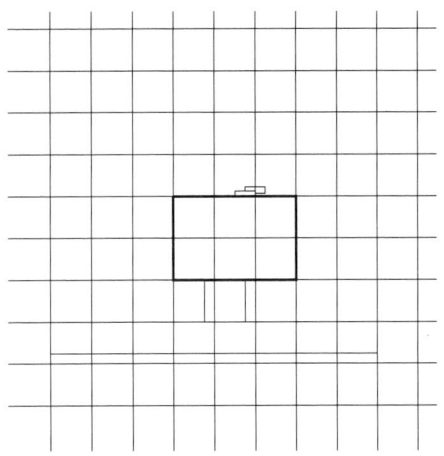

图 10-3-7　道路绘制结果

4）水体和驳岸：将"水体"图层设置为当前，根据网格确定水池的位置，使用样条曲线绘制内线，然后向外偏移，偏移距离为7。置"驳岸"图层为当前，驳岸的若干石头，用样条曲线绘制。石头互相有搭接，同时与广场和出水小平台有相交，用修剪命令依据平面设计方案将石头内的线删掉，水体和驳岸绘制结果如图10-3-8所示。

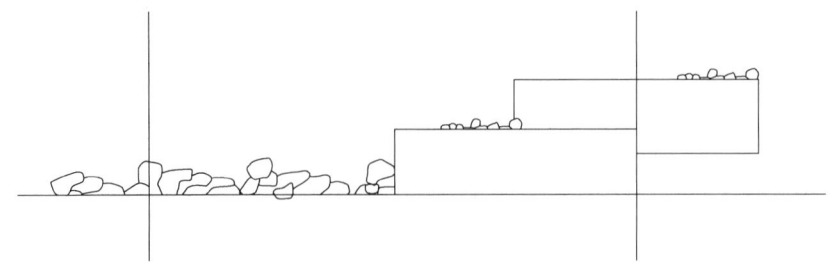

图 10-3-8 水体和驳岸绘制结果

5）铺装填充：将"铺装"图层设置为当前，使用填充命令填充广场地面铺装，铺装填充设置如图 10-3-9 所示。铺装绘制结果如图 10-3-10 所示。

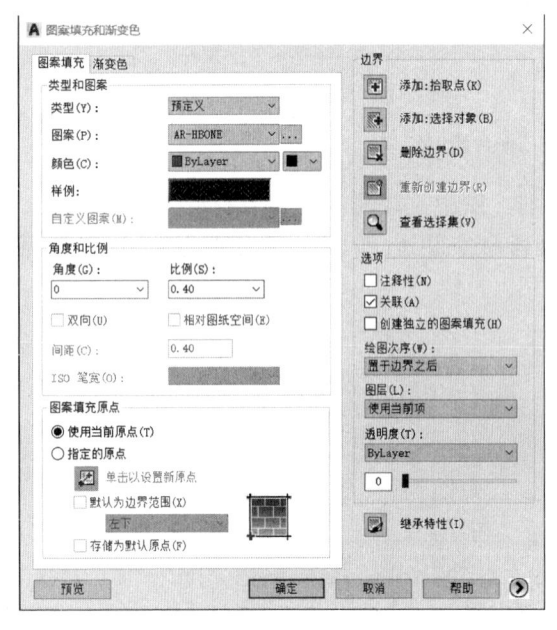

图 10-3-9 铺装填充设置

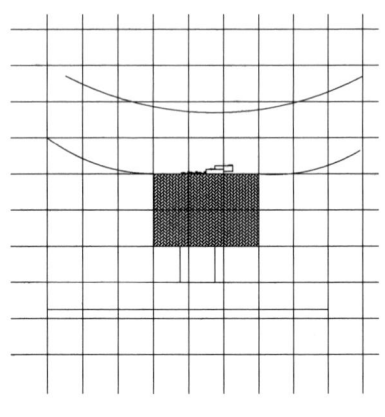

图 10-3-10 铺装绘制结果

6）绿地：设置"绿地"图层为当前。使用圆命令，根据网格位置确定圆心，设置半径为 2.5，完成树木的绘制。使用复制命令，插入更多树木，并根据树木的大小设置缩放比例。绿地绘制结果如图 10-3-11 所示。如果存有样式更丰富的树块文件，可根据树木的位置将树块插入图形中，插入过程中根据树木的大小设置缩放比例，插入树块的方法与建筑制图中插入轴线符号图块的方法一致。

至此，园林平面图中的图形绘制完成，文字、轴线符号及网络标注等内容在布局中添加。

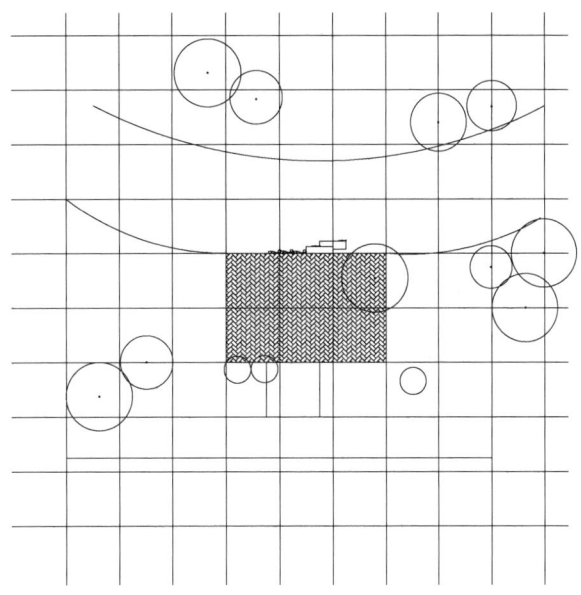

图 10-3-11　绿地绘制结果

10.3.3　创建布局

将总平面图打印在 A1 图纸上，比例为 1∶100。对"布局 1"进行页面设置。布局设置与建筑制图布局设置步骤完全相同，只不过出图尺寸不同，园林平面图的图纸大一些，为 A1 图纸。进入"布局 1"图纸空间后，插入"A1 图块"和"标题栏"图块。

调出"视口"工具栏，单击单个视口图标，再单击绘图区域左上角，拖动鼠标至右下角单击，新建一个视口，图形显示在视口中。

将鼠标移到视口区域内双击，进入视口模型空间，在视口工具栏中调整视图比例为 10∶1，用实时平移工具或鼠标中键将图形调整好位置，将鼠标移到视口区域内双击，退出视口模型空间，如图 10-3-12 所示。此处与建筑图视口比例 1∶1 不同的是，视口比例设置为了 10∶1。这是因为在模型空间中用"米"来绘制平面图图形，图形实际已经缩小 1000 倍。而在图纸空间里，需要的出图比例为 1∶100，图形需要放大 10 倍才能满足这个比例，所以视口的比例设置为 10∶1。有的同学可能要提出疑问，既然出图时还需要更改视口比例，为什么不使用"毫米"单位绘图呢？正如前文所讲，园林平面图绘制范围大，如果用毫米为单位绘图，绘图输入数据时换算起来比较麻烦。

总平面图中的文字、轴线符号等内容没有在模型空间绘制，是为了避免这些内容在比例设置上出现混乱。双击视口区域，在布局空间中添加这些内容，也就等同于在虚拟的二维图纸中绘图，按图纸比例要求 1∶1 绘制就可以。

将"轴线"图层置为当前，用直线命令延长网格线的下端和左端，并插入"轴线符号"图块文件。最后插入"指北针"图块文件，并使用单行文字命令，输入说明文字、标题、网络标注等内容，其中，说明文字字高为 5。将"建筑"图层设置为当前，用直线命令绘制总平面图文字下的横线。

至此，总平面图的内容全部绘制完成，布局也全部创建完成，结果如图 10-3-13 所示。

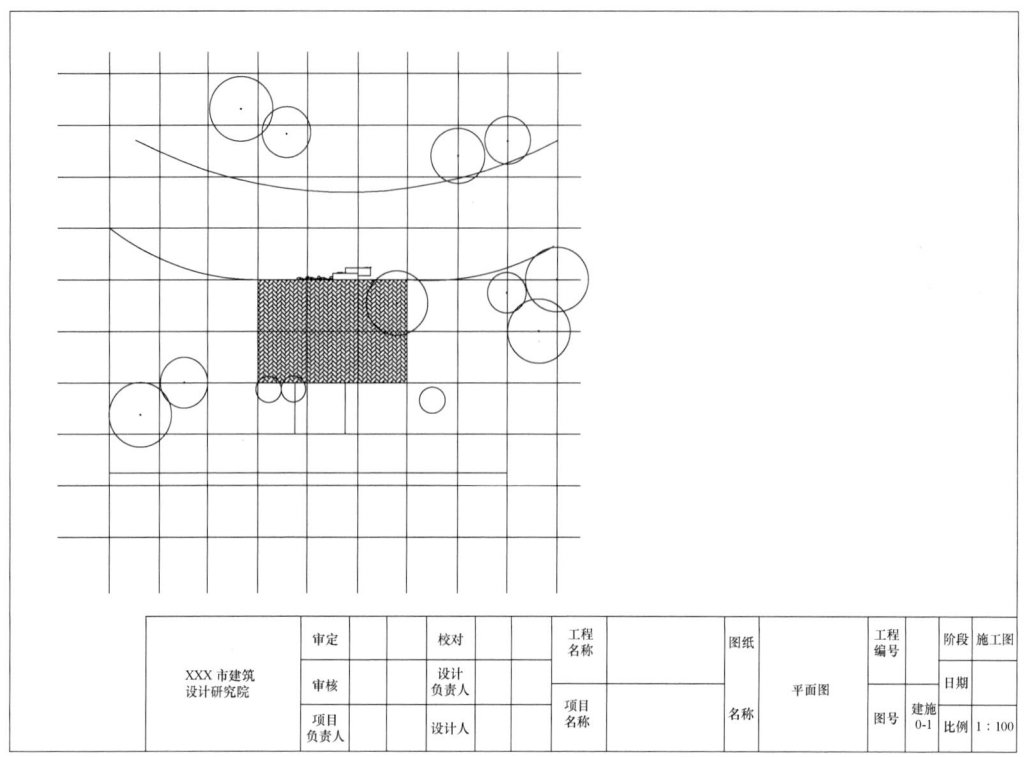

图 10-3-12 创建布局

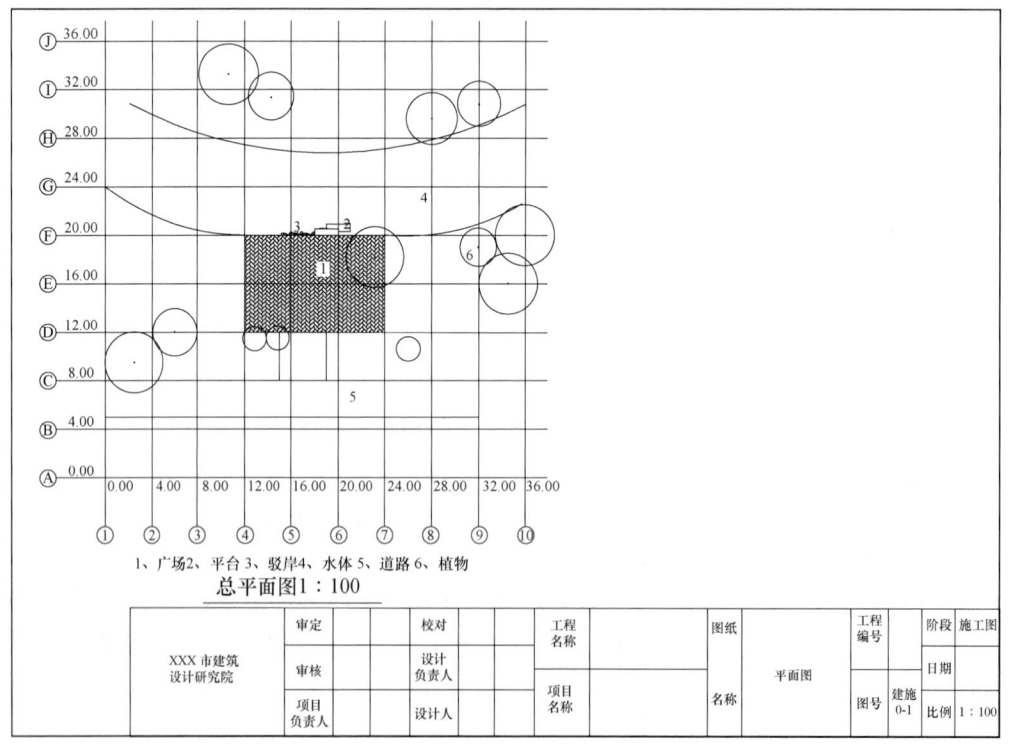

图 10-3-13 布局创建成图

练习题

1. 练习绘制图 10-2-1 的园林茶室平面图。
2. 练习绘制图 10-3-1 的园林总平面局部设计图。

第11章
T20天正建筑软件V7.0软件制图统一标准

学习指导

主要内容：天正建筑制图统一标准规定了天正建筑软件制图过程中的统一规则，主要包括定义、二维制图、专业制图标准等。适用于在计算机及其外围设备中进行新建、显示、绘制建筑工程图形及有关技术文件。

本章详细介绍了天正建筑制图的统一标准，包括图纸幅面规格及编制顺序、图纸选用比例及字体标准、线型及打印宽度、尺寸标注要求；简要介绍常用制图软件符号的类型及绘制要求；介绍了定位轴线的绘制方法以及轴线标注的类型及用处。

重点知识：天正建筑制图的统一标准。制图软件符号的类型及绘制要求。

难点知识：图纸的编制顺序及常用比例。常用制图软件符号的类型及绘制方法。

学习目标：通过本章的学习，有利于学生养成良好的作图习惯，改进工作模式，为实现协同设计做准备，方便与设计院或者设计公司的图纸交流与合作。

11.1 天正建筑制图的统一标准

11.1.1 图纸幅面规格与编排顺序

设计图纸的图幅及图框尺寸应符合 GB/T 50001《房屋建筑制图统一标准》的有关规定。设计中优先选用 A1 或 A2 标准图幅。图纸的短边不应加长，长边可以加长。一般常用幅面及图框尺寸，见表11-1-1。

表 11-1-1　图纸幅面规格表

幅面代号	标准尺寸	长边加长后尺寸					
A0	1189×841	1/4	3/8	1/2	5/8	3/4	7/8
		1486	1635	1783	1932	2080	2230
A1	841×594	1/4	1/2	3/4	1	5/4	3/2
		1051	1261	1471	1682	1892	2102
A2	594×420	1/4	1/2	3/4	1	5/4	3/2
		743	891	1041	1189	1338	1486
A3	420×297	1/2		1		2/3	
		630		841		1051	

图纸以短边作为垂直边称为横式，以短边作为水平边称为立式。一般 A0～A3 图纸宜横式使用；必要时，也可立式使用（在使用立式时，是将横式旋转－90°）。

景观类施工图封面、目录、图框和图签尺寸，具体情况见表 11-1-2。

表 11-1-2 施工图类型及尺寸表

类型	尺寸	数量
施工图封面	A1、A2	1~2
施工图目录	A1、A2	1~2
施工图图框、图签	A0、A1、A2 以及相应加长	—

同一个设计项目的各专业图纸应尽可能使用同一种图幅，必要时可以同时使用一种图幅及其加长的图幅，同一专业内不超过 3 种规格。

工程项目图纸应按工程、子项为单元，各专业按图纸目录顺序进行排列。

景观类工程图纸应按专业顺序编排。先后顺序一般应为封面、景观专业目录、景观专业图纸、结构专业目录、结构专业图纸、给排水专业目录、给排水专业图纸、强电专业目录、强电专业图纸。

图纸顺序

1. 封面：内容为工程名称、图纸类别、版本号、设计公司名称、出图日期。
2. 目录。
3. 设计说明：内容为工程概况、设计依据、地面做法、竖向说明等。
4. 材料表：本工程所选用的材料。
5. 总图部分：（景观总平面图、网格定位总平面图、坐标定位总平面图、竖向总平面图、物料总平面图、索引分区总平面图），有些工程需要在索引分区总平面图前加一个分期索引图。
6. 分区图纸部分：

A 区图纸：A 区尺寸标高定平面位图（YA-01）、A 区网格定位平面图（YA-02）、A 区物料索引平面图（YA-03）、A 区大样图（大样图的结构图都排在次大样图的后面，结构图不单独拿出来作为结构图纸部分）。

B 区图纸：同 A 区依此类推。

1）植物部分图纸。
2）电气部分图纸。
3）给排水部分图纸。
4）意向图片：小品、构筑物、材料等的意向图片。

11.1.2 比例

图样的比例，应为图形与实物相对应的线性尺寸之比。比例的大小，是指绘图尺寸与实际尺寸比值的大小。图纸空间出图所用的比例应根据图纸的用途和表现对象的复杂程度而定，同一类图样应选用同一比例。

绘图时优先选用表 11-1-3 中的"常用比例"，在特殊情况下允许采用"可用比例"。表 11-1-4 分图纸类别列取了图纸幅面常用类别及常用比例。

表 11-1-3　绘图比例表

常用比例	1∶1 1∶100	1∶2 1∶200	1∶5 1∶500	1∶10 1∶1000	1∶20	1∶50
可用比例	1∶3 1∶150	1∶15 1∶250	1∶25 1∶300	1∶30 1∶400		

表 11-1-4　施工图类别及常用比例

图纸类别	常用比例	常用尺寸
总平面图	1∶200，1∶300 或 1∶400	A1 或 A0
平面图	1∶100 或 1∶150	A2 或 A1
分区详图	1∶50，1∶100	A2 或 A1
剖面详图	1∶50，1∶25，1∶20	A2 或 A1
节点详图	1∶10，1∶5	A2 或 A1

11.1.3　字体

1. 图面文字

图面采用的字体、字高和高宽比设置应满足 GB/T 50001《房屋建筑制图统一标准》的相关要求。

2. 字体标准及文件名

设计全部阶段建议采用表 11-1-5 字型文件。

表 11-1-5　字型文件表

序号	字体	形文件	使用范围
1	宋体	Simsun.TTC	图名、索引符号内字体、房间名称等
2	仿宋体	Simfang.TTF	方案内文字
3	黑体	Simhei.TTF	图框内字体、图名等
4	楷体	SIMKAI.TTF	方案内字体及方案名称
5	矢量汉字	HZDX.SHX	图纸说明、注明文字等
6	结构汉字	Tssdchn.SHX	结构专业图纸说明、注明文字等
7	西文字体	Complex.SHX	图纸轴线轴号
8	矢量汉字	gbcbig.SHX	图纸说明、注明文字等
9	西文字体	gbenor.SHX	数字及英文标注等

要求：项目内各子项同专业字体应统一。

3. 间距

汉字的最小行距不小于 2mm，字符与数字的最小行距应不小于 1mm。当汉字与字符、数字混合使用时，最小行距等应根据汉字的规定使用。

备注：标注可使用软件的自动标注功能，标注字体采用软件的缺省设置。

4. 文字高度

文字在 CAD 文件中的实际高度与按不同比例打印出图时的绝对高度的关系。可选用的字高为 3.5mm 和 2.5mm 两种，图幅为 A2 及其以上时用 3.5mm 字高，图幅为 A3、A4 时用 2.5mm 字高。

11.1.4 线型及打印宽度

线型及打印宽度可参考表 11-1-6。

表 11-1-6　线型及打印宽度

序号	颜色	线宽	使用范围
1	1#红色	0.30	平面图轮廓线、道路边线
2	2#黄色	0.15	道路内边线、铺装分隔线
3	3#绿色	0.20	数字标注
4	4#湖青	0.30	大样轮廓线、剖面面层材料
5	5#深蓝	0.45	结构线、剖面地平线
6	6#紫红	0.10	轴线、辅助线、中心线
7	7#白色	0.20	文字
8	8#灰色	0.10	铺装、填充、建筑、混凝土、填充物
9	80#深绿	0.15	绿化范围线
10	251#	0.20	红线、地下室边线、结构柱等

11.1.5 尺寸标注

标高符号以天正命令（ZDBZ）自动生成的绿色标注线，白色的字体为其线形颜色。

尺寸线与图样最外轮廓线之间的距离不宜小于 10mm，尺寸界线端部距图样最外轮廓线不小于 2mm。尺寸数字应依据其读数方向注写在靠近尺寸线的上方中部，注写位置不够时，最外边的尺寸数字可注写在尺寸界线的外侧，中间尺寸数字可上下错开注写或引出注写（特殊情况可用 LEADER 线引出尺寸数字，但尽量少用）。对于连续排列的相等间距尺寸，可用乘积形式标注，标注示意图如图 11-1-1 所示。

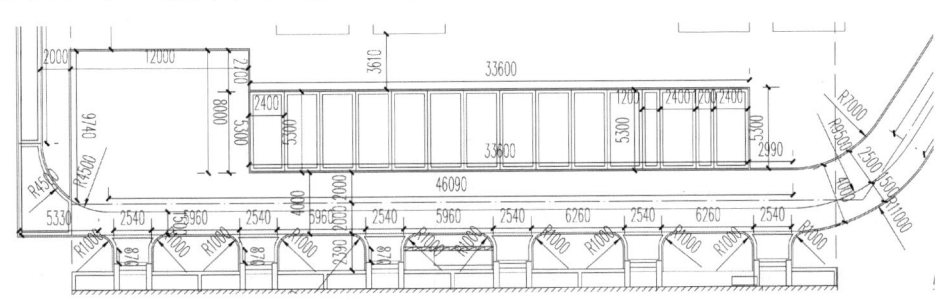

图 11-1-1　标注示意图

标注圆的直径尺寸时，直径数字前应加符号"ϕ"，标注圆弧半径尺寸时，半径数字前应加符号"R"。

11.2 符号及定位轴线

11.2.1 常用符号

CAD制图软件应提供剖面的剖切、截（断）面的剖切、索引、引出线、编号、详图、对称、连接、指北针和坡度等符号。

剖切、索引、引出线、索引符号的圆均应以细实线绘制。

符号常被重复使用，为提高制图效率，宜采用特定程序，输入定位点（一个或多个）和相关参数后，自动生成所需符号，见表11-2-1。

表 11-2-1　符号定位及内容

符号名	生成方式	绘图命令
坐标标注	定位点	ZBBZ
标高标注	属性图块	BGBZ
引出线符号	定位点	YCBZ
箭头坡度符号	属性图块	JTBZ
详图作法标注	属性图块	ZFBZ
索引符号	属性图块	SYFH
剖（断）面的剖切符号	定位点、剖视方向及编号	PMPQ
折断符号	定位点及编号	JZDX
对称符号	定位点	HDCZ
指北针符号	属性图块	HZBZ
图名标注	定位点	TMBZ

11.2.2 定位轴线

轴线由定位轴线和定位轴线标记组成，定位轴线应用细点画线绘制。以 10m×10m 的轴网举例，单击绘制轴网，选择上开，输入间距为10000，个数为10；选择左进，输入间距为10000，个数为6，绘制格网如图11-2-1所示。

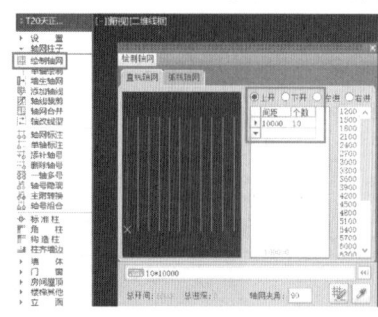
(a) 步骤一

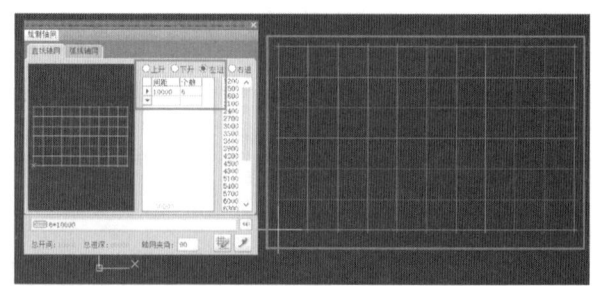
(b) 步骤二

图 11-2-1　定位轴线

定位轴线一般应编号，编号应注写在轴线端部的圆内。圆应用细实线绘制，直径为8～10mm。定位轴线圆的圆心，应在定位轴线的延长线上或延长线的折线上。

定位轴线标记有下列几种方式。

1. 一般定位轴线标记，如图11-2-2中的（a）、（b）所示。
2. 通用详图的定位轴线标记，如图11-2-2中的（c）所示。
3. 附加轴线的定位轴线标记，如图11-2-2中的（d）所示。
4. 详图有时也有一轴多号的情况出现，如图11-2-2中的（e）所示。

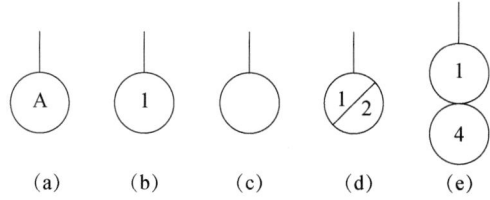

图11-2-2　轴线标记种类图

轴线标记中所采用的字型文件也应符合字型文件标准。

练习题

1. 设置风景园林作图常用图层，要求应用到图层颜色及线宽设置。
2. 画常规篮球场平面图，练习尺寸标注。
3. 了解各类符号的区别，并分别绘制练习。
4. 绘制间距5m×5m的轴网，并对轴网进行轴网标号练习。

第12章
T20天正建筑软件V7.0软件基础

学习指导

主要内容：天正建筑软件是北京天正公司从1994年开始在AutoCAD图形平台上开发的一系列建筑、暖通、电气和给排水等专业软件，在风景园林专业领域内，天正软件已成为事实上的行业标准。T20将设计师在绘图过程中常用的命令分类提取出来，同类功能以选项板的形式呈现在二维草图和注释模式下。用户可在选项板上直接点击按钮激活相关命令，无须反复点选多级菜单寻找命令，更方便快捷地完成工程图纸的绘制工作。

本章详细介绍了T20天正建筑软件V7.0版［以下简称T20（V7.0）］有关的软硬件配置环境，并介绍了安装及卸载方法。介绍了天正建筑软件的特点以及T20（V7.0）版本的新增功能。介绍了天正软件的基本操作流程。以及文字样式定义及表格工具等操作方式。

重点知识：天正软件的基本操作，包括进行风景园林设计及室内设计的流程。天正文字样式定义、单行文字和多行文字的命令操作方式。天正表格工具的新建和编辑工具。

难点知识：天正文字样式定义及多行文字的命令操作方法。天正表格工具的编辑方法。

学习目标：通过本章的学习，使学生掌握天正软件的安装及卸载方式；熟悉天正软件制图的流程顺序，掌握基础的文字及表格使用方法，养成合理有效的制图习惯。

12.1 系统的配置与安装

12.1.1 软件和硬件环境

T20（V7.0）支持32位AutoCAD 2010—2016及64位AutoCAD 2010—2021平台。同时该版本增加了更多的功能，如新增轴号组合、文字加框、文字互换、调字基点、天正注释对象的视图显示等，并且进行多项改进和优化，让用户的使用更加流畅便捷。

T20（V7.0）软件对于运行硬件的要求主要取决于AutoCAD的需求。但由于工作环境及范围不同，用户硬件的配置也有所不同。对于景观工程施工图的绘制，配置需要达到Pentium3＋256MB内存以上，推荐使用Pentium4/2GHz以上＋512MB内存；显示器的分辨率要达到1024×768像素以上。

12.1.2　T20（V7.0）的安装

从天正官方网站 http：//tangent.com.cn/下载 T20 天正建筑软件 V7.0 个人版。下载软件解压，运行 T20 天正建筑 V7.0 试用版 .exe，点击接受许可协议，如图 12-1-1 所示。

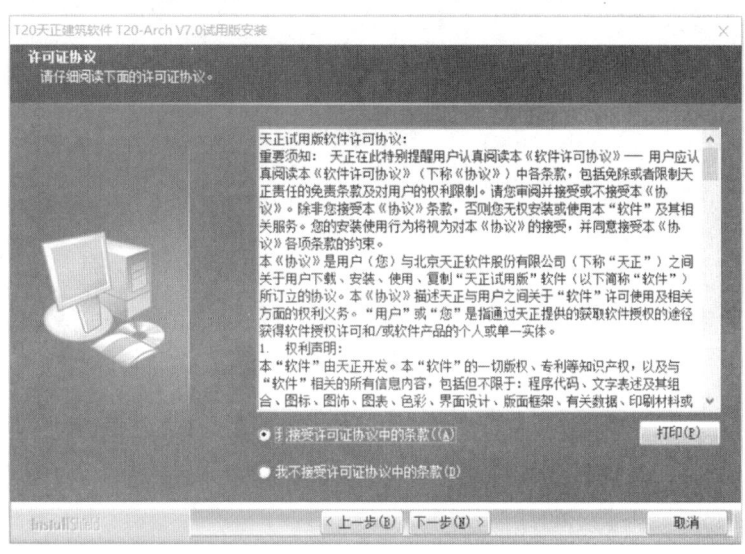

图 12-1-1　安装步骤一

选择安装路径，如图 12-1-2 所示。

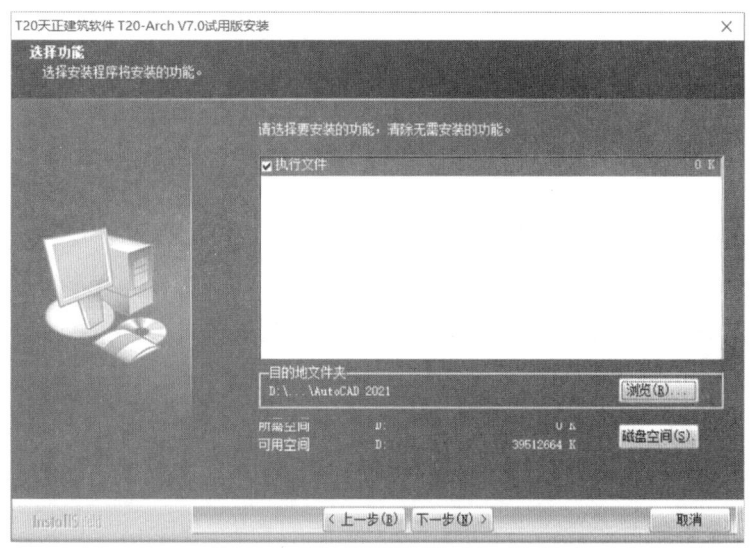

图 12-1-2　安装步骤二

完成安装，如图 12-1-3 所示。

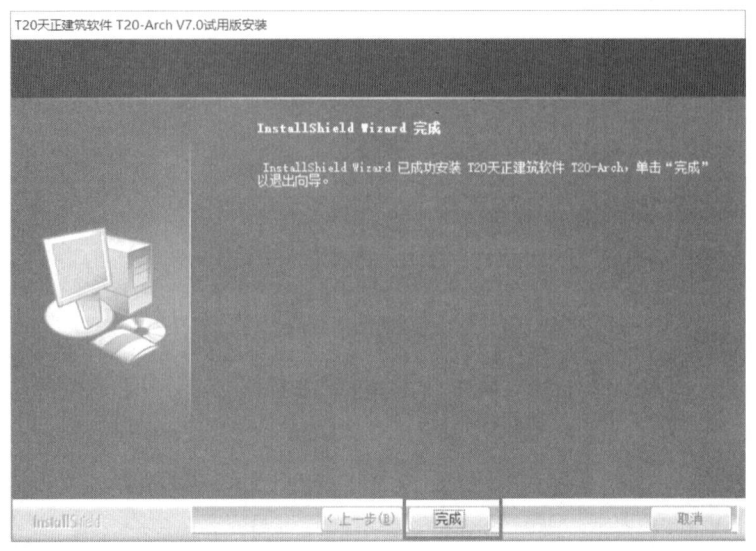

图 12-1-3　安装步骤三

此程序为建筑个人版正版程序，用户须在京东商城"天正软件官方旗舰店"购买个人版正版授权码后，下载安装激活使用。

12.1.3　T20（V7.0）的卸载

从天正官方网站 http：//tangent.com.cn/下载 T20 天正建筑软件 V7.0 个人版。下载软件解压，运行 T20 天正建筑 V7.0-试用版 .exe，点击接受许可协议。

卸载 T20 天正建筑软件 V7.0 软件，请打开控制面板，选择"程序"下的"卸载程序"，如图 12-1-4 所示。

图 12-1-4　卸载步骤一

从程序中选择 T20 天正建筑软件 T20-Arch V7.0，确定完全除去所选应用程序及其所有功能，完成卸载，如图 12-1-5 所示。

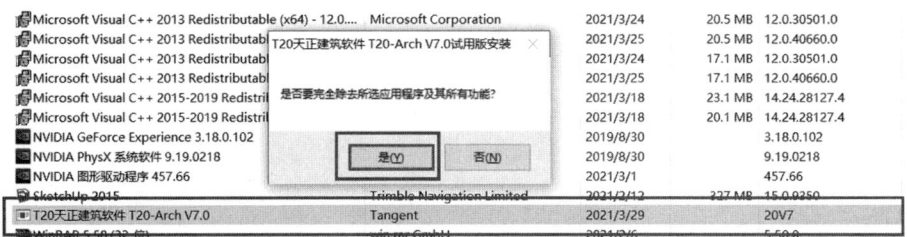

图 12-1-5　卸载步骤二

12.2　T20（V7.0）的启动与界面

12.2.1　T20（V7.0）的启动

选择 T20 天正建筑 V7.0 快捷键，双击启动软件，如图 12-2-1 所示。

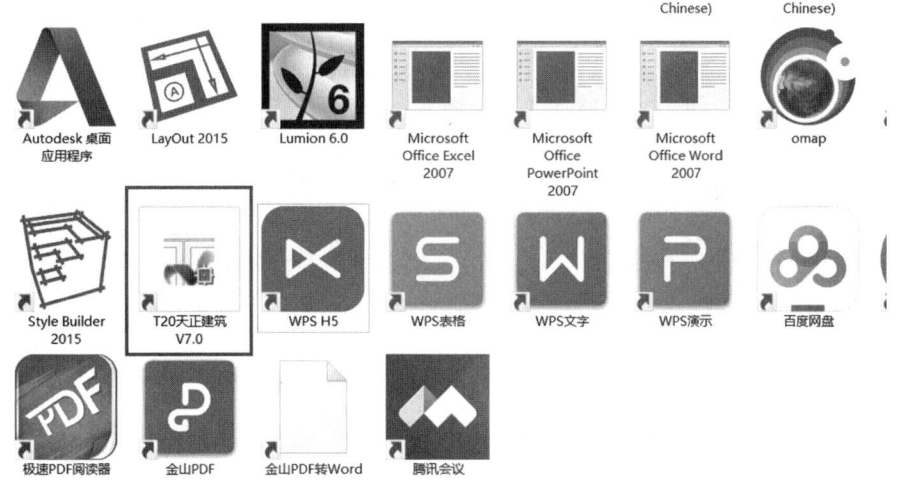

图 12-2-1　启动步骤一

启动 T20（V7.0）界面后选择 AutoCAD 平台，点击确定，如图 12-2-2 所示。

图 12-2-2　启动步骤二

首次使用选择扫码注册，后期使用可用个人账号登录。

12.2.2 T20（V7.0）的操作界面

T20（V7.0）针对设计工作的实际需要，对 AutoCAD 的交互界面进行了必要的补充，建立了自己的菜单系统和快捷键，新提供了可由用户自定义的折叠式屏幕菜单、新颖方便的在位编辑框、与选取对象环境关联的右键菜单和图标工具栏，保留了 AutoCAD 的所有菜单项和图标，从而保持 AutoCAD 的原有界面体系，便于用户同时加载其他软件。

T20（V7.0）运行在 AutoCAD 之下，只是在 AutoCAD 的基础上添加了一些专门绘制建筑图形的折叠菜单和工具栏。其命令的调用方法与 AutoCAD 完全相同，T20 的工作界面，如图 12-2-3 所示。

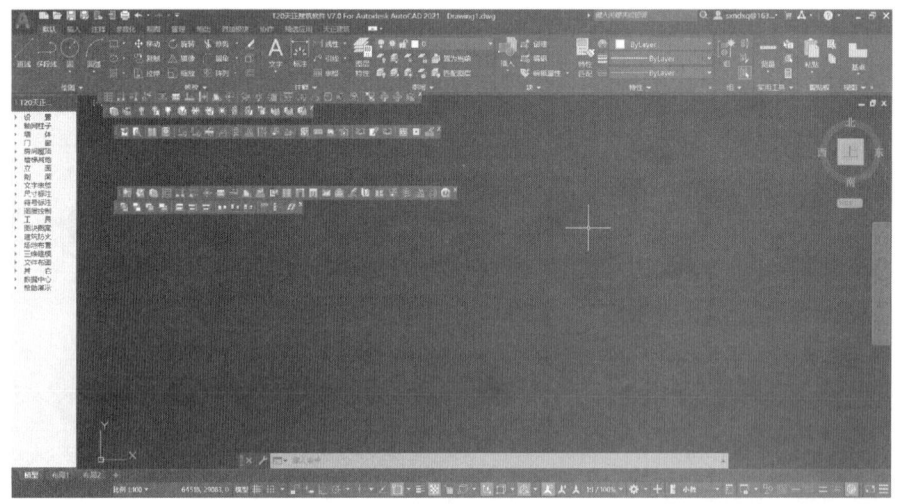

图 12-2-3　T20 的工作界面

12.3　软件基本操作

在利用 T20（V7.0）进行设计工作之前，首先要了解设计的操作流程以及软件的基本操作。天正建筑软件的基本操作包括：设置初始基本参数选项；新提供的工程管理功能中的新建工程；编辑已有工程的命令操作；新引入的文字在位编辑的具体操作方法等。

12.3.1　天正园林设计流程

T20（V7.0）的主要功能可以满足风景园林工程设计各个阶段的需求，无论是初期的方案设计还是最后阶段的施工图设计，设计图纸的绘制详细程度取决于设计深度，由用户自行把握。以施工图为例，T20（V7.0）园林设计流程如图 12-3-1 所示。

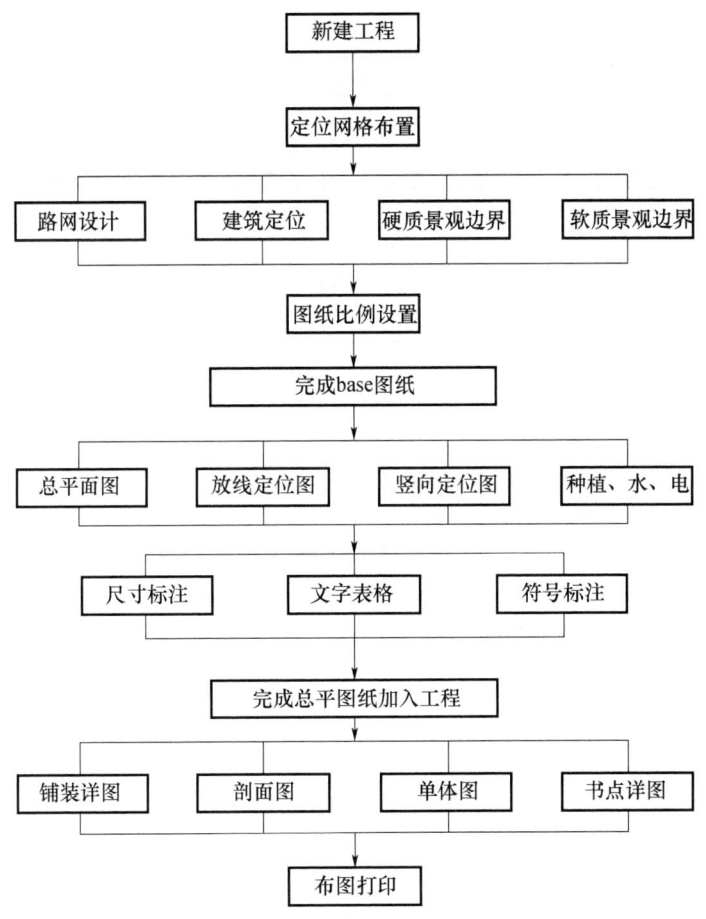

图 12-3-1　T20（V7.0）园林设计流程

12.3.2　天正室内设计流程

T20（V7.0）的主要功能还包括室内设计的需求，一般室内设计只需要考虑本楼层的绘图，不必进行多个楼层的组合，设计流程图相对比较简单，装修立面图可直接使用"生成剖面"命令生成。T20（V7.0）室内设计流程如图 12-3-2 所示。

12.3.3　自定义界面与选项设置

T20（V7.0）为用户提供了"天正自定义"对话框界面，单击【设置】/【自定义】菜单命令，启动【天正自定义】对话框，如图 12-3-3 所示。该选项用于设置"屏幕菜单""操作配置""基本界面""工具条"和"快捷键"共 5 项交互操作模式，以适应用户习惯。

T20（V7.0）为用户提供了初始设置功能，通过单击【设置】/【天正选项】菜单命令，启动【天正选项】对话框，包括"基本设定""加粗填充"和"高级选项"3 个页面。

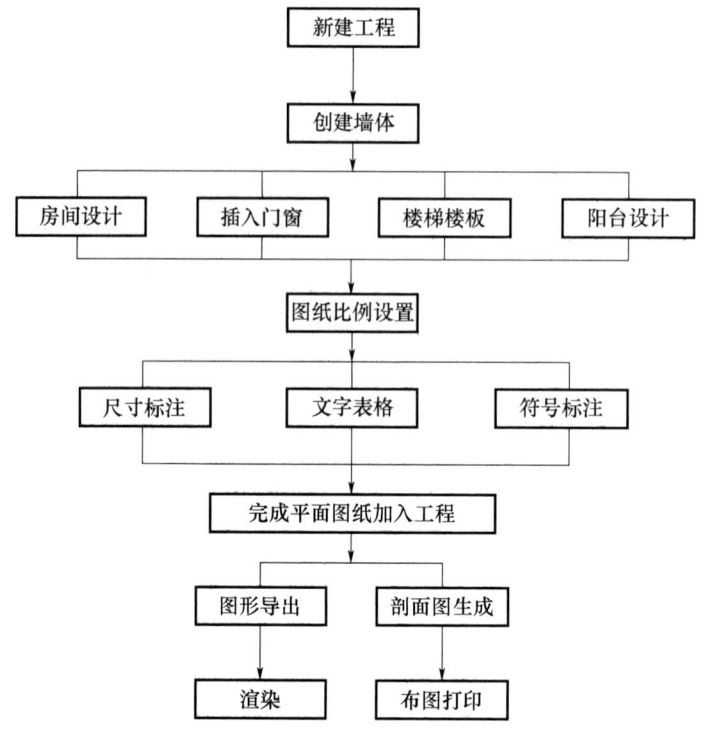

图 12-3-2　T20（V7.0）室内设计流程

图 12-3-3　"天正自定义"对话框界面

"基本设定"页面：用于设置软件的基本参数和命令默认执行效果，用户可以根据工程的实际要求，对其中的内容进行设定，如图 12-3-4 所示。

图 12-3-4 "基本设定"页面

"加粗填充"页面：专用于墙体与柱子的填充，提供各种填充图案和加粗线宽，并有"标准"和"详图"两个级别，由用户通过"当前比例"给出界定，当前比例大于设置的比例界限，就会从一种填充与加粗选择进入另一个填充与加粗选择，有效地满足了施工图中不同图样类型填充与加粗详细程度不同的要求，如图 12-3-5 所示。

图 12-3-5 "加粗填充"页面

"高级选项"选项卡：用于控制天正建筑全局变量的用户自定义参数的设置界面，除了尺寸样式需专门设置外，这里定义的参数保存在初始参数文件中，不仅用于当前图形，对新建的文件也起作用，高级选项和选项是结合使用的，例如，在高级选项中设置了多种尺寸标注样式，在当前图形选项中根据当前单位和标注要求选用其中几种用于本图，如图 12-3-6 所示。

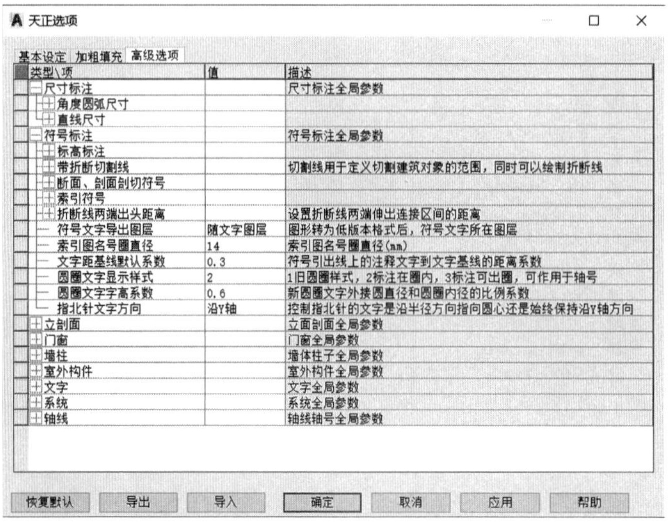

图 12-3-6 "高级选项"选项卡

12.3.4 屏幕菜单的使用

T20（V7.0）的主要功能都列在"折叠式"三级结构的屏幕菜单上，如图 12-3-7 所示。单击上一级菜单可以展开下一级菜单，同级菜单互相关联，展开另外一级菜单时，原来展开的菜单自动合拢。二到三级菜单项是可执行命令或者开关项，全部菜单项都提供 256 色图标，图标设计具有专业含义，以方便用户增强记忆，更快地确定菜单项的位置。当光标移到菜单项上时，AutoCAD 的状态行会出现该菜单项功能的简短提示。

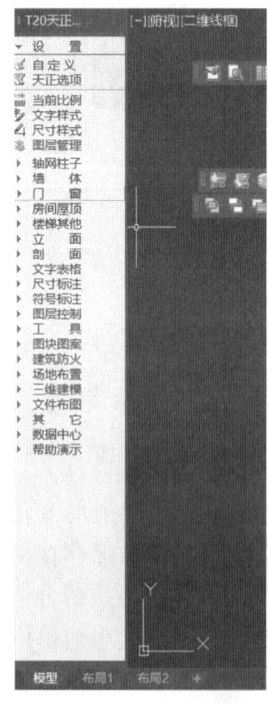

图 12-3-7 "折叠式"三级结构的屏幕菜单

折叠式菜单效率最高,但由于屏幕的高度有限,在展开较长的菜单后,有些菜单无法显示在屏幕上,为此可用鼠标滚轮上下滚动菜单,快速选取当前不可见的项目。

小技巧:同时按键盘"Ctrl"和"+"号就可以调出或关闭左侧的屏幕菜单工具栏。

12.3.5 文字的编辑方法

T20(V7.0)可以实现创建单行文字、多行文字和曲线文字,还可以对创建好的文字进行各种编辑。此外,它还可以使用文字样式来统一设置和修改相关文字的格式。本节内容主要介绍文字的创建方法与编辑方法。

1. 文字样式

"文字样式"命令主要包括设置文字的高度、宽度、字体和样式名称等。修改文字样式后,在当前图样中使用此样式的文字会随之被更改。

单击【文字表格】/【文字样式】菜单命令,弹出对话框。在该对话框中设置相应参数,单击【确定】按钮,完成"文字样式"设置,如图 12-3-8 所示。

图 12-3-8 "文字样式"命令

2. 单行文字

"单行"文字命令用于创建单行文字,用户可通过文字样式统一设置单行文字的格式,并可以为文字设置上下标、加圆圈、添加特殊符号和导入专业词库等。单击【文字表格】/【单行文字】菜单命令,在弹出的【单行文字】对话框中设置参数,然后在绘图区中指定插入位置,即可创建单行文字,如图 12-3-9 所示。

3. 多行文字

"多行文字"命令用于根据设置好的文字样式按段落输入文字,并且可以方便地设置行距和页宽等。单击【文字表格】/【多行文字】菜单命令,在弹出的【多行文字】对话框中设置参数后,单击【确定】按钮,然后在绘图区中指定多行文字的插入位置,即可创建出多行文字,如图 12-13-10 所示。

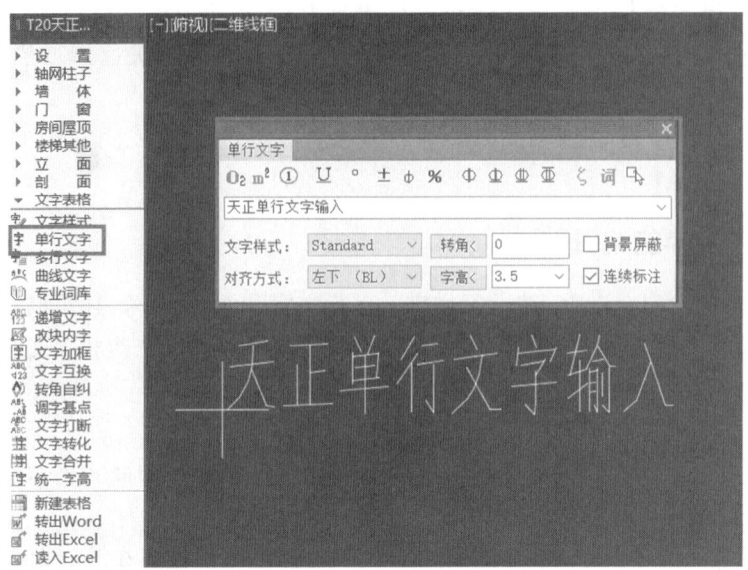

图 12-3-9 "单行"文字命令

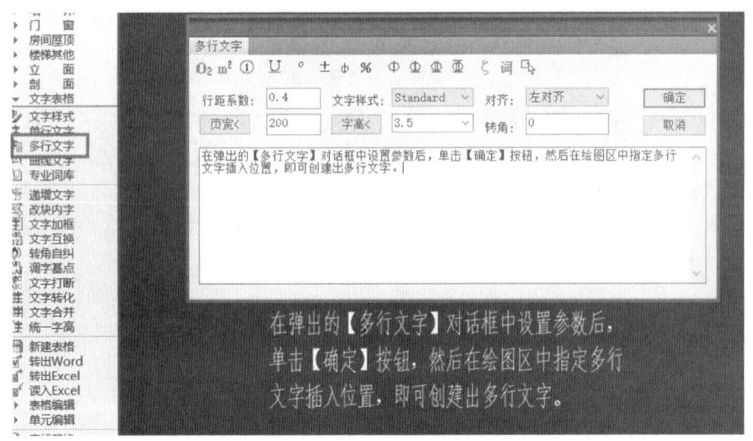

图 12-3-10 "多行文字"命令

12.3.6 电子表格的使用

T20（V7.0）的表格功能，只需进行简单的设置，即可快速、完整地创建出表格，并可方便地对表格内容进行编辑。

1. 新建表格

利用"新建表格"命令可以通过设置参数新建一个表格。单击【文字表格】/【新建表格】菜单命令，在弹出的【新建表格】对话框中设置表格行列数、表格行高和列宽，以及表格的标题后，单击【确定】按钮，然后在绘图区中指定表格的左上角点，即可新建一个表格，如图 12-3-11 所示。

2. 编辑表格

表格绘制完成后，并不是一成不变的，还需要对其进行编辑操作，包括调整行高、列宽和修改表格内容等。双击已建成的表格，出现表格编辑页面，如图 12-3-12 所示，选择相应菜单，可执行新建、删除行（或列）、拆分表格、合并表格、单元编辑等操作。

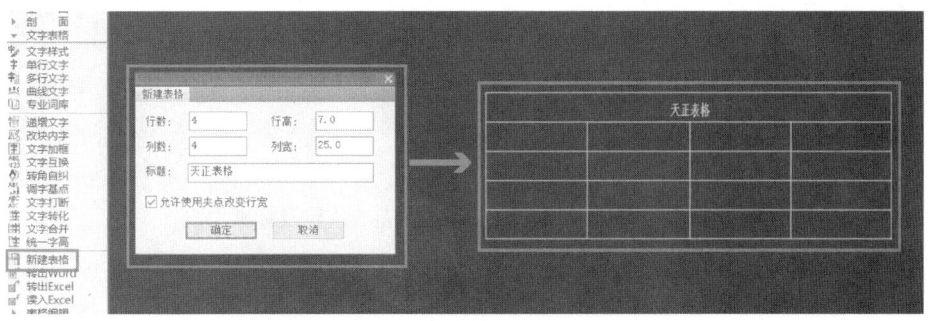

图 12-3-11 "新建表格"命令

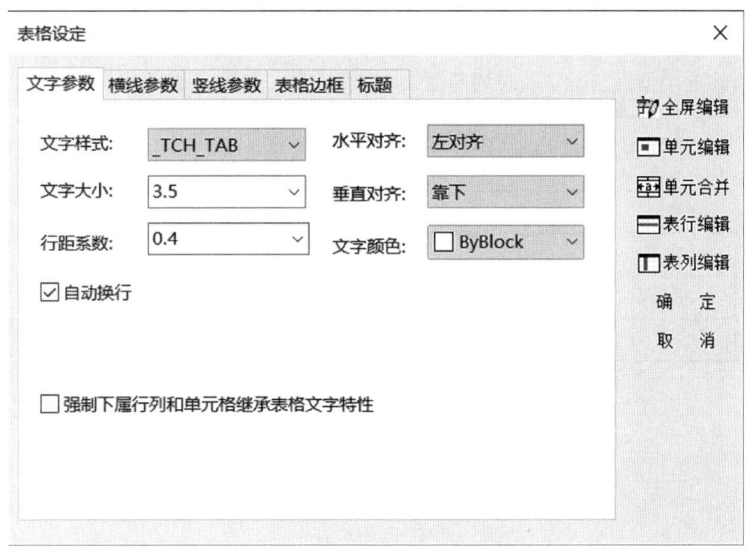

图 12-3-12 表格编辑页面

练习题

1. 练习在 AutoCAD 2021 的基础上安装天正建筑 T20（V7.0）版本。
2. 熟悉天正建筑 T20（V7.0）的界面。
3. 了解单行文字和多行文字的区别，并分别绘制练习。
4. 使用"多行文字"命令创建如下图所示的图样设计说明。

> 一、设计概况
> 1. 工程名称：××花园景观工程
> 2. 建设地点：太原市
>
> 二、设计依据
> 1. 甲方与乙方签订的本项目设计合同。
> 2. 经业主认可的景观方案文件
> 3. 甲方提供的其他相关资料及各阶段的会议纪要。
> 4. 国家和地区现行的有关景观与建筑设计的各类规范、规定及标准。
>
> 三、设计技术说明
> 1. 本工程设计中的定位以城市坐标为准，坐标系单位：米（m）。
> 2. 本设计图纸中所注尺寸均以毫米（mm）为单位；本图竖向所注标高为绝对标高；总图竖向标高均以米（m）为单位。若无特殊指明，所示标高均为完成面标高。
> 3. 本设计未注明的素土密实度均为大于或等于93%。
> 4. 图中有多处类似做法时，若在局部图纸中未做交代，则按已做交代的图纸内容统一做法。

5. 使用"表格"的新建及编辑命令创建如下表所示的表格。

序号	类型	种植土用量（%）	腐热厩肥压量（%）
01	乔木	90	10
02	灌木类、竹类	90	10
03	地被类、花卉类	90	10

第13章

轴网和柱子绘制

学习指导

主要内容：本章主要讲解园林建筑轴网和柱子的绘制方法。
重点知识：轴网和柱子的绘制方法；轴号的标注。
难点知识：轴网和轴号的编辑。
学习目标：熟练掌握园林建筑轴网、柱子的绘制和编辑方法，并能正确进行轴号的标注。

13.1 创建轴网

13.1.1 轴网的概念

轴网是由两组到多组轴线与轴号、尺寸标注组成的平面网格，是建筑物单体平面布置和墙柱构件定位的依据。完整的轴网由轴线、轴号和尺寸标注三个相对独立的系统构成。本章主要介绍轴线系统和轴号系统，尺寸标注系统的编辑方法将在后面的章节中介绍。

1. 轴线系统

考虑到轴线的操作比较灵活，为了使用时不至于给用户带来不必要的限制，轴网系统没有做成自定义对象，而是把位于轴线图层上的 AutoCAD 的基本图形对象，包括 LINE、ARC、CIRCLE 识别为轴线对象，天正软件默认轴线的图层是"DOTE"，用户可以通过设置菜单中的【图层管理】命令修改默认的图层标准。

轴线默认使用的线型是细实线，这是为了在绘图过程中方便捕捉，但是在出图前应该用【轴改线型】命令将轴网自动改为规范要求的点画线。

2. 轴号系统

轴号是内部带有比例的自定义专业对象，是按照 GB/T 50001《房屋建筑制图统一标准》的规定编制的，它默认是在轴线两端成对出现，可以通过对象编辑单独控制隐藏单侧轴号或者隐藏某一个别轴号的显示，【轴号隐现】命令管理轴号的隐藏和显示；轴号号圈的轴号顺序默认是水平方向号圈以数字排序，垂直方向号圈以字符排序，按标准规定 I、O、Z 不用于轴线编号，1 号轴线和 A 号轴线前不排主轴号，附加轴号分母分别为 01 和 0A，轴号 Y 后的排序除了看【高级选项】→"轴线"→"轴号"→"字母 Y 后面的注脚形式"是字母还是数字，还要视下面的轴号变化规则而定。

轴号系统开放了自定义分区轴号的编号变化规则，在【轴网标注】命令中，可以预设轴号的编号变化规则是"变前项"还是"变后项",在其他轴号编辑命令中同样有类似的设定规则。

3. 轴号的参数设置

1) 轴号的默认参数设置

在高级选项中提供了多项参数,轴号字高系数用于控制编号大小和号圈的关系,轴号号圈大小是依照国家现行规范规定直径为 8~10,在高级选项中默认号圈直径为 8,可设置轴号文字显示样式和引线默认长度,还可控制在一轴多号命令中是否显示附加轴号等。

2) 轴号的特性参数编辑

在以 Ctrl+1 启动的特性表中包括了轴号的各项对象特性,提供"隐藏轴号文字"特性栏,由于轴号对象是一个整体,此特性统一控制上下或者左右所有轴号文字的显示,便于获得轴号编号为空的轴网。

4. 尺寸标注系统

尺寸标注系统由自定义尺寸标注对象构成,在标注轴网时自动生成于轴标图层 AX-IS 上,除了图层不同外,其与其他命令的尺寸标注没有区别。

5. 轴网的创建方法

轴网有以下 4 种创建方法。

1) 使用【绘制轴网】命令生成标准的直轴网或弧轴网。

2) 使用【单轴绘制】命令生成单根直轴线或弧轴线。

3) 根据已有的建筑平面布置图,使用【墙生轴网】命令生成轴网。

4) 在轴线层上绘制的 LINE、ARC、CIRCLE,可以用【轴网标注】命令识别为轴线。

13.1.2 轴网的创建

1. 绘制轴网

该命令可以直接创建直线轴网和弧线轴网。

调用【绘制轴网】命令方法如下。

1) 菜单栏:【轴网柱子】→【绘制轴网】。

2) 命令行:输入"Hzzw"。

执行【绘制轴网】命令后,会弹出【绘制轴网】对话框。对话框中有"直线轴网"和"弧线轴网"两个标签,通过标签内参数的设置,来绘制"直线轴网"和"弧线轴网"。

1)"直线轴网"功能用于生成正交轴网、斜交轴网或单向轴网。其绘制的方法如图 13-1-1 所示。

(1) 直接在【键入】栏内键入轴网数据,每个数据之间用空格或英文逗号隔开,输入完毕后回车生效。

(2) 在表格中键入【轴间距】和【个数】,常用值可直接点取右方数据栏或下拉列表的预设数据。

(3) 切换到对话框单选按钮"上开""下开""左进""右进"之一,单击【拾取】

按钮,在已有的标注轴网中拾取尺寸对象获得轴网数据。

2)"弧线轴网"由一组同心弧线和不过圆心的径向直线组成,常组合其他轴网,端径向轴线由两轴网共用。其绘制的方法如图 13-1-2 及图 13-1-3 所示。

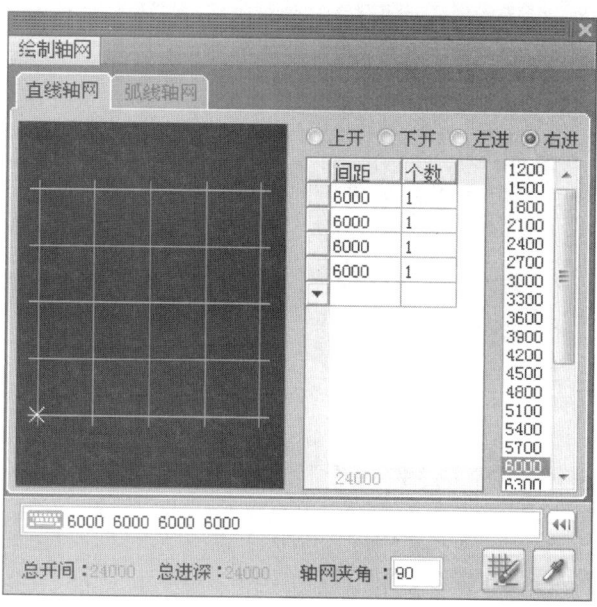

图 13-1-1　绘制直线轴网

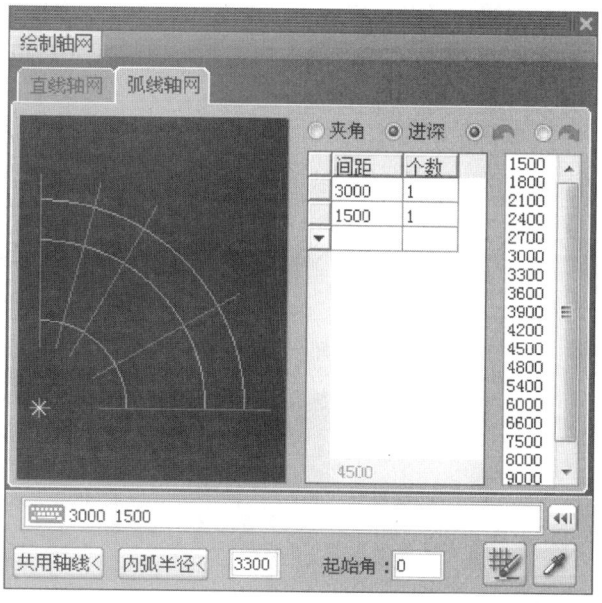

图 13-1-2　弧线轴网设置进深

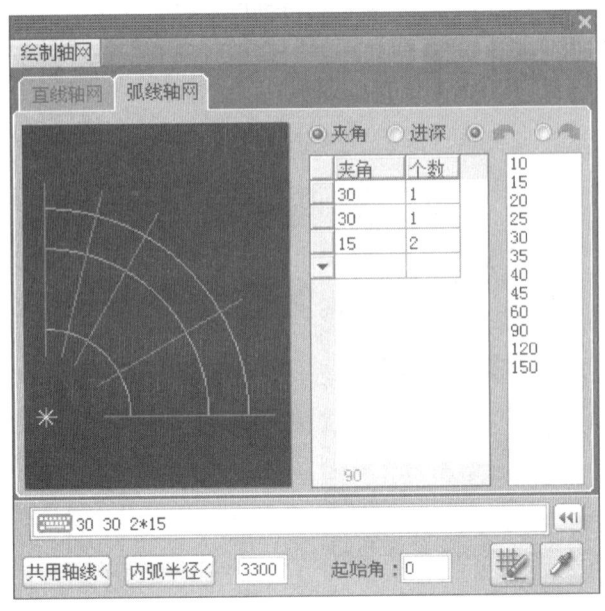

图 13-1-3　弧线轴网设置夹角

（1）直接在【键入】栏内键入轴网数据，每个数据之间用空格或英文逗号隔开，输入完毕后回车生效。

（2）在电子表格中键入【轴间距】/【轴夹角】和【个数】，常用值可直接点取右方数据栏或下拉列表的预设数据。

右击电子表格中行首按钮，可以执行插入、删除、新建、复制和剪切数据行的操作。

在对话框中输入所有尺寸数据后，移动光标选择合适的插入点单击鼠标左键，即可完成直线轴网的绘制。

2. 单轴绘制

提供绘制单根轴线的功能，支持直轴线和弧轴线的绘制。

调用【单轴绘制】命令方法如下。

1）菜单栏：【轴网柱子】→【单轴绘制】。

2）命令行：输入"Dzhz"。

执行"单轴绘制"命令后，显示【单轴绘制】对话框，如图13-1-4所示。

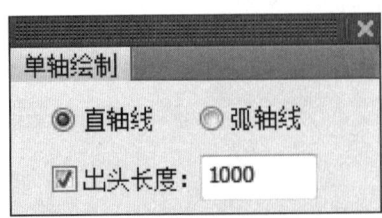

图 13-1-4　"单轴绘制"对话框

3. 墙生轴网

在方案设计中，经常需反复修改平面图，如加、删墙体，改开间、进深等，用轴线定位有时并不方便，为此天正提供根据墙体生成轴网的功能，可以在参考栅格点上直接进行设计，待平面方案确定后，再用本命令生成轴网。也可用墙体命令绘制平面草图，然后生成轴网。

调用【墙生轴网】命令方法如下。

1）菜单栏：【轴网柱子】→【墙生轴网】。

2）命令行：输入"Qszw"。

执行命令后，点击墙体后会在墙体基线位置上自动生成没有标注轴号和尺寸的轴网。

13.1.3 轴网的修改

1. 添加轴线

通过本命令可以给轴网添加新的轴线。

调用【添加轴线】命令的方法如下。

1）菜单栏：【轴网柱子】→【添加轴线】。

2）命令行：输入"Tjzx"。

执行命令后，首先通过鼠标单击选择一条参考轴线，然后输入与新轴线的距离，回车确定即可。

2. 轴线裁剪

本命令可根据设定的多边形与直线范围，裁剪多边形内的轴线或者直线某一侧的轴线。

调用【轴线裁剪】命令的方法如下。

1）菜单栏：【轴网柱子】→【轴线裁剪】。

2）命令行：输入"Zxcj"。

3. 轴网合并

本命令用于将多组轴网的轴线，按指定的一个到四个边界延伸，合并为一组轴线，同时将其中重合的轴线清理。目前本命令不对非正交的轴网和多个非正交排列的轴网进行处理。

调用【轴网合并】命令的方法如下。

1）菜单栏：【轴网柱子】→【轴网合并】。

2）命令行：输入"Zwhb"。

4. 轴改线型

本命令在点画线和连续线两种线型之间切换。建筑制图要求轴线必须使用点画线，但由于点画线不便于对象捕捉，所以制图人员常在绘图过程使用连续线，在输出的时候切换为点画线。

调用【轴改线型】命令方法如下。

1）菜单栏：【轴网柱子】→【轴改线型】。

2）命令行：输入"Zgxx"。

13.2 轴网标注与编辑

轴网的标注包括轴号标注和尺寸标注,轴号可按规范要求用数字、大写字母、小写字母、双字母、双字母间隔连字符等方式标注,可适应各种复杂分区轴网的编号规则,系统按照 GB/T 50001—2017《房屋建筑制图统一标准》7.0.4 条的规定,不将字母 I、O、Z 用于轴号编排,在排序时会自动跳过这些字母。

尽管轴网标注命令能一次完成轴号和尺寸的标注,但轴号和尺寸标注属独立存在的不同对象,不能联动编辑,用户修改轴网时应注意自行处理。

13.2.1 轴网标注

本命令对始末轴线间的一组平行轴线(直线轴网与圆弧轴网的进深)或者径向轴线(圆弧轴线的圆心角)进行轴号和尺寸标注,自动删除重叠的轴线。本命令可识别外部参照以及块参照中的轴线,受高级选择中参照设置的控制。

调用【轴网标注】命令的方法如下。

1) 菜单栏:【轴网柱子】→【轴网标注】。
2) 命令行:输入"Zwbz"。

命令执行后,会显示"轴网标注"对话框,可以选择"多轴标注"或者"单轴标注"进行操作,如图 13-2-1 所示。

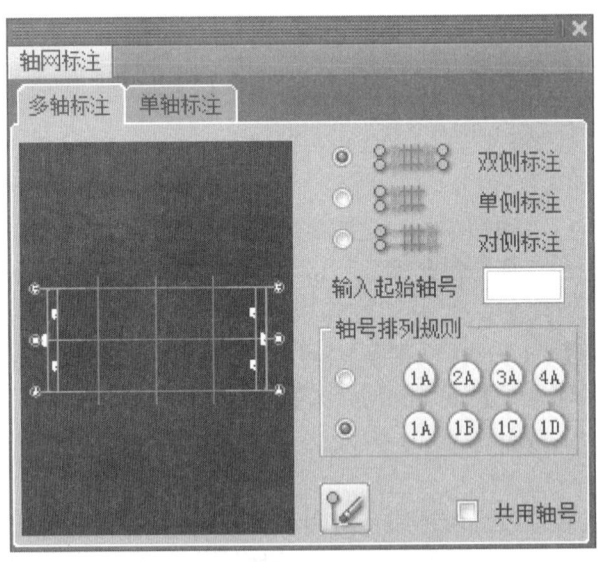

图 13-2-1 "轴网标注"对话框

1. 多轴标注

在单侧标注的情况下,选择轴线的哪一侧就标在哪一侧。可按照 GB/T 50001—2017《房屋建筑制图统一标准》,支持类似 1-1、A-1 与 AA、A1 等分区轴号标注,按用户选取的"轴号规则"预设的轴号变化规律改变各轴号的编号。

默认的"起始轴号"在选择起始和终止轴线后自动给出,水平方向为 1,垂直方向为 A，用户可在编辑框中自行给出其他轴号，也可删空以标注空白轴号的轴网，用于方案等场合。

命令行首先提示点取要标注的始末轴线，在其间标注直线轴网，命令交互如下。

1）请选择起始轴线〈退出〉：选择一个轴网某开间（进深）一侧的起始轴线，点 P1。

2）请选择终止轴线〈退出〉：选择一个轴网某开间（进深）同一侧的末轴线，点 P2，此时始末轴线范围的所有轴线亮显。

3）请选择不需要标注的轴线：选择那些不需要标注轴号的辅助轴线，这些选中的轴线恢复正常显示，回车结束选择完成标注。

4）请选择起始轴线〈退出〉：重新选择其他轴网进行标注或者回车退出命令。

2. 单轴标注

本命令只对单个轴线标注轴号，轴号独立生成，不与已经存在的轴号系统和尺寸系统发生关联。不适用于一般的平面图轴网，常用于立面与剖面、详图等个别单独的轴线标注，按照制图规范的要求，可以选择几种图例进行表示，如果轴号编辑框内不填写轴号，则创建空轴号。本命令创建的对象的编号是独立的，其编号与其他轴号没有关联，如需要与其他轴号对象有编号关联，可以使用【添补轴号】命令。界面如图 13-2-2 所示。

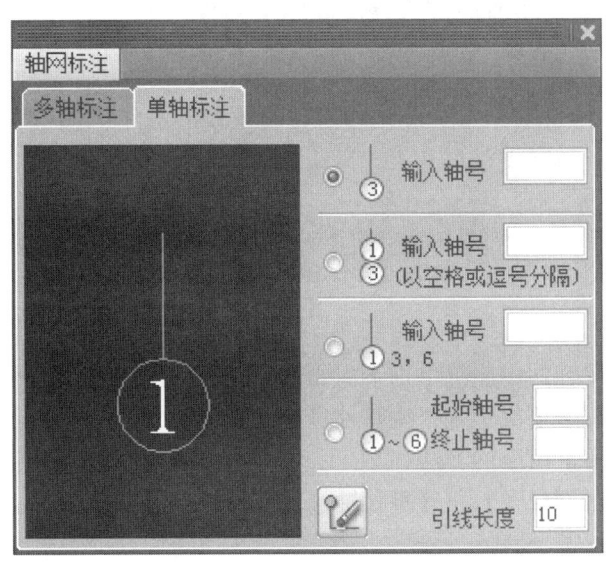

图 13-2-2 "单轴标注"界面

13.2.2 轴号编辑

轴号对象是一组专门为建筑轴网定义的标注符号，通常就是轴网的开间或进深方向上的一排轴号。按国家制图规范，即使轴间距上下不同，同一个方向轴网的轴号是统一编号的系统，以一个轴号对象表示，但一个方向的轴号系统和其他方向的轴号系统是独立的对象。

天正轴号对象中的任何一个单独的轴号可设置为双侧显示或者单侧显示，也可以一次关闭打开一侧全体轴号，不必为上下开间（进深）各自建立一组轴号（这样做反而会导致轴号排序功能错误），也不必为关闭其中某些轴号而炸开对象进行轴号删除。软件提供的隐藏轴号文字新特性可以方便获得轴号编号为空的轴网。

软件提供了"选择预览"特性，光标经过轴号上方时亮显轴号对象，此时右击即可启动智能感知右键菜单，在右键菜单中列出轴号对象的编辑命令供用户选择使用，修改轴号本身可直接双击轴号文字，即可进入在位编辑状态修改文字。

1. 添补轴号

本命令可在矩形、弧形、圆形轴网中对新增轴线添加轴号，新添轴号成为原有轴网轴号对象的一部分，但不会生成轴线，也不会更新尺寸标注，适合为以其他方式增添或修改轴线后进行的轴号标注，可在对话框选择是否重排轴号。

调用【添补轴号】命令方法如下：

1）菜单栏：【轴网柱子】→【添补轴号】。

2）命令行：输入"Tbzh"。

命令执行后，弹出对话框如图13-2-3所示。

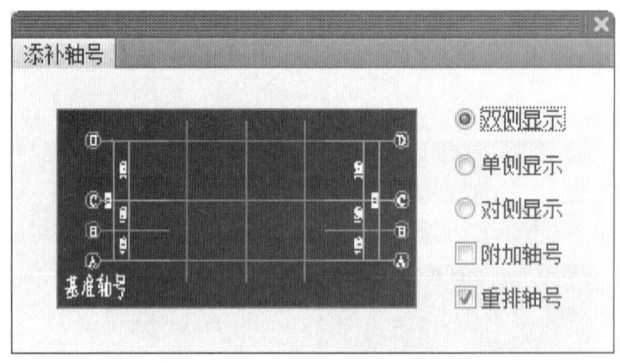

图13-2-3 "添补轴号"界面

2. 删除轴号

本命令用于在平面图中删除个别不需要轴号的情况，被删除轴号两侧的尺寸应并为一个尺寸，并可根据需要决定是否调整轴号，可框选多个轴号一次删除。

调用【删除轴号】命令的方法如下。

1）菜单栏：【轴网柱子】→【删除轴号】。

2）命令行：输入"Sczh"。

命令执行后，选择需要删除的轴号，确定后提示"是否重排轴号"，选择相应的选项即可。

3. 一轴多号

本命令用于平面图中同一部分由多个分区公用的情况，利用多个轴号共用一根轴线可以节省图面和工作量，本命令将已有轴号作为源轴号进行多排复制，用户进一步对各排轴号编辑获得新轴号系列。默认不复制附加轴号，需要复制附加轴号时应先在"高级选项→轴线→轴号→一轴多号忽略附加轴号"改为否。

调用【一轴多号】命令的方法如下。

1）菜单栏：【轴网柱子】→【一轴多号】。

2）命令行：输入"Yzdh"。

命令执行后，弹出的对话框如图 13-2-4 所示，然后选择一个或者多个轴号，回车确定后即可生成指定排数的轴号。

图 13-2-4　"一轴多号"对话框

4. 轴号隐现

本命令用于在平面轴网中控制单个或多个轴号的隐藏与显示。

调用【轴号隐现】命令的方法如下。

1）菜单栏：【轴网柱子】→【轴号隐现】。

2）命令行：输入"Zhyx"。

命令执行后，弹出对话框如图 13-2-5 所示，框选需要隐藏的轴号。

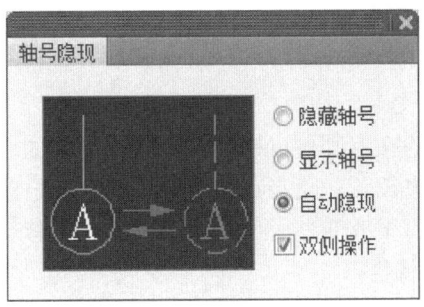

图 13-2-5　"轴号隐现"对话框

5. 主附转换

本命令用于在平面图中将主轴号转换为附加轴号或者反过来将附加轴号转换回主轴号，本命令的重排模式对轴号编排方向的所有轴号进行重排。

调用【主附转换】命令的方法如下。

1）菜单栏：【轴网柱子】→【主附转换】。

2）命令行：输入"Zfzh"。

6. 轴号组合

本命令用于把多个轴号对象组合为一个轴号对象。

调用【轴号组合】命令的方法如下。

1）菜单栏：【轴网柱子】→【轴号组合】。

2）命令行：输入"Zhzh"。

命令执行后，分别选择基准轴号和其他需要组合的轴号，确定后，所选的多个轴号对象组合成为一个轴号对象。

13.3 创建柱子

13.3.1 柱子的概念

柱子在建筑设计中主要起到结构支撑作用,有些时候柱子也用于纯粹的装饰。在天正中以自定义对象来表示柱子,但各种柱子对象定义不同,标准柱用底标高、柱高和柱截面参数描述其在三维空间的位置和形状,构造柱用于砖混结构,只有截面形状而没有三维数据描述,只服务于施工图。

柱与墙相交时按墙柱之间的材料等级关系决定柱自动打断墙或者墙穿过柱,如果柱与墙体同材料,墙体被打断的同时与柱连成一体。

柱子的常规截面形状有矩形、圆形、多边形等,异形截面柱由【标准柱】命令中"选择 Pline 线创建异形柱"图标定义,或从截面下拉列表中的"异形柱"取得,与单击"标准构件库…"按钮相同。

插入图中的柱子,用户如需要移动和修改,可充分利用夹点功能和其他编辑功能。对于标准柱的批量修改,可以使用"替换"的方式,柱同样可采用 AutoCAD 的编辑命令进行修改,修改后相应墙段会自动更新。此外,柱、墙可同时用夹点拖动编辑。

1. 柱子的夹点定义

柱子的每一个角点处的夹点都可以拖动改变柱子的尺寸或者位置,如矩形柱的边中夹点用于拖动改变柱子的边长、对角夹点改变柱子的大小、中心夹点改变柱子的转角或移动柱子,圆柱的边夹点用于改变柱子的半径、中心夹点移动柱子。

2. 柱子的交互和显示特性

自动裁剪特性:楼梯、坡道、台阶、阳台、散水、屋顶等对象可以自动被柱子裁剪。

矮柱特性:矮柱表示在平面图假定水平剖切线以下的可见柱,在平面图中这种柱不被加粗和填充,柱顶和墙顶标高相同、材料相同的矮墙和矮柱会自动融合,与矮墙能在墙体绘制命令中直接创建不同,矮柱只能利用普通柱通过柱特性表设置。

柱填充颜色:柱子具有材料填充特性,柱子的填充不再单独受各对象的填充图层控制,而是优先由选项中材料颜色控制,这样更加合理、方便。

13.3.2 柱子的创建

1. 标准柱

在轴线的交点或任何位置插入矩形柱、圆柱或正多边形柱,后者包括常用的三、五、六、八、十二边形断面,还包括创建异形柱的功能。

插入柱子的基准方向总是沿着当前坐标系的方向,如果当前坐标系是 UCS,柱子的基准方向自动按 UCS 的 X 轴方向,不必另行设置。

沿一根轴线布置柱子和矩形区域的轴线交点布置柱子可识别外部参照和块参照中的轴网,受高级选项中参照设置控制。

调用【标准柱】命令的方法如下。

1) 菜单栏:【轴网柱子】→【标准柱】。

2) 命令行:输入"Bzz"。

创建标准柱的步骤如下。

1) 设置柱的参数,包括截面类型、截面尺寸和材料,或者从构件库取得以前入库的柱。

2) 单击下面的工具栏图标,选择柱子的定位方式。

3) 根据不同的定位方式回应相应的命令行输入。

4) 重复1)、2)、3) 步或回车结束标准柱的创建。

点取菜单命令后,显示对话框,在选取不同形状后会根据不同形状,显示对应的参数输入。如图13-3-1所示。

2. 角柱

在墙角插入轴线与形状与墙一致的角柱,可改各肢长度以及各分肢的宽度,宽度默认居中,高度为当前层高。生成的角柱与标准柱类似,每一边都有可调整长度和宽度的夹点,可以方便地按要求修改。

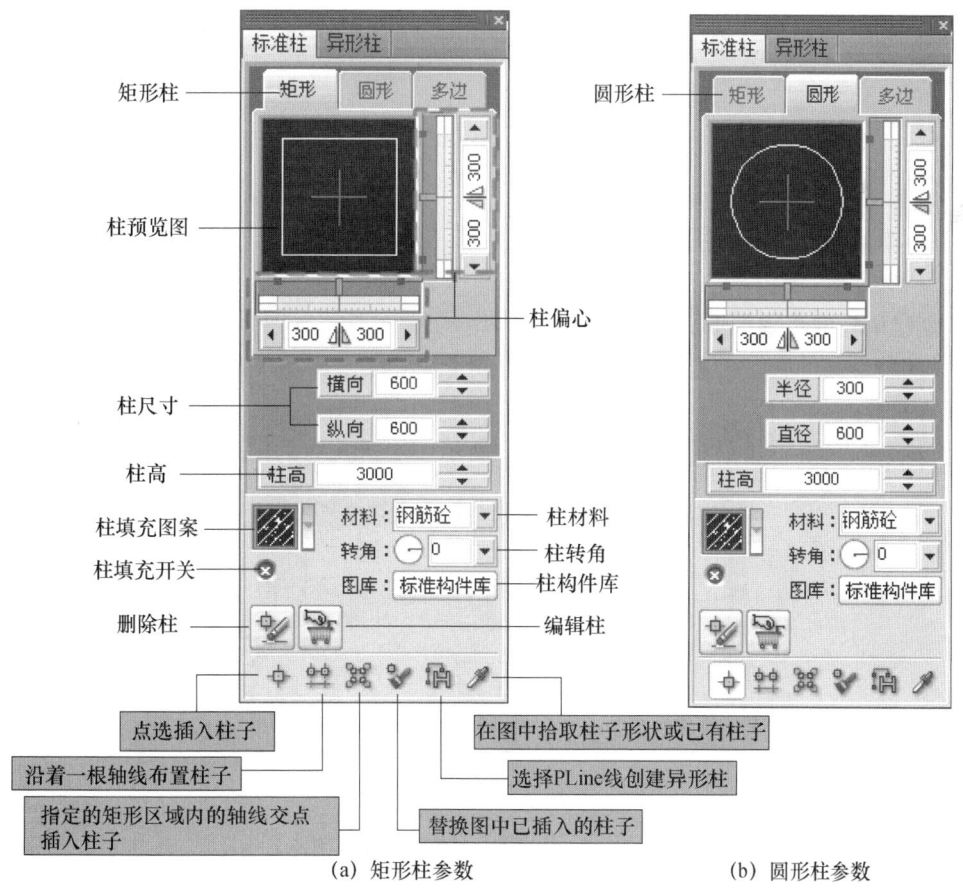

(a) 矩形柱参数　　　　(b) 圆形柱参数

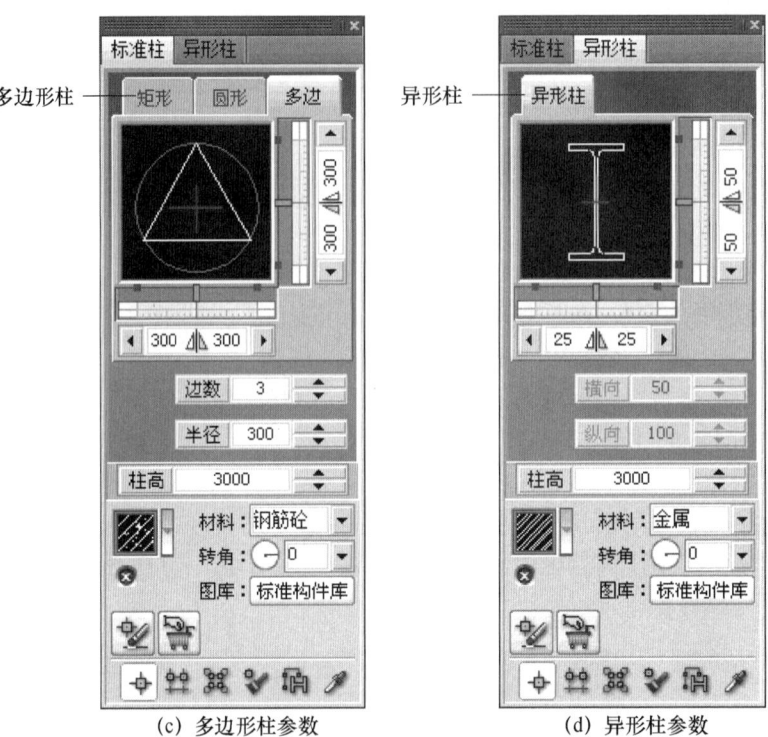

(c) 多边形柱参数　　　　(d) 异形柱参数

图 13-3-1　不同图形参数

调用【角柱】命令的方法如下。
1）菜单栏：【轴网柱子】→【角柱】。
2）命令行：输入"Jz"。
创建角柱的步骤如下。
1）命令执行后，先选取：请选取墙角或【参考点（R）】〈退出〉：点取要创建角柱的墙角或键入 R 定位。
2）选取墙角后显示对话框如图 13-3-2 所示，用户在对话框中输入合适的参数。

图 13-3-2　插入转角柱

3）参数输入完毕后，点取"确定"，所选角柱即插入图中。

3. 构造柱

本命令在墙角交点处或墙体内插入构造柱，依照所选择的墙角形状为基准，输入构造柱的具体尺寸，指出对齐方向，默认为钢筋混凝土材质，仅生成二维对象。目前本命令还不支持在弧墙交点处插入构造柱。

调用【构造柱】命令的方法如下。

1) 菜单栏：【轴网柱子】→【构造柱】。

2) 命令行：输入"Gzz"。

创建构造柱的步骤如下。

(1) 点取菜单命令后，命令行提示：请选取墙角或【参考点（R）】〈退出〉：点取要创建构造柱的墙角或墙中任意位置，随即显示如图 13-3-3 所示的对话框，在其中输入参数，并选择构造柱要对齐的墙边。

(2) 参数输入完毕后，点取"确定"，所选构造柱即插入图中。如修改长度与宽度可通过夹点拖动调整即可。

4. 柱齐墙边

本命令将柱子边与指定墙边对齐，可一次选多个柱子一起完成墙边对齐，条件是各柱都在同一墙段，且对齐方向的柱子尺寸相同。

调用【柱齐墙边】命令的方法如下。

1) 菜单栏：【轴网柱子】→【柱齐墙边】。

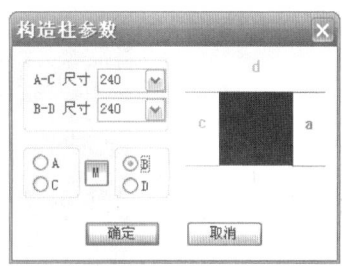

图 13-3-3 插入构造柱

2) 命令行：输入"Zqqb"。

编辑【柱齐墙边】的步骤如下。

命令执行后，命令行显示：

请点取墙边〈退出〉：*取作为柱子对齐基准的墙边。*

选择对齐方式相同的多个柱子〈退出〉：*选择多个柱子。*

选择对齐方式相同的多个柱子〈退出〉：*回车结束选择。*

请点取柱边〈退出〉：*点取这些柱子的对齐边。*

请点取墙边〈退出〉：*重选作为柱子对齐基准的其他墙边或者回车退出命令*，操作如图 13-3-4 所示。

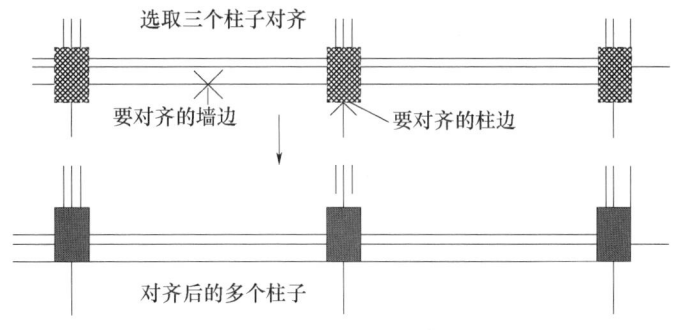

图 13-3-4 柱齐墙边操作示意图

13.4 轴网和柱子绘制实例

下面以一个小别墅为例，讲解绘制轴网定位图以及布置柱子的步骤。

13.4.1 绘制轴网

1. 点击【轴网柱子】→【绘制轴网】,在弹出的对话框内,依次输入参数。

2. 点击【上开】,在键入栏输入上开参数:"3600,7100,1200,2650,1050",如图 13-4-1 所示。

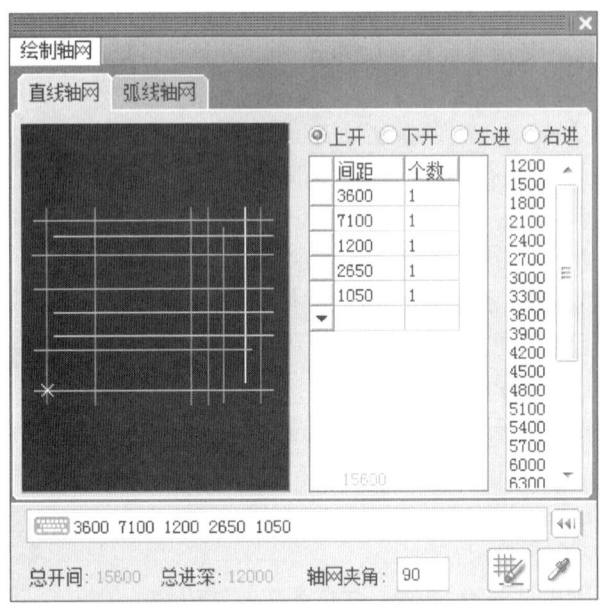

图 13-4-1　上开轴网参数

3. 点击【下开】,在键入栏输入下开参数:"3600,7100,1200,1150,2550",如图 13-4-2 所示。

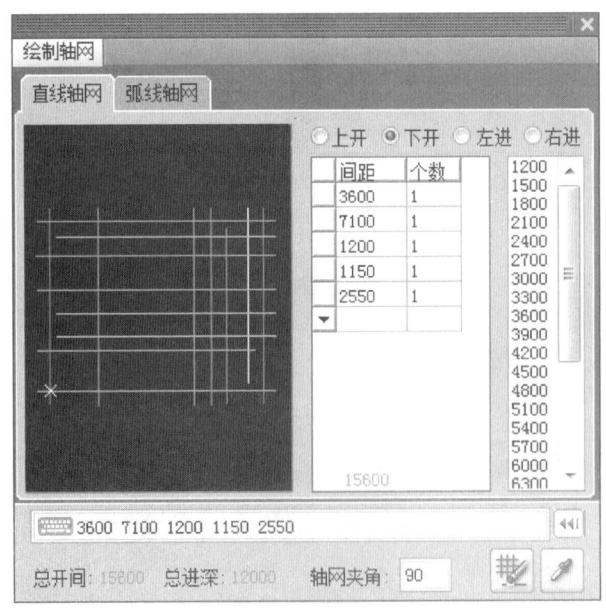

图 13-4-2　下开轴网参数

4. 点击【左进】，在键入栏输入左进参数："2800，4350，2450，2400"，如图 13-4-3所示。

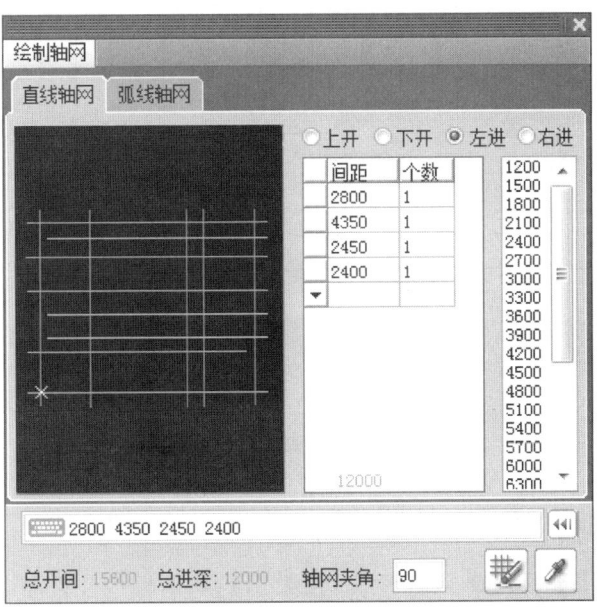

图 13-4-3 左进轴网参数

5. 点击【右进】，在键入栏输入右进参数："3800，1750，1600，2450，1350，1050"，如图 13-4-4 所示。

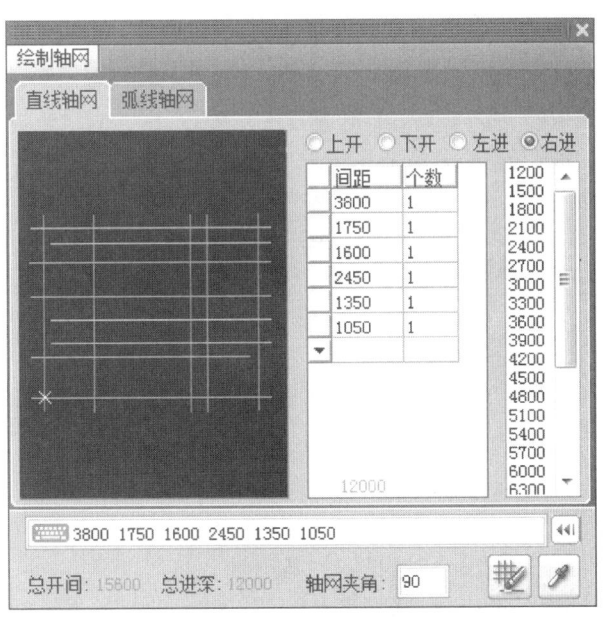

图 13-4-4 右进轴网参数

6. 在绘图区点击鼠标左键，放置轴网，如图 13-4-5 所示。

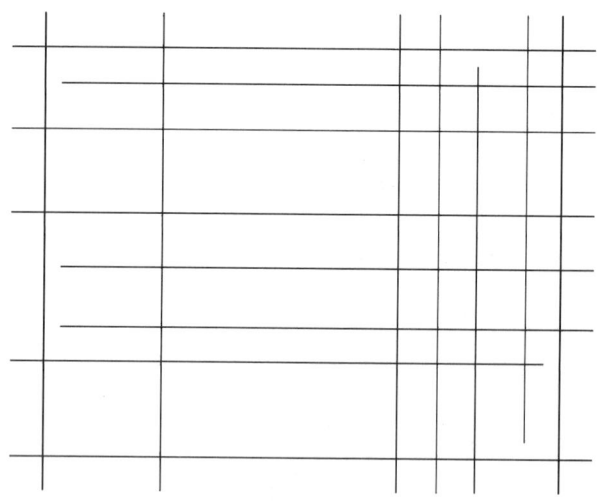

图 13-4-5 绘制完成的轴网

13.4.2 添加轴网编号

点击【轴网柱子】→【轴网标注】，在弹出的对话框内，设置如图 13-4-6 所示的参数。

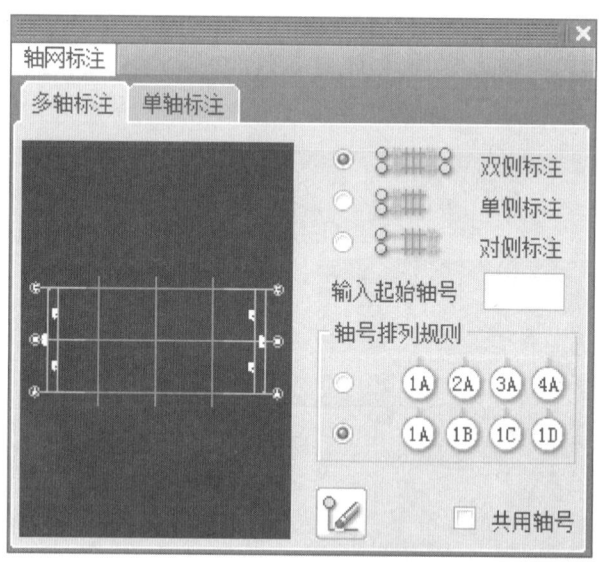

图 13-4-6 轴网标注参数

命令行提示如下。

1）请选择起始轴线〈退出〉：选择第一条纵轴。

2）请选择终止轴线〈退出〉：选择最后一条纵轴，此时始末纵轴线范围的所有轴线亮显。

3）请选择不需要标注的轴线：回车结束选择完成进深轴标注。

4）请选择起始轴线〈退出〉：选择第一条横轴。

5）请选择终止轴线〈退出〉：选择最后一条横轴，此时始末横轴线范围的所有轴线亮显。

6）请选择不需要标注的轴线：回车结束选择完成开间轴标注。

7）最后显示如图 13-4-7 所示。

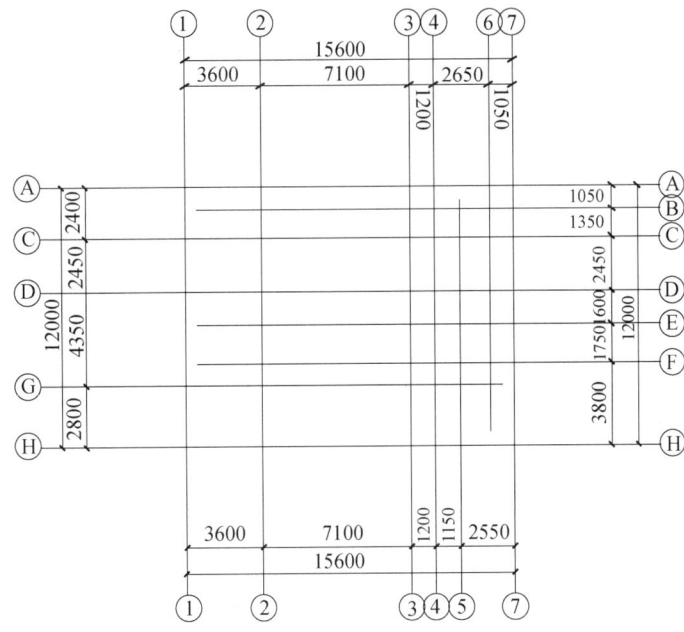

图 13-4-7　完成的别墅轴网标注图

13.4.3　添加柱子

1. 点击【轴网柱子】→【标准柱】，在弹出的对话框内将【横向】和【纵向】参数分别设置为 400，如图 13-4-8 所示。

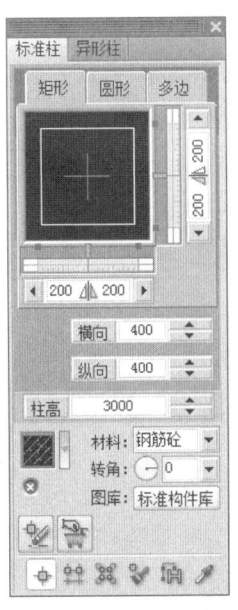

图 13-4-8　"标准柱"参数

2. 如图 13-4-9 所示，点击放置柱子。

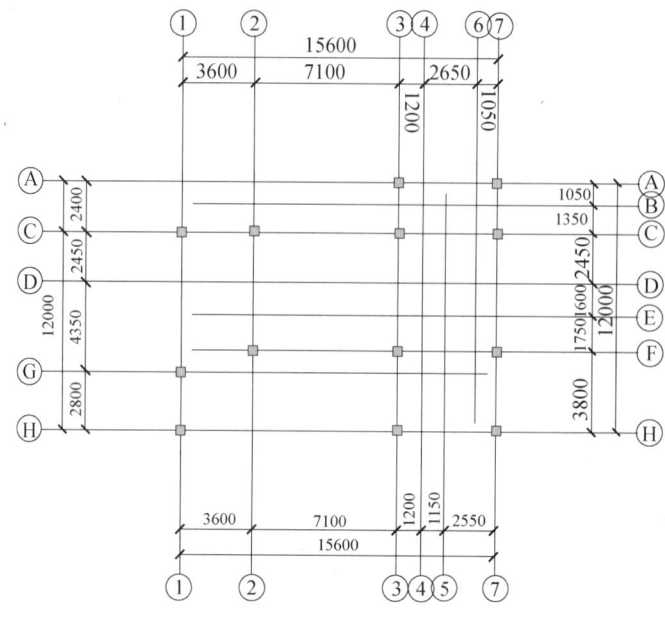

图 13-4-9　放置柱子

13.4.4　轴改线型

轴网和柱子绘制完毕后，点击【轴网柱子】→【轴改线型】，将轴网改成规范要求的点画线，如图 13-4-10 所示。完成后，将绘制好的轴网图保存。

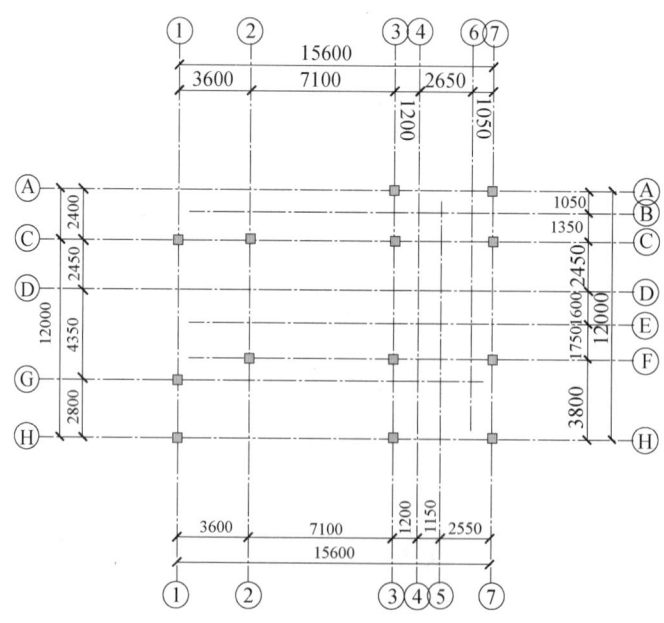

图 13-4-10　轴网线型修改成点画线

练习题

1. 完整的轴网由轴线、_____和尺寸标注三个相对独立的系统构成。
2. 天正软件默认轴线所在的图层名是_____。
3. 轴号号圈的轴号顺序默认是水平方向号圈以_____排序，垂直方向号圈以_____排序，按标准规定_____、_____、_____不用于轴线编号。
4. 将柱子边与指定墙边对齐的命令是_____。

第14章

墙体和门窗绘制

学习指导

　　主要内容：本章主要讲解园林建筑墙体和门窗的绘制方法。
　　重点知识：墙体和门窗的绘制方法；门窗的标号。
　　难点知识：门窗的编辑。
　　学习目标：熟练掌握建筑墙体和门窗的绘制和编辑方法，并能正确进行门窗标注。

14.1 墙　　体

14.1.1 墙体的概念

　　墙体是天正建筑软件中的核心对象，它模拟实际墙体的专业特性构建而成，因此可实现墙角的自动修剪、墙体之间按材料特性连接、与柱子和门窗互相关联等智能特性，并且墙体是建筑房间的划分依据，因此理解墙对象的概念非常重要。墙对象不仅包含位置、高度、厚度这样的几何信息，还包括墙类型、材料、内外墙这样的内在属性。

　　一个墙对象是柱间或墙角间具有相同特性的一段直墙或弧墙单元，墙对象与柱子围合而成的区域就是房间，墙对象中的"虚墙"作为逻辑构件，围合建筑中挑空的楼板边界与功能划分的边界（如同一空间内餐厅与客厅的划分），可以查询得到各自的房间面积数据。

　　1. 墙基线的概念

　　墙基线是墙体的定位线，通常位于墙体内部，并与轴线重合，但必要时也可以在墙体外部（此时左宽和右宽有一为负值），墙体的两条边线就是依据基线按左右宽度确定的。墙基线同时也是墙内门窗测量基准，如墙体长度指该墙体基线的长度，弧窗宽度指弧窗在墙基线位置上的宽度。应注意墙基线只是一个逻辑概念，出图时不会打印到图纸上。

　　墙体的相关判断都是依据于基线，比如墙体的连接相交、延伸和剪裁等，因此，互相连接的墙体应当使得它们的基线准确地交接。本软件规定墙基线不准重合，如果在绘制过程产生重合墙体，系统将弹出警告，并阻止这种情况的发生。在用 AutoCAD 命令编辑墙体时产生的重合墙体现象，系统将给出警告，并要求用户选择删除相同颜色的重合墙体部分，如图 14-1-1 所示。

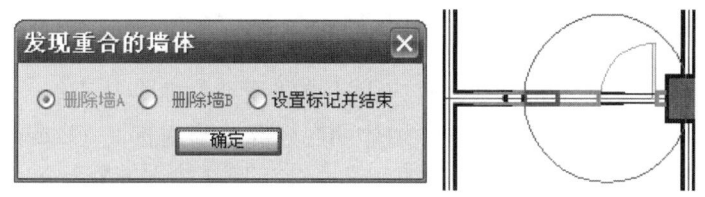

图 14-1-1　重复墙体警告提示

2. 墙体用途与特性

天正建筑软件定义的墙体按用途分为以下几类，可由对象编辑改变。

内墙：建筑物的内墙，参与按材料的加粗和填充。

外墙：建筑物的外墙，参与按材料的加粗和填充。

分户：建筑物的分户墙，参与按材料的加粗和填充。

虚墙：用于空间的逻辑分隔，以便于计算房间面积。

卫生隔断：卫生间洁具隔断用的墙体或隔板，不参与加粗填充与房间面积计算。

矮墙：表示在水平剖切线以下的可见墙，如女儿墙，不会参与加粗和填充。矮墙的优先级低于其他所有类型的墙，矮墙之间的优先级由墙高决定，但依然受墙体材料影响，因此希望定义矮墙时，各矮墙事先都选择同一种材料。

3. 墙体材料系列

墙体的材料类型用于控制墙体的二维平面图效果。相同材料的墙体在二维平面图上墙角连通一体，系统约定按优先级高的墙体打断优先级低的墙体的预设规律处理墙角清理。优先级由高到低的材料依次为钢筋混凝土墙、石墙、砖墙、填充墙、玻璃幕墙和轻质隔墙，它们之间的连接关系如图 14-1-2 所示。

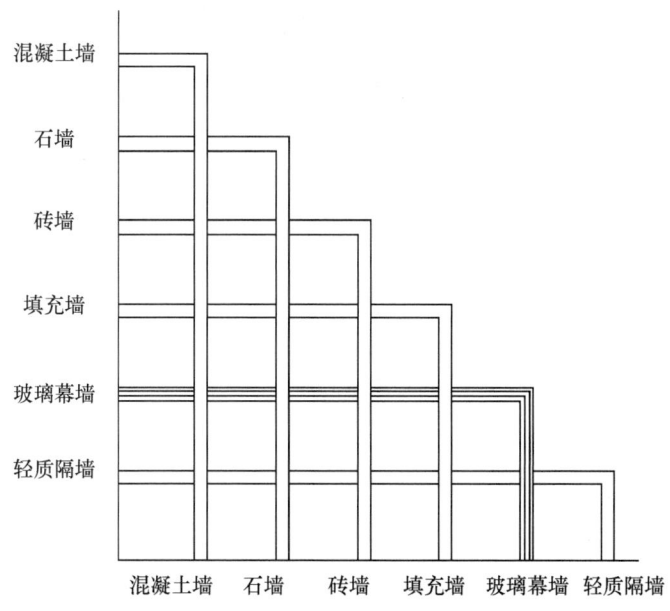

图 14-1-2　不同材料墙体连接关系

14.1.2 创建墙体

墙体可使用【绘制墙体】命令创建或由【单线变墙】命令从直线、圆弧或轴网转换。下面介绍这两种创建墙体的方法。墙体的底标高为当前标高（Elevation），墙高默认为楼层层高。墙体的底标高和墙高可在墙体创建后用【改高度】命令进行修改，当墙高给定为 0 时，墙体在三维视图下不生成三维。本软件支持圆墙的绘制，圆墙可由两段同心圆弧墙拼接而成，但不能直接画圆生成。

1. 绘制墙体

本命令启动名为"绘制墙体"的非模式对话框，其中可以设定墙体参数，不必关闭对话框即可直接使用"直墙""弧墙"和"矩形布置"三种方式绘制墙体对象，墙线相交处自动处理，墙宽随时定义、墙高随时改变，在绘制过程中墙端点可以回退，用户使用过的墙厚参数在数据文件中按不同材料分别保存。

当采用墙体的自动捕捉时，绘制直墙、弧墙和回形墙应可以识别外部参照以及块参照中的轴网，受高级选择中参照设置的控制。

调用【绘制墙体】命令的方法如下。

1) 菜单栏：【墙体】→【绘制墙体】。
2) 命令行：输入"Hzqt"。

命令执行，弹出如图 14-1-3 所示对话框。在对话框中选取要绘制墙体的左右墙宽组数据，选择一个合适的墙基线方向，然后单击下面的工具栏图标，在"直墙""弧墙""矩形布置"三种绘制方式中选择其中之一，进入绘图区绘制墙体。

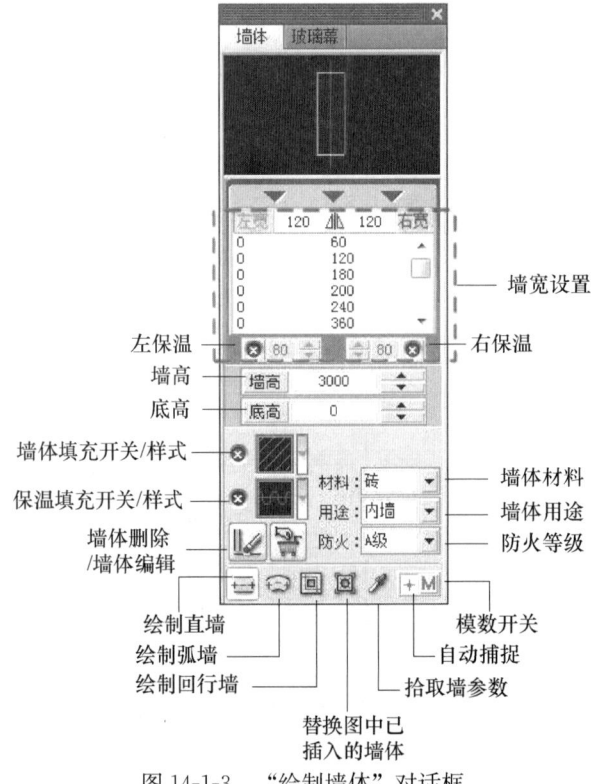

图 14-1-3 "绘制墙体"对话框

2. 等分加墙

用于在已有的大房间按等分的原则划分出多个小房间。将一段墙在纵向等分，垂直方向加入新墙体，同时新墙体延伸到给定边界。本命令有三种相关墙体参与操作过程，有参照墙体、边界墙体和生成的新墙体。

调用【等分加墙】命令的方法如下。

1) 菜单栏：【墙体】→【等分加墙】。
2) 命令行：输入"Dfjq"。

3. 单线变墙

本命令有两个功能：一是将 LINE、ARC、PLINE 绘制的单线转为墙体对象，其中墙体的基线与单线相重合。二是在基于设计好的轴网创建墙体，然后进行编辑，创建墙体后仍保留轴线，智能判断清除轴线的伸出部分，本命令可以自动识别新旧两种多段线。"多轴生墙"和"轴网生墙"模式可以识别外部参照或块参照中的轴网进行布置，受高级选择中参照设置的控制。

调用【单线变墙】命令的方法如下。

1) 菜单栏：【墙体】→【单线变墙】。
2) 命令行：输入"Dxbq"。

4. 墙体分段

本命令可预设分段的目标：给定墙体材料、保温层厚度、左右墙宽，然后以该参数对墙进行多次分段操作，不需要每次分段重复输入，既可分段为玻璃幕墙，又能将玻璃幕墙分段为其他墙。

调用【墙体分段】命令的方法如下。

1) 菜单栏：【墙体】→【墙体分段】。
2) 命令行：输入"Qtfd"。

点取菜单命令后，显示对话框如图 14-1-4 所示。

图 14-1-4 墙体分段设置

勾选"左宽"或者"右宽"，表示你需要对这些参数进行修改，不勾选表示保留原参数，首先在对话框中预设分段目标墙体参数，完成分段目标参数的预设后，按命令行提示连续操作，回车退出命令或者返回对话框修改，继续设置另一个分段目标参数。

14.1.3 墙体的编辑

墙体对象支持 AutoCAD 的通用编辑命令，可使用包括偏移（Offset）、修剪（Trim）、延伸（Extend）等命令进行修改，对墙体执行以上操作时均不必显示墙基线。

此外，可直接使用删除（Erase）、移动（Move）和复制（Copy）命令进行多个墙段的编辑操作。软件中也有专用编辑命令对墙体进行专业意义的编辑，简单的参数编辑只需要双击墙体即可进入对象编辑对话框，拖动墙体的不同夹点可改变长度与位置。

1. 倒墙角

本命令功能与 AutoCAD 的圆角（Fillet）命令相似，专门用于处理两段不平行的墙体的端头交角，使两段墙以指定圆角半径进行连接，圆角半径按墙中线计算，注意如下几点。

1）当圆角半径不为 0，两段墙体的类型、总宽和左右宽（两段墙偏心）必须相同，否则不进行倒角操作。

2）当圆角半径为 0 时，自动延长两段墙体进行连接，此时两墙段的厚度和材料可以不同，当参与倒角两段墙平行时，系统自动以墙间距为直径加弧墙连接。

3）在同一位置不应反复进行半径不为 0 的圆角操作，在再次圆角前应先把上次圆角时创建的圆弧墙删除。

调用【倒墙角】命令的方法如下。

1）菜单栏：【墙体】→【倒墙角】。

2）命令行：输入"Dqj"。

实训：倒墙角。

点取菜单命令后，命令行提示如下。

1）选择第一段墙或【设圆角半径（R），当前＝300】〈退出〉：输入 R 设定圆角半径。

2）请输入倒角半径〈300〉：500（键入圆角的半径，如 500）。

3）选择第一段墙或【设圆角半径（R），当前＝500】〈退出〉：选择圆角的第一段墙体。

4）选择另一段墙〈退出〉：选择圆角的第二段墙体，命令立即完成。

2. 倒斜角

本命令功能与 AutoCAD 的倒角（Chamfer）命令相似，专门用于处理两段不平行的墙体的端头交角，使两段墙以指定倒角长度进行连接，倒角距离按墙中线计算，如图 14-1-5 所示。

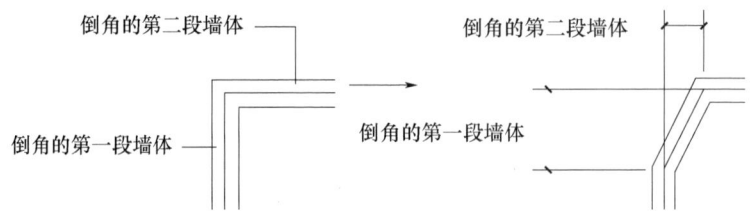

图 14-1-5　倒斜角操作

调用【倒斜角】命令的方法如下。

1）菜单栏：【墙体】→【倒斜角】。

2）命令行：输入"Dxj"。

实训：倒斜角。

点取菜单命令后，命令行提示如下。

1）选择第一段直墙或【设距离（D），当前距离 1＝0，距离 2＝0】〈退出〉：D 选择倒角的第一段墙体，或输入 D 设定倒角的长度；

2）指定第一个倒角距离〈0〉：1200（键入倒角的第一段长度，如 1200）。

3）指定第二个倒角距离〈0〉：600（键入倒角的第二段长度，如 600）；

4）选择第一段直墙或【设距离（D），当前距离 1＝1200，距离 2＝600】〈退出〉：选择倒角的第一段墙体。

5）选择另一段直墙〈退出〉：（选择倒角的第二段墙体）。

3. 修墙角

本命令提供对属性完全相同的墙体相交处的清理功能，可以一次框选多个墙角批量修改，当用户使用 AutoCAD 的某些编辑命令，或者夹点拖动对墙体进行操作后，墙体相交处有时会出现未按要求打断的情况，采用本命令框选墙角可以轻松处理，本命令也可以更新墙体、墙体造型、柱子，以及维护各种自动裁剪关系，如柱子裁剪楼梯、凸窗一侧撞墙情况。

调用【修墙角】命令的方法如下。

1）菜单栏：【墙体】→【修墙角】。

2）命令行：输入"Xqj"。

4. 基线对齐

本命令用于纠正以下两种情况的墙线错误：第一，由于基线不对齐或不精确对齐而导致墙体显示或搜索房间出错；第二，由于短墙存在而造成墙体显示不正确情况下去除短墙并连接剩余墙体。

调用【基线对齐】命令的方法如下。

1）菜单栏：【墙体】→【基线对齐】。

2）命令行：输入"Jxdq"。

实训：基线对齐。

点取菜单命令后，命令行提示如下。

1）请点取墙基线的新端点或新连接点或【参考点（R）】〈退出〉：点取作为对齐点的一个基线端点，不应选取端点外的位置。

2）请选择墙体（注意：相连墙体的基线会自动联动!）〈退出〉：选择要对齐该基线端点的墙体对象。

3）请选择墙体（注意：相连墙体的基线会自动联动!）〈退出〉：继续选择后回车退出。

4）请点取墙基线的新端点或新连接点或【参考点（R）】〈退出〉：点取其他基线交点作为对齐点。

5）基线对齐实例如图 14-1-6 所示，共进行两次基线对齐操作。

5. 边线对齐

本命令用来对齐墙边，并维持基线不变，边线偏移到给定的位置。即维持基线位置和总宽不变，通过修改左右宽度达到边线与给定位置对齐的目的。通常用于处理墙体与某些特定位置的对齐，特别是和柱子的边线对齐。

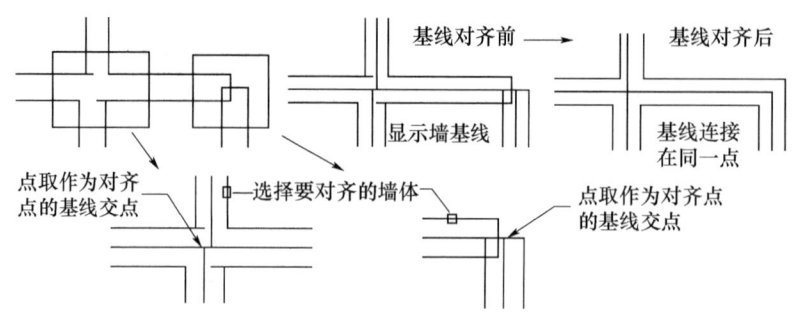

图 14-1-6 基线对齐操作

调用【边线对齐】命令的方法如下。
1）菜单栏：【墙体】→【边线对齐】。
2）命令行：输入"Bxdq"。
实训：边线对齐。
点取菜单命令后，命令行提示如下。
1）请点取墙边应通过的点或【参考点（R）】〈退出〉：取墙体边线通过的一点，如图 14-1-7 中 P 点所示。
2）请点取一段墙〈退出〉：选择要对齐边线的墙，当命令发现墙基线离开墙体时会出现警告提示，单击按钮"是"才能完成操作，单击"否"取消操作。

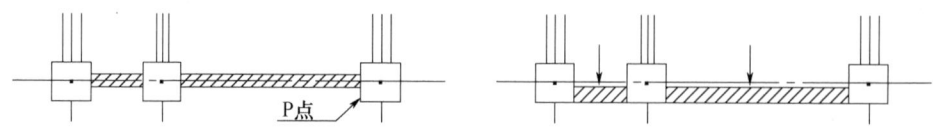

图 14-1-7 边线对齐示意图

墙体移动后，墙端与其他构件的连接在命令结束后自动处理，上图中的左右两个图形分别为墙体执行【边线对齐】命令前后的示意，图中 P 是指定的墙边线通过点，右图墙体外皮已移到与柱边齐平位置。事实上本命令并没有改变墙体的位置（即基线的位置），而是改变基线到两边线的距离（即左、右墙宽）。

6. 墙齐屋顶

本命令用来向上延伸墙体和柱子，使原来水平的墙顶成为与天正屋顶一致的斜面（柱顶还是平的），使用本命令前，屋顶对象应在墙平面对应的位置绘制完成，屋顶与山墙的竖向关系应经过合理调整；本命令暂时不支持圆弧墙。除了天正屋顶外，也可以使用三维面和三维网格面作为墙体的延伸边界。

调用【墙齐屋顶】命令的方法如下。
1）菜单栏：【墙体】→【墙齐屋顶】。
2）命令行：输入"Qqwd"。

14.1.4 墙体工具

1. 改墙厚

单段修改墙厚使用"对象编辑"即可，本命令按照墙基线居中的规则批量修改多段墙体的厚度，但不适合修改偏心墙。

调用【改墙厚】命令的方法如下。

1）菜单栏：【墙体】→【墙体工具】→【改墙厚】。

2）命令行：输入"Gqh"。

实训：改墙厚。

点取菜单命令后，命令行提示如下。

1）请选择墙体：选择要修改的一段或多段墙体，选择完毕选中墙体亮显。

2）新的墙宽〈120〉：输入新墙宽值，选中墙段按给定墙宽修改，并对墙段和其他构件的连接处进行处理。

2. 改外墙厚

用于整体修改外墙厚度，执行本命令前应事先识别外墙，否则无法找到外墙进行处理。

调用【改外墙厚】命令方法如下。

1）菜单栏：【墙体】→【墙体工具】→【改外墙厚】。

2）命令行：输入"Gwqh"。

3. 改高度

本命令可对选中的柱、墙体及其造型的高度和底标高成批进行修改，是调整这些构件竖向位置的主要手段。修改底标高时，门窗底的标高可以和柱、墙联动修改。

调用【改高度】命令方法如下。

1）菜单栏：【墙体】→【墙体工具】→【改高度】。

2）命令行：输入"Ggd"。

4. 改外墙高

本命令与【改高度】命令类似，只是仅对外墙有效。运行本命令前，应已做过内外墙的识别操作。

调用【改外墙高】命令方法如下。

1）菜单栏：【墙体】→【墙体工具】→【改外墙高】。

2）命令行：输入"Gwqg"。

此命令通常用在无地下室的首层平面，把外墙从室内标高延伸到室外标高。

5. 平行生线

本命令类似 offset，生成一条与墙线（分侧）平行的曲线，也可以用于柱子，生成与柱子周边平行的一圈粉刷线。

调用【平行生线】命令的方法如下。

1）菜单栏：【墙体】→【墙体工具】→【平行生线】。

2）命令行：输入"Pxsx"。

本命令可以用来生成依靠墙边或柱边定位的辅助线，如粉刷线、勒脚线等。如图 14-1-8 为以本命令生成外墙勒脚的情况。

6. 墙端封口

本命令改变墙体对象自由端的二维显示形式，使用本命令可以使其封闭和开口两种形式互相转换。本命令不影响墙体的三维效果，对已经与其他墙相接的墙端不起作用。

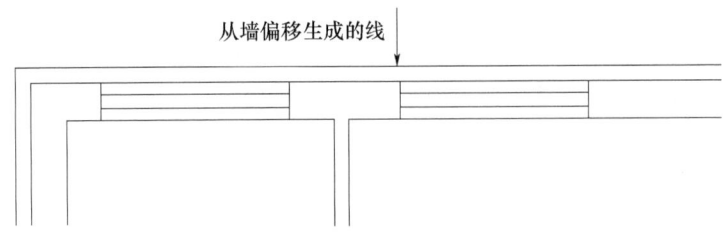

图 14-1-8　生成外墙勒脚

调用【墙端封口】命令方法如下。

1）菜单栏：【墙体】→【墙体工具】→【墙端封口】。

2）命令行：输入"Qdfk"。

14.1.5　内外识别工具

1. 识别内外

自动识别内、外墙，同时可设置墙体的内外特征，在节能设计中要使用外墙的内外特征。

调用【识别内外】命令方法如下。

1）菜单栏：【墙体】→【识别内外】→【识别内外】。

2）命令行：输入"Gbnw"。

【识别内外】操作步骤如下。

点取菜单命令后，命令行提示。

1）请选择一栋建筑物的所有墙体（或门窗）：选择构成建筑物的墙体或者墙上的门窗。

2）回车后系统自动判断所选墙体的内、外墙特性，并用红色虚线亮显外墙外边线，用重画（Redraw）命令可消除亮显虚线，如果存在天井或庭院时，外墙的包线是多个封闭区域，要结合【指定外墙】命令进行处理。

2. 指定内墙

用手工选取方式将选中的墙体置为内墙，内墙在三维组合时不参与建模，可以减少三维渲染模型的大小与内存开销。

调用【指定内墙】命令方法如下：

1）菜单栏：【墙体】→【识别内外】→【指定内墙】。

2）命令行：输入"Zdnq"。

【识别内外】操作步骤如下。

点取菜单命令后，命令行提示如下。

1）选择墙体：由用户自己选取属于内墙的墙体。

2）选择墙体：以回车结束墙体选取。

3. 指定外墙

本命令将选中的普通墙体内外特性置为外墙，除了把墙指定为外墙外，还能指定墙体的内外特性用于节能计算，也可以把选中的玻璃幕墙两侧翻转，适用于设置了隐框（或框料尺寸不对称）的幕墙，调整幕墙本身的内外朝向。

调用【指定外墙】命令的方法如下。

1）菜单栏：【墙体】→【识别内外】→【指定外墙】。

2）命令行：输入"Zdwq"。

4. 加亮外墙

本命令可将当前图中所有外墙的外边线用红色虚线亮显，以便用户了解哪些墙是外墙，哪一侧是外侧。用重画（Redraw）命令可消除亮显虚线。

调用【加亮外墙】命令的方法如下。

1）菜单栏：【墙体】→【识别内外】→【加亮外墙】。

2）命令行：输入"Jlwq"。

14.2 门窗的创建

14.2.1 门窗的概念

软件中的门窗是一种附属于墙体并需要在墙上开启洞口，带有编号的AutoCAD自定义对象，它包括通透的和不通透的墙洞在内；门窗和墙体建立了智能联动关系，门窗插入墙体后，墙体的外观几何尺寸不变，但墙体对象的粉刷面积、开洞面积已经立刻更新以备查询。门窗和其他自定义对象一样可以用AutoCAD的命令和夹点编辑修改，并可通过电子表格检查和统计整个工程的门窗编号。

门窗创建对话框中提供输入门窗的所有需要参数，包括编号、几何尺寸和定位参考距离。如果把门窗高参数改为0，系统在三维下不开该门窗。门窗模块有诸多实用功能，如连续插入门窗，同一洞口插入多个门窗等，前者用于幕墙和入口门等连续门窗的绘制，后者解决了多年来防火门和户门等的需要。提供"收藏"按钮，可将常用的门窗参数收藏起来以便重复使用。

1. 普通门

二维视图和三维视图都用图块来表示，可以从门窗图库中分别挑选门窗的二维形式和三维形式，其合理性由用户自己来掌握。普通门的参数如图14-2-1所示，其中门槛高指门的下缘到所在的墙底标高的距离，通常就是离本层地面的距离，工具栏中红框内的图标是"在已有洞口插入多个门窗"功能，加红框的参数是连续插入门窗的"个数"。可批量过滤删除门窗。

图14-2-1 创建"普通门"对话框

2. 普通窗

其特性和普通门类似，其参数如图14-2-2所示，比普通门多一个"高窗"复选框控件，勾选后按规范图例以虚线表示高窗。

图 14-2-2 创建"普通窗"对话框

3. 门连窗

门连窗是一个门和一个窗的组合，在门窗表中作为单个门窗进行统计，缺点是门的平面图例固定为单扇平开门，需要选择其他图例可以使用组合门窗命令代替，图 14-2-3 为创建"门连窗"对话框。

图 14-2-3 创建"门连窗"对话框

4. 子母门

子母门是两个平开门的组合，在门窗表中作为单个门窗进行统计，缺点同上，优点是参数定义比较简单，如图 14-2-4 所示。

图 14-2-4 创建"子母门"对话框

5. 弧窗

安装在弧墙上，安装有与弧墙具有相同的曲率半径的弧形玻璃。二维用三线或四线表示，缺省的三维为一弧形玻璃加四周边框，弧窗的参数如图 14-2-5 所示。用户可以用【窗棂展开】与【窗棂映射】命令来添加更多的窗棂分格。

图 14-2-5 创建"弧窗"对话框

210

6. 凸窗

凸窗即外飘窗。二维视图依据用户的选定参数确定，对话框如图 14-2-6 所示。默认的三维视图包括窗楣与窗台板、窗框和玻璃。对于楼板挑出的落地凸窗和封闭阳台，平面图应该使用带形窗来实现。

矩形凸窗还可以设置两侧是玻璃还是挡板，侧面碰墙时自动被剪裁，获得正确的平面图效果，挡板厚度可在特性栏中修改，挡板是否绘制保温层可以在高级选项中设置。支持修改无挡板凸窗窗台板从洞口往两侧延伸的宽度尺寸，选中已经绘制的凸窗（可一次选中多个一起修改）后，在特性栏中修改"两侧窗台板延伸"数值即可，默认是 120。

图 14-2-6 创建"凸窗"对话框

7. 洞口

洞口包括矩形洞口和圆形洞口两种，墙上的洞口，可以穿透墙体，也可以不穿透墙体，有多种二维形式可选，还提供了绘制不穿透墙体的洞口的勾选项，如图 14-2-7 所示。

图 14-2-7 "洞口"穿透墙体

洞口与普通门一样，可以在上图的形式上添加门口线，图 14-2-8 所示是不穿透墙体的情况。

图 14-2-8 "洞口"不穿透墙体

8. 组合门窗

把已经插入的两个以上普通门和（或）窗的组合为一个对象，作为单个门窗对象统计，优点是组合门窗各个成员的平面立面都可以由用户单独控制。

9. 转角窗

跨越两段相邻转角墙体的普通窗或凸窗。二维用三线或四线表示（当前比例小于规定界限时按三线表示，详见玻璃幕墙与示意幕墙的关系一节），三维视图有窗框和玻璃，可在特性栏设置为转角洞口，角凸窗还有窗楣和窗台板，侧面碰墙时自动剪裁，获得正确的平面图效果。

10. 带形窗

带形窗是跨越多段墙体的多扇普通窗的组合，各扇窗共享一个编号，它没有凸窗特性，其他和转角窗相同。

11. 门窗编号

门窗编号用来标识尺寸相同、材料与工艺相同的门窗，门窗编号是对象的文字属性，在插入门窗时键入创建或【门窗编号】命令自动生成，可通过在位编辑修改。

系统在插门窗或修改编号时在同一 DWG 范围内检查同一编号的门窗洞口尺寸和外观应相同，【门窗检查】命令可检查同一工程中门窗编号是否满足这一规定。

12. 高窗和上层窗

高窗和上层窗是门窗的一个属性，两者都是指在位于平面图默认剖切平面以上的窗户。两者区别是高窗用虚线表示二维视图，而上层窗没有二维视图，只提供门窗编号，表示该处存在另一扇（等宽）窗，但存在三维视图，用于生成立面和剖面图中的窗。

天正建筑中的平面门窗是基于图块插入的，但是它们与普通图块的构造方法不同，需要使用专门的图块入库工具，详见门窗库一节。

14.2.2 门窗的创建

门窗是天正建筑软件中的核心对象之一，类型和形式非常丰富，然而大部分门窗都使用矩形的标准洞口，并且在一段墙或多段相邻墙内连续插入，规律十分明显。创建这类门窗，就是要在墙上确定门窗的位置。

本命令提供了多种定位方式，以便用户快速在墙内确定门窗的位置，支持动态输入方式。在拖动定位门窗的过程中按〈Tab〉键可切换门窗定位的当前距离参数，键盘直接输入数据进行定位，适用于在各种门窗定位方式中混合使用。

1. 门窗

使用本命令可以创建普通门、普通窗、弧窗、凸窗和洞口等门窗类型，支持智能门窗插入功能，方便快速插入门窗，且提供批量过滤删除门窗的功能。选择"依据点取位置两侧的轴线进行等分插入"和"轴线定距插入"这两种方式插入门窗时，可以识别外部参照以及块参照中的轴线，受高级选择中参照设置的控制。

在上一节已经介绍了各种门窗的特点，本节以普通门为例，对门窗的创建方法做深入的介绍。

调用【门窗】命令的方法如下。

1）菜单栏：【门窗】→【门窗】。

2）命令行：输入"Mc"。

命令执行后，弹出如图 14-2-9 所示对话框。对话框下有一工具栏，分隔条左边是定位模式和删除图标，右边是门窗类型图标。对话框上是待创建门窗的参数，由于门窗界面是无模式对话框,单击工具栏图标选择门窗类型以及定位模式后,即可按命令行提示进行交互插入门窗,自动编号功能可从编号列表中选择"自动编号",会按洞口尺寸自动给出门窗编号。

【构件库】中可以保存已经设置参数的门窗对象,在门窗对话框中最右边的图标是打开构件库,从库中获得入库的门窗,高、宽按构件库保存的参数,窗台和门槛高按当前值不变。

本命令可创建普通门、普通窗、门连窗、子母门、弧窗、凸窗和洞口,下面主要对绘制门窗界面中一些功能进行介绍。

图 14-2-9　创建"门窗"对话框

1) 自由插入

可在墙段的任意位置插入,速度虽快,但不易准确定位,通常用在方案设计阶段,图标位置如图 14-2-10 所示。以墙中线分界内、外,移动光标,可控制内、外开启方向,按 Shift 键控制左、右开启方向,点击墙体后,门窗的位置和开启方向就完全确定了。

图 14-2-10　"自由插入"按钮位置

2) 顺序插入

以距离点取位置较近的墙边端点或基线端为起点,按给定距离插入选定的门窗,图标位置如图 14-2-11 所示。此后顺着前进方向连续插入,插入过程中可以改变门窗类型和参数。在弧墙顺序插入时,门窗按照墙基线弧长进行定位。

图 14-2-11　"顺序插入"按钮位置

3) 轴线等分插入

将一个或多个门窗等分插入两根轴线间的墙段等分线中间,图标位置如图 14-2-12 所示,如果墙段内没有轴线,则该侧按墙段基线等分插入。支持批量在多个墙体插入门窗的功能。

图 14-2-12　"轴线等分"按钮位置

4）墙段等分插入

与轴线等分插入相似，本命令在一个墙段上按墙体较短的一侧边线，插入若干门窗，按墙段等分，使各门窗之间墙垛的长度相等，如图 14-2-13 所示。支持批量在多个墙体插入门窗的功能。

图 14-2-13　"墙段等分插入"按钮位置

5）垛宽定距插入

系统选取距点取位置最近的墙边线顶点作为参考点，按指定垛宽距离插入门窗，图标位置如图 14-2-14 所示。本命令特别适合插入室内门，以下实例设置垛宽 240，在靠近墙角左侧插入门。

图 14-2-14　"垛宽定距插入"按钮位置

运行命令后，点取参考垛宽一侧的墙段插入门窗，如图 14-2-15 所示。

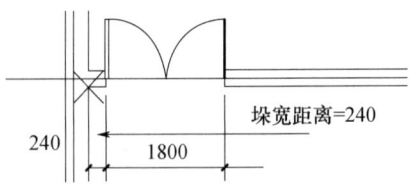

图 14-2-15　"垛宽定距插入"实例

6）轴线定距插入

与垛宽定距插入相似，图标位置如图 14-2-16 所示，系统自动搜索距离点取位置最近的轴线与墙体的交点，将该点作为参考位置按预定距离插入门窗，如图 14-2-17 所示。

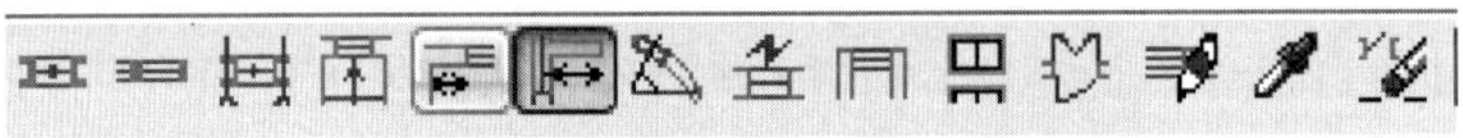

图 14-2-16　"轴线定距插入"按钮位置

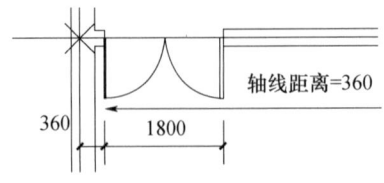

图 14-2-17　"轴线定距插入"实例

7）按角度定位插入

本命令专用于弧墙插入门窗，图标位置如图 14-2-18 所示，按给定角度在弧墙上插入直线形门窗。

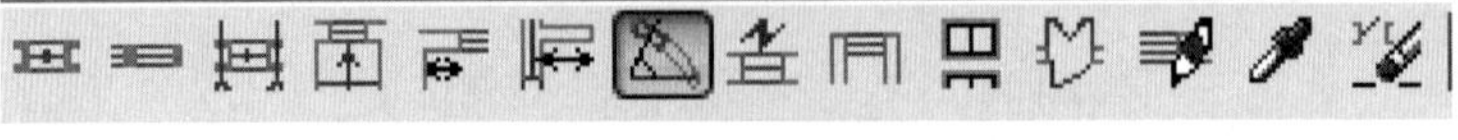

图 14-2-18　"按角度定位插入"按钮位置

8) 智能插入

本命令用于在墙段中按预先定义的规则自动按门窗在墙段中的合理位置插入门窗，可适用于直墙与弧墙，图标位置如图 14-2-19 所示。

图 14-2-19 "智能插入"按钮位置

运行命令后，点取墙段，回车结束。

智能插入门窗的规则是把插入门窗的当前墙段以临时分格线预先分为三段，当门窗在墙中段时自动居中插入，在墙边两段时按当前设置的垛宽定距或者轴线定距插入，在命令行中可选方式，两种插入模式在插入时以临时分格线颜色区别，如图 14-2-20 所示。

注意：当选择轴线定距插入，但当前墙段两端无轴线时，会自动把相交墙的墙基线作为轴线。

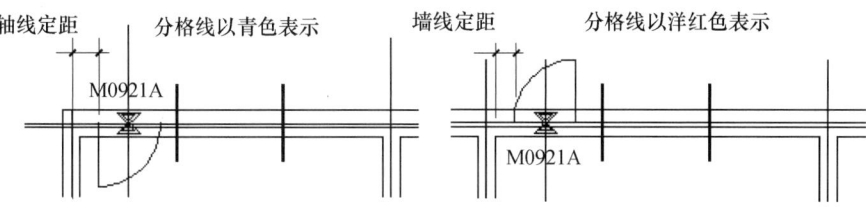

图 14-2-20 "智能插入"图示

9) 满墙插入

门窗在门窗宽度方向上完全充满一段墙，使用这种方式时，图标位置如图 14-2-21，门窗宽度参数由系统自动确定。

图 14-2-21 "满墙插入"按钮位置

10) 插入上层门窗

在同一个墙体已有的门窗上方再加一个宽度相同、高度不同的窗，图标位置如图 14-2-22 所示，这种情况常常出现在高大的厂房外墙中。

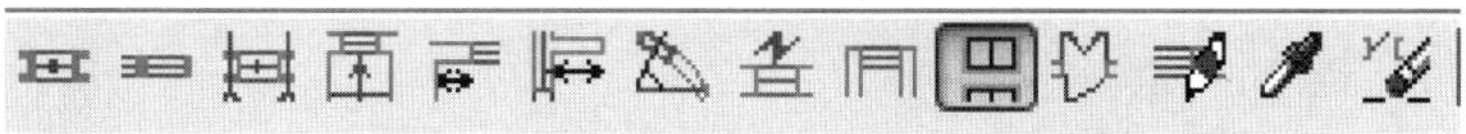

图 14-2-22 "插入上层门窗"按钮位置

先单击"插入上层门窗"图标，然后输入上层窗的编号、窗高和上下层窗间距离。使用本方式时，注意尺寸参数中上层窗的顶标高不能超过墙顶高。

11) 在已有洞口插入多个门窗

在同一个墙体已有的门窗洞口内，再插入其他样式的门窗，常用于防火门、密闭门和户门、车库门中，图标位置如图 14-2-23 所示。

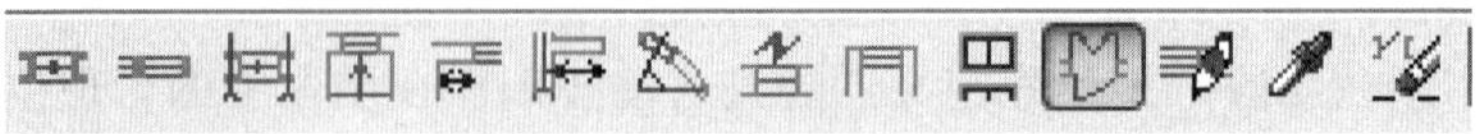

图 14-2-23 "在已有洞口插入多个门窗"按钮位置

12）门窗替换

用于批量修改门窗，包括门窗类型之间的转换。用对话框内的当前参数作为目标参数，图标位置如图 14-2-24 所示，替换图中已经插入的门窗。

图 14-2-24 "门窗替换"按钮位置

13）参数提取

用于查询图中已有门窗对象并将其尺寸参数提取到门窗对话框中的功能，方便在原有门窗尺寸基础上加以修改，图标位置如图 14-2-25 所示。

图 14-2-25 "参数提取"按钮位置

14）删除门窗

用于删除已有门窗，图标位置如图 14-2-26 所示。

图 14-2-26 "删除门窗"按钮位置

2. 组合门窗

本命令不会直接插入一个组合门窗，而是把使用【门窗】命令插入的多个门窗组合为一个整体的"组合门窗"，组合后的门窗按一个门窗编号进行统计，在三维显示时子门窗之间不再有多余的面片；还可以使用构件入库命令把将创建好的常用组合门窗存入构件库，使用时从构件库中直接选取。

调用【组合门窗】命令的方法如下。

1）菜单栏：【门窗】→【组合门窗】。

2）命令行：输入"Zhmc"。

命令执行后，选择各子门窗，确定后即可组合。

组合门窗命令不会自动对各子门窗的高度进行对齐，修改组合门窗时临时分解为子门窗，修改后重新进行组合。本命令用于绘制复杂的门连窗与子母门，简单的情况可直接绘制，不必使用组合门窗命令。

3. 带形窗

本命令创建窗台高与窗高相同，沿墙连续的带形窗对象，按一个门窗编号进行统计，带形窗转角可以被柱子、墙体造型遮挡，也可以跨过多道隔墙（请选择级别低于外墙的材料），带形窗的编号可在【编号设置】命令中设为按顺序或按展开长度编号，展开长度按包括保温层在内的墙中线计算。

调用【带形窗】命令方法如下。

1）菜单栏：【门窗】→【带形窗】。

2）命令行：输入"Dxc"。

实训：带形窗。

1）点取菜单命令后，显示对话框如图 14-2-27 所示。

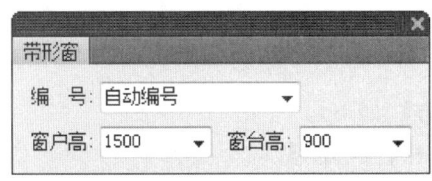

图 14-2-27 "带形窗"对话框

2）在其中输入带形窗参数，命令行提示：

3）起始点或【参考点（R）】〈退出〉：在带形窗开始墙段点取准确的起始位置。

4）终止点或【参考点（R）】〈退出〉：在带形窗结束墙段点取准确的结束位置。

5）选择带形窗经过的墙：选择带形窗经过多个墙段（此时必须逐段选取，不能漏选和错选）。

6）选择带形窗经过的墙：回车结束命令，绘制与标注带形窗如图 14-2-28 所示。

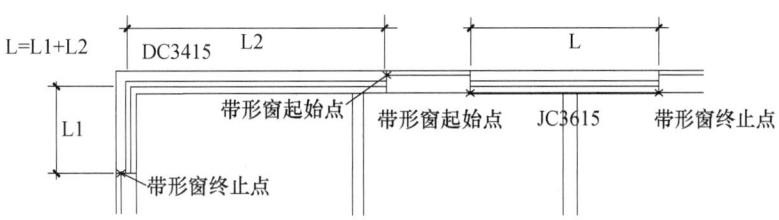

图 14-2-28 "带形窗"实例

4. 转角窗

本命令创建在墙角位置插入窗台高、窗高相同、长度可选的一个角凸窗对象，可输入一个门窗编号。命令中可设角凸窗两侧窗为挡板，挡板厚度参数可以设置，转角窗支持外墙保温层的绘制，如外墙带保温时加转角窗，在挡板外侧会根据天正选项→基本设定的图形设置内容决定是否加保温层。转角凸窗两边的出挑长可以不一样，还可以绘制一边出挑为 0 的角凸窗。

调用【转角窗】命令的方法如下。

1）菜单栏：【门窗】→【转角窗】。

2）命令行：输入"Zjc"。

点取菜单命令后，显示如图 14-2-29 所示的对话框，在对话框中按设计要求选择转角窗的三种类型：角窗、角凸窗与落地的角凸窗。

5. 异形洞

本命令在直墙面上按给定的闭合 PLINE 轮廓线生成任意形状的洞口，平面图例与矩形洞相同。建议先将屏幕设为两个或更多视口，分别显示平面和正立面，然后用【墙面 UCS】命令把墙面转为立面 UCS，在立面用闭合多段线画出洞口轮廓线，最后使用本命令创建异形洞。注意本命令不适用于弧墙。

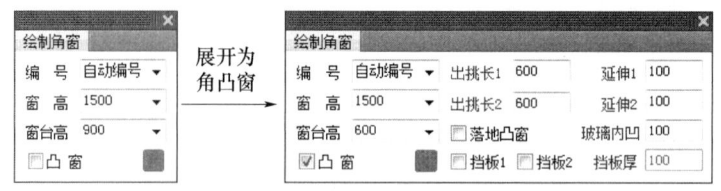

图 14-2-29 "转角窗"对话框

调用【异形洞】命令方法如下。
1）菜单栏：【门窗】→【异形洞】。
2）命令行：输入"YXd"。
实训：异形洞。
1）点取菜单命令后，命令行提示——请点取墙体一侧：点取平面视图中开洞墙段，当洞口不穿透墙体时，点取开口一侧。
2）选择墙面上的多段线作为洞口轮廓线：光标移至对应立面视口中，点取洞口轮廓线。
3）显示如图 14-2-30 所示的对话框。

图 14-2-30 "异形洞"对话框

4）在其中单击图形切换表示洞口的图例，或者勾选"穿透墙体"后，输入洞深参数，单击"确定"按钮完成异形洞的绘制。

14.2.3 门窗的标号和门窗表

1. 编号设置

本命令除了可设置普通门窗自动编号时的编号规则外，还可根据不同设计单位的需要，对转角窗窗宽的计算位置提供多种设置，对门窗编号规则是否按尺寸四舍五入也可进行设置。

调用【编号设置】命令的方法如下。
1）菜单栏：【门窗】→【编号设置】。
2）命令行：输入"Bhsz"。
点取菜单命令后，显示如图 14-2-31 所示的对话框。

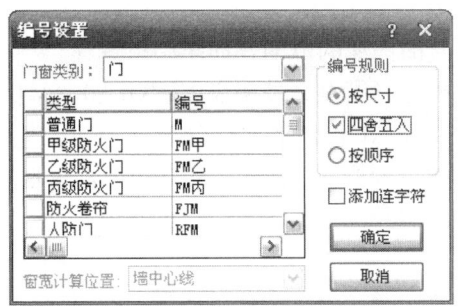

图 14-2-31 "编号设置"对话框

在对话框中已经按最常用的门窗编号规则加入了默认的编号设置，用户可以根据单位和项目的需要增添自己的编号规则，单击"确认"按钮完成设置。

勾选"四舍五入"，门窗按尺寸自动编号时自动按门窗宽、高的首两位数值编号，在首两位取值时考虑后两位的进位，按四舍五入处理。

应用示例：对应宽 1050、高 1950 的门窗，作四舍五入，按尺寸自动编号的结果是 M1120。

不勾选"四舍五入"一项，门窗按尺寸自动编号时自动按门窗宽高的首两位数值编号，在首两位取值时不考虑后两位的进位，后两位数值会被直接舍去。

2. 门窗编号

本命令生成或者修改门窗编号，根据普通门窗的门洞尺寸大小编号，可以删除（隐去）已经编号的门窗，转角窗和带形窗按默认规则编号，使用"自动编号"选项，可以不需要样板门窗，键入 S 直接按照洞口尺寸自动编号。

如果改编号的范围内门窗还没有编号，则会出现选择要修改编号的样板门窗的提示，本命令每一次执行只能对同一种门窗进行编号。因此只能选择一个门窗作为样板，多选后会要求逐个确认，与这个门窗参数相同的编为同一个号。如果以前这些门窗被编过号，即使用删除编号，也会提供默认的门窗编号值。

调用【门窗编号】命令的方法如下。

1）菜单栏：【门窗】→【门窗编号】。

2）命令行：输入"Mcbh"。

运行点取菜单命令后，可分为对没有编号及有编号门窗两类型的编号方式。

1）对没有编号的门窗自动编号。

（1）请选择需要改编号的门窗的范围：用 AutoCAD 的任何选择方式选取门窗编号范围。

（2）请选择需要改编号的门窗的范围：按回车键结束选择。

（3）请选择需要修改编号的样板门窗或【自动编号（S）】：指定某一个门窗作为样板门窗，与其同尺寸和类型的门窗编号相同或者键入 S 自动编号。

（4）请输入新的门窗编号（删除名称请输入 NULL）〈M1521〉：根据门窗洞口尺寸自动按默认规则编号，也可以输入其他编号，如"M1"。

2）对已经编号的门窗重新编号。

（1）请选择需要改编号的门窗的范围：用 Autocad 的任何选择方式选取门窗编号

范围。

（2）请选择需要改编号的门窗的范围：回车结束选择。

（3）请输入新的门窗编号（删除编号请输入 NULL）〈M1521〉：根据原有门窗编号作为默认值，输入新编号或者 NUL 删除原有编号。

注意：转角窗的默认编号规则为 ZJC1、ZJC2……，带形窗为 DC1、DC2……由用户根据具体情况自行修改。

3. 门窗检查

本命令实现了下面几项功能：门窗检查对话框中的门窗参数与图中的门窗对象可以实现双向的数据交流；可以支持块参照和外部参照（暂不支持嵌套）内部的门窗对象；支持把指定图层的文字当成门窗编号进行检查。在电子表格中可检查当前图和当前工程中已插入的门窗数据是否合理，并可以即时调整图上指定门窗的尺寸。

调用【门窗检查】命令的方法如下：

1）菜单栏：【门窗】→【门窗检查】。

2）命令行：输入"Mcjc"。

点取菜单命令后，显示如图 14-2-32 所示的对话框。

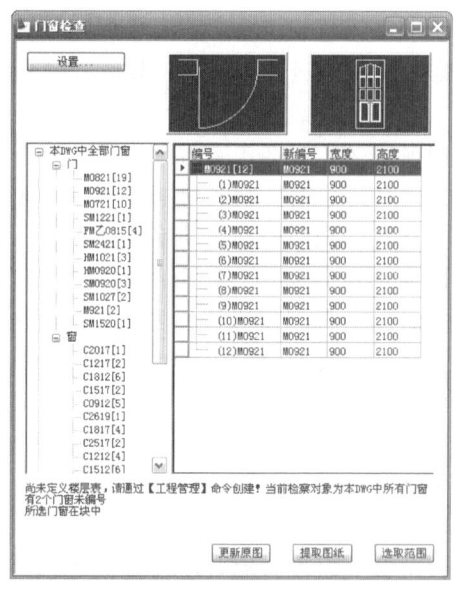

图 14-2-32 "门窗检查"对话框

此时自动会按当前对话框"设置"中的搜索范围，将当前图纸或当前工程中含有的门窗搜索出来，列在右边的表格里面供用户检查，其中普通门窗洞口宽高与编号不一致，同编号的门窗中，二维或三维样式不一致，同编号的凸窗样式或者其他参数（如出挑长等）不一致，都会在表格中显示"冲突"，同时在左边下部显示冲突门窗列表，用户可以选择修改冲突门窗的编号以及二、三维样式，然后单击"更新原图"对图纸中的门窗编号实时进行纠正，然后单击"提取图纸"重新进行检查。

主对话框中的"设置"按钮用于决定检查的范围，单击后进入子对话框如图 14-2-33 所示。

4. 门窗表

本命令统计本图中使用的门窗参数，检查后生成传统样式门窗表或者符合国标《建筑工程设计文件编制深度规定》样式的标准门窗表，天正建筑提供了用户定制门窗表的手段，各设计单位自己可以根据需要定制自己的门窗表格入库，定制本单位的门窗表格样式。

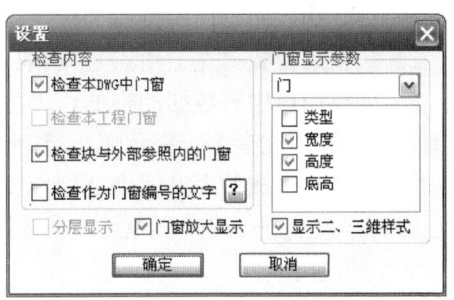

图 14-2-33 "编号设置"对话框

调用【门窗表】命令的方法如下。

1) 菜单栏：【门窗】→【门窗表】。
2) 命令行：输入"Mcb"。

运行【门窗表】命令后，命令行提示。

1) 请选择门窗或【设置（S）】〈退出〉：点选或框选门窗，右键回车退出命令。

2) 请选择门窗：继续选择门窗，回车结束门窗选择。

3) 请点取门窗表位置（左上角点）〈退出〉：点取门窗表的插入位置，右键回车退出命令。

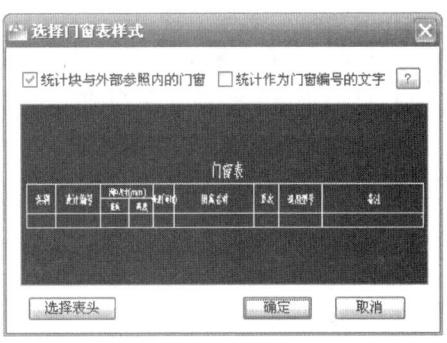

4) 在第一行提示下键入 S 可显示如图 14-2-34 所示门窗表样式对话框，在其中选择其他门窗表表头，勾选"统计作为门窗编号的文字"还可以把在门窗图层里的单行文字作为门窗编号，这些文字的要求详见门窗检查命令。

图 14-2-34 "选择门窗表样式"对话框

5) 单击"从构件库中选择"按钮或者单击门窗表图像预览框，均可进入构件库，如图 14-2-35 所示，选取"门窗表"项下已入库表头，双击选取库内默认的"传统门窗表""标准门窗表"或者本单位的门窗表。

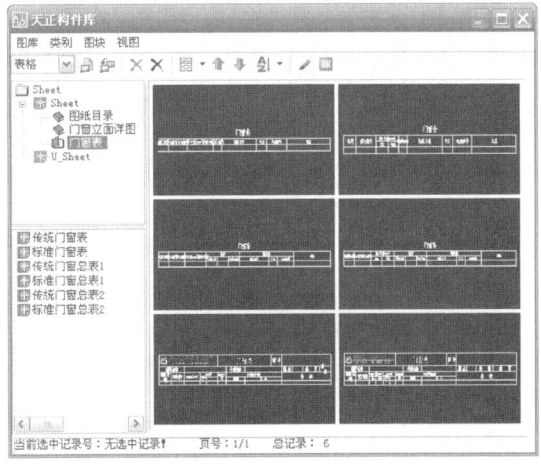

图 14-2-35 "天正构件库"对话框

6）关闭构件库返回后按命令行提示插入门窗表。

7）门窗表位置（左上角点）：点取表格在图上的插入位置。

8）如果门窗中有数据冲突的，程序则自动将冲突的门窗按尺寸大小归到相应的门窗类型中，同时在命令行提示哪个门窗编号参数不一致。

9）如果对生成的表格宽高及标题不满意，可以通过表格编辑或双击表格内容进入在位编辑，直接进行修改，也可以拖动某行到其他位置。

5. 门窗总表

本命令用于统计本工程中多个平面图使用的门窗编号，生成门窗总表，可由用户在当前图上指定各楼层平面所属门窗。适用于在一个 dwg 图形文件上存放多楼层平面图的情况，也可指定分别保存在多个不同 dwg 图形文件上的不同楼层平面。

调用【门窗总表】命令的方法如下。

1）菜单栏：【门窗】→【门窗总表】。

2）命令行：输入"Mczb"。

运行【门窗总表】命令后，其步骤如下：

1）点取菜单命令后，在当前工程打开的情况下，命令行提示：

统计标准层平面图 1 的门窗表……

统计标准层平面图 2 的门窗表……

……

2）请点取门窗表位置（左上角点）或【设置（S）】〈退出〉：提示你拖动给出门窗总表在当前图面的排列位置。

3）需要更改门窗总表样式时，请键入 S，显示"选择门窗表样式"对话框如图 14-2-36 所示。

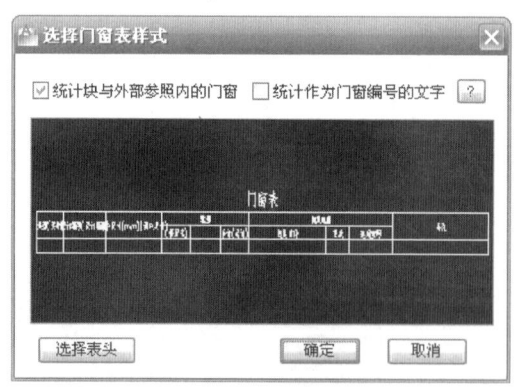

图 14-2-36 "选择门窗表样式"对话框

4）按需要单击"选择表头"按钮，或者单击表格预览图像框进入构件库选取已入库表头，双击选取库内默认的"传统门窗表""标准门窗表"或者本单位的门窗表，随即返回"选择门窗表样式"，单击"确定"，读入当前工程的各平面图的层门窗数据创建门窗总表，命令行提示如下：

统计标准层××××的门窗表……

……

5) 门窗表位置（左上角点）：点取表格在图上的插入位置插入门窗总表。

6) 本命令同样有检查门窗并报告错误的功能，输出时按照国标门窗表的要求，数量为 0 的在表格中以空格表示。

7) 如果需要对门窗总表进行修改，请在插入门窗表后通过表格对象编辑修改。注意由于采用新的自定义表头，不能对表列进行增删，修改表列需要重新制作表头加入门窗表库。

14.2.4 门窗的编辑

普通门、普通窗都有若干个预设好的夹点，拖动夹点时，门窗对象会按预设的行为做出动作，熟练操纵夹点进行编辑是用户应该掌握的高效编辑手段，夹点编辑的缺点是一次只能对一个对象进行操作，而不能一次更新多个对象，为此，系统还提供了各种门窗编辑命令。

1. 门窗的加点编辑

门窗对象提供的编辑夹点功能如图 14-2-37～图 14-2-39 所示。需要指出的是，部分夹点用 Ctrl 来切换功能。

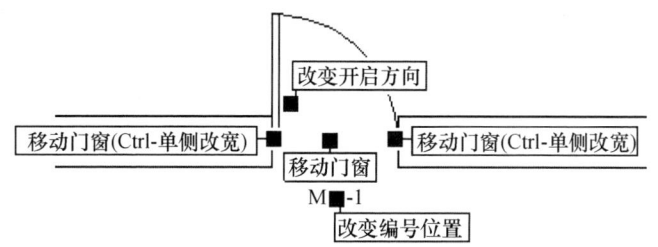

图 14-2-37 普通门的夹点功能

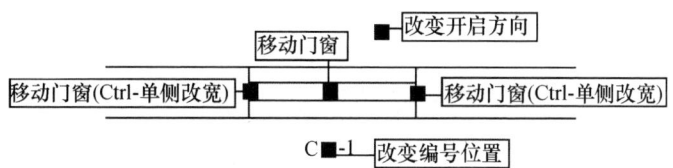

图 14-2-38 普通窗的夹点功能

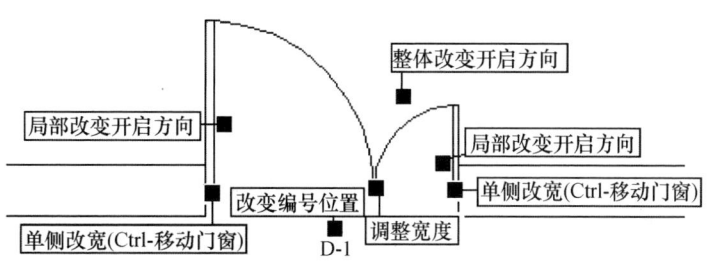

图 14-2-39 组合门窗的夹点功能

2. 对象编辑与特性编辑

双击门窗对象即可进入"对象编辑"命令对门窗进行参数修改，如图 14-2-40 所示，选择门窗对象右击菜单可以选择"对象编辑"或者"特性编辑",虽然两者都可以用于修改门窗属性,但是"对象编辑"启动了创建门窗的对话框,参数相对比较直观,而且可以替换门窗的外观样式。

门窗对象编辑对话框与插入对话框类似,只是没有了插入或替换的一排图标,支持"单侧改宽"的复选框。

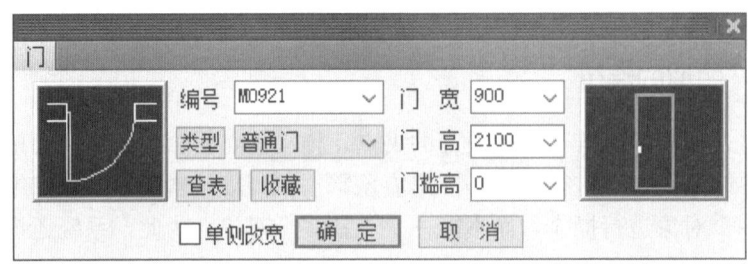

图 14-2-40 门窗"对象编辑"对话框

3. 门窗规整

调整做方案时粗略插入墙上的门窗位置,使其按照指定的规则整理获得正确的门窗位置,以便生成准确的施工图。按轴线居中规整时,可以识别外部参照或块参照中的轴线,受高级选择中参照设置的控制。

调用【门窗规整】命令方法如下:

1)菜单栏:【门窗】→【门窗规整】。

2)命令行:输入"Mcgz"。

实训:门窗规整。

1)点取菜单命令后,显示对话框,按照实际情况,用户可以进行下面多种选择。

2)可勾选"垛宽≤××,规整为0""垛宽≤×××,规整为×××""门窗居中"三项,对话框如图14-2-41所示。

图 14-2-41 "门窗规整"对话框

以上三种情况实际上可以进行组合,遇到符合要求的门窗按该项的要求执行,勾选"垛宽≤……"项时,命令行提示如下:

3)请选择需规整的门窗〈退出〉:右键回车直接退出命令。

4)选择需规整的门窗或【回退(U)】〈退出〉:支持点选和框选操作。

5)选择需规整的门窗后,选中门窗马上按对话框中的设置调整位置,右键回车直接退出命令,实例如图14-2-42所示。

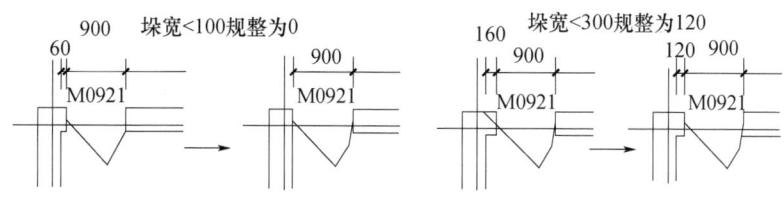

图 14-2-42 "门窗规整"实例 1

6）勾选"门窗居中"一项，"中距"设为 1200，命令行提示如下：

7）请选择需规整的门窗或【指定参考轴线（S）】〈退出〉：框选两个要居中规整的窗。

8）请选择需规整的门窗或【指定参考轴线（S）/回退（U）】〈退出〉：回车结束选择。

程序按门窗所在墙端相邻墙体的位置自动搜索轴线，对搜出来轴线间的门窗按中距进行居中操作，如图 14-2-43 所示。

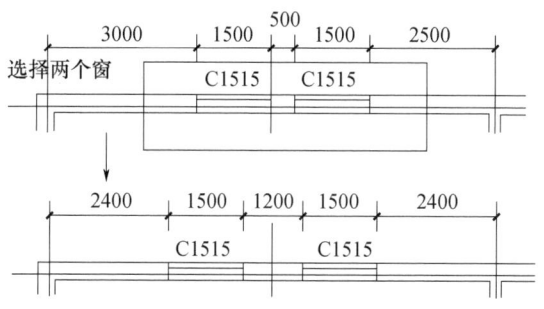

图 14-2-43 "门窗规整"实例 2

程序如果自动识别不出来轴线，则按相邻墙体的墙基线进行居中操作，当键入"S"选项，可以手动选择参考轴线，命令继续提示如下。

第一根轴线：选取第一根轴线。

第二根轴线：选取第二根轴线。

选择完成后，在参考轴线之间的门窗自动按对话框中设置的参数进行居中的操作。参考轴线以外的门窗位置不发生变化。

4. 门窗填墙

选择选中的门窗将其删除，同时将该门窗所在的位置补上指定材料的墙体，适用的门窗支持除带形窗、转角窗和老虎窗以外的其他所有门窗类别。

调用【门窗填墙】命令的方法如下。

1）菜单栏：【门窗】→【门窗填墙】。

2）命令行：输入"Mctq"。

实训：门窗填墙。

点取菜单命令后，命令行提示：

1）请选择需删除的门窗〈退出〉：选择各个要填充为墙体的门窗。

2）请选择需删除的门窗：回车退出选择。

3）请选择需填补的墙体材料：【填充墙（0）/加气块（1）/空心砖（2）/砖墙（3）/无（4）】〈2〉：2 键入 2 回车，将所选门窗改为填充墙并退出命令，如图 14-2-44 所示。

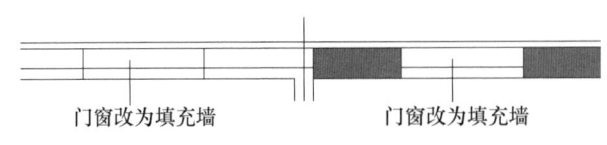

图 14-2-44 "门窗填墙"实例

当门窗填补的墙材料与门窗所在墙体材料相同时，门窗处墙体和门窗所在墙体合并为同一段墙体，本命令执行前后保温层保持不变。

5. 内外翻转

选择需要内外翻转的门窗，统一以墙中为轴线进行翻转，适用于一次处理多个门窗的情况，方向总是与原来相反。

调用【内外翻转】命令的方法如下。

1）菜单栏：【门窗】→【内外翻转】。

2）命令行：输入"Nwfz"。

6. 左右翻转

选择需要左右翻转的门窗，统一以门窗中垂线为轴线进行翻转，适用于一次处理多个门窗的情况，方向总是与原来相反。

调用【左右翻转】命令的方法如下。

1）菜单栏：【门窗】→【左右翻转】。

2）命令行：输入"Zyfz"。

14.2.5 门窗工具

1. 编号复位

本命令把门窗编号恢复到默认位置，特别适用于解决门窗"改变编号位置"夹点与其他夹点重合，而使两者无法分开的问题。

调用【编号复位】命令的方法如下。

1）菜单栏：【门窗】→【门窗工具】→【编号复位】。

2）命令行：输入"Bhfw"。

2. 编号翻转

本命令用于对门窗编号进行翻转操作。

调用【编号翻转】命令方法如下：

1）菜单栏：【门窗】→【门窗工具】→【编号翻转】。

2）命令行：输入"Bhfz"。

3. 编号后缀

本命令把选定的一批门窗编号添加指定的后缀，适用于对称的门窗在编号后增加"反"缀号的情况，添加后缀的门窗与原门窗独立编号。

调用【编号后缀】命令的方法如下。

1）菜单栏：【门窗】→【门窗工具】→【编号后缀】。

2）命令行：输入"Bhhz"。

4.门窗库

本命令把门窗对话框中的三级对话框"常用门窗库"单独提出来做一个命令，对常用门窗进行收藏和管理。

调用【门窗库】命令的方法如下。

1）菜单栏：【门窗】→【门窗工具】→【门窗库】。

2）命令行：输入"Mck"。

点取菜单命令后，显示如图 14-2-45 所示的对话框：

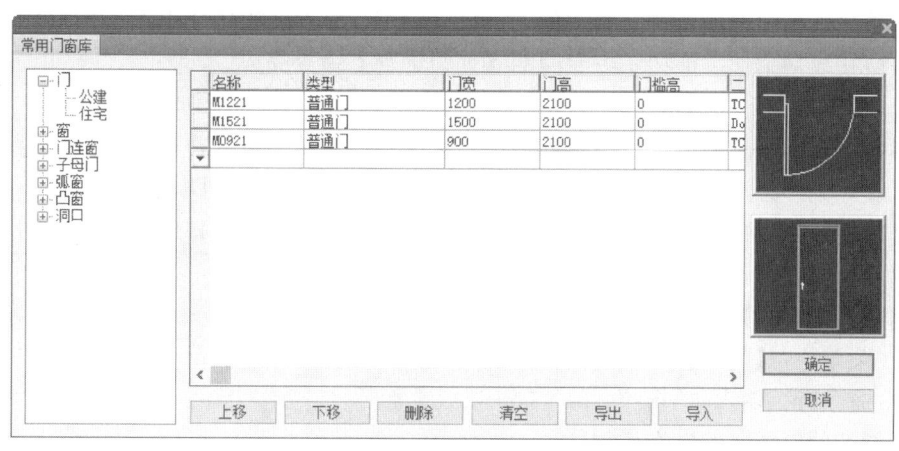

图 14-2-45　"门窗库"对话框

左侧的树状列表，可通过右键菜单进行编辑；右侧门窗列表可直接输入，也可通过门窗命令的收藏按钮，收藏到相应的类别下；上移、下移、删除和清空是对门窗列表进行编辑；右侧的二维和三维门窗样式，可点击图像打开门窗库进行选择。

5.门窗套

本命令在外墙窗或者门连窗两侧添加向外突出的墙垛，三维显示为四周加全门窗框套，其中可单击选项删除添加的门窗套。

调用【门窗套】命令方法如下：

1）菜单栏：【门窗】→【门窗工具】→【门窗套】。

2）命令行：输入"Mct"。

添加"门窗套"的操作步骤如下。

1）点取菜单命令后，显示如图 14-2-46 所示的对话框：

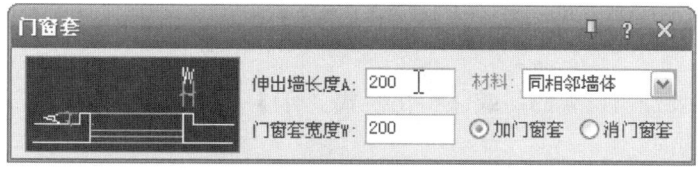

图 14-2-46　"门窗套"对话框

2）在无模式对话框中默认的操作是"加门窗套",可以切换为"消门窗套",材料除了"同相邻墙体"外,还可选择"钢筋混凝土""轻质材料"和"保温材料"。

3）在设置"伸出墙长度"和"门窗套宽度"参数后,移动光标进入绘图区,命令行交互如下。

4）请选择外墙上的门窗：选择要加门窗套的门窗。

5）请选择外墙上的门窗：回车结束选择。

6）点取窗套所在的一侧：给点定义窗套生成侧。

7）消门窗套的命令行交互与加门窗套类似,不再重复。

门窗套是门窗对象的附属特性,可通过特性栏设置"门窗套"的有无和参数；门窗套在加粗墙线和图案填充时与墙一致,如图 14-2-46 所示；此命令不用于内墙门窗,内墙的门窗套线是附加装饰物,由专门的【加装饰套】命令完成。

6. 门口线

本命令在平面图上指定的一个或多个门的某一侧添加门口线,也可以一次为门加双侧门口线,偏移距离用于门口有偏移的门口线,表示门槛或者门两侧地面标高不同,门口线是门的对象属性,因此,门口线会自动随门复制和移动,门口线与开门方向互相独立,改变开门方向不会导致门口线的翻转。

调用【门口线】命令方法如下：

1）菜单栏：【门窗】→【门窗工具】→【门口线】。

2）命令行：输入"Mkx"。

添加"门口线"的操作步骤如下。

1）点取菜单命令后,命令行提示：

2）请选择要加减门口线的门窗或【高级模式(Q)】〈退出〉：以 AutoCAD 选择方式选取要加门口线的门,鼠标右键回车或空格确认选择。

3）请点取门口线所在的一侧〈退出〉：选择墙体一侧,回车执行命令。

4）对已有门口线执行本命令,即可清除本侧或双侧的门口线,可框选多个门一起消除。

5）键入选项 Q,可以进入门口线的高级模式,同时弹出门口线对话框,如图 14-2-47 所示。

图 14-2-47 "门口线"对话框

6）选择需要加门口线的门或【简化模式(Q)】〈退出〉：以 AutoCAD 选择方式选取要加门口线的门。

7）选择需要加门口线的门或【简化模式(Q)】〈退出〉：回车退出选择。

8）请点取门口线所在的一侧〈退出〉：选择墙体一侧,回车执行命令。

9）选取"消门口线"，对话框改为如图 14-2-48 所示的界面。

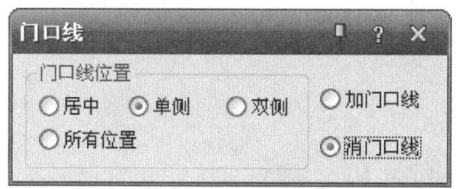

图 14-2-48　"消门口线"对话框

10）对已有门口线执行本命令，即可清除本侧或双侧的门口线，可框选多个门一起消除。

7. 加装饰套

用于添加装饰门窗套线，选择门窗后在装饰套对话框中选择各种装饰风格和参数的装饰套。装饰套细致地描述了门窗附属的三维特征，包括各种门套线与筒子板、檐口板和窗台板的组合，主要用于室内设计的三维建模以及通过立面、剖面模块生成立剖面施工图中的相应部分。如果不要装饰套，可直接删除（Erase）装饰套对象。

调用【加装饰套】命令的方法如下。

1）菜单栏：【门窗】→【门窗工具】→【加装饰套】。

2）命令行：输入"Jzst"。

点取菜单命令后，显示对话框。

加装饰套的对话框参数设置步骤如图 14-2-49 所示。

1）确定门窗套的位置（内侧与外侧）。

2）确定门窗套截面的形式和尺寸参数。

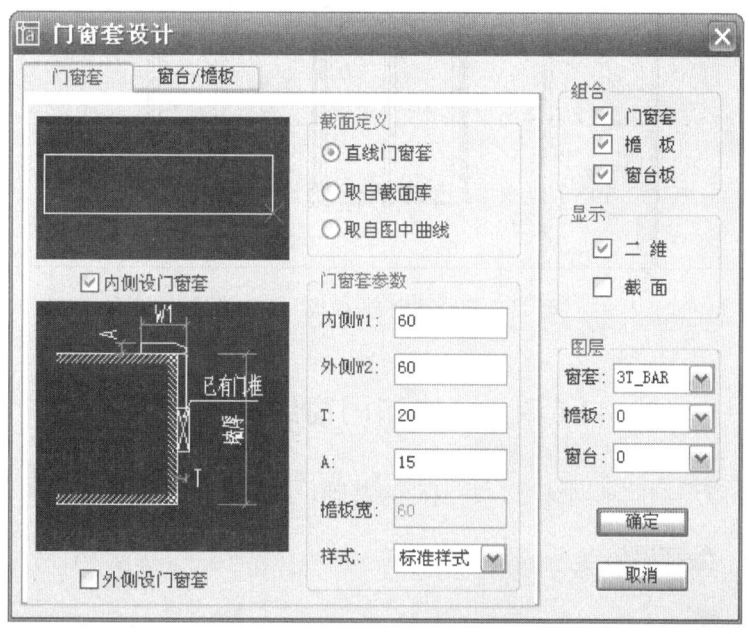

图 14-2-49　"加装饰套"对话框

3)需要"窗台/檐板"时,进入有关选项卡设置参数,如图14-2-50所示。

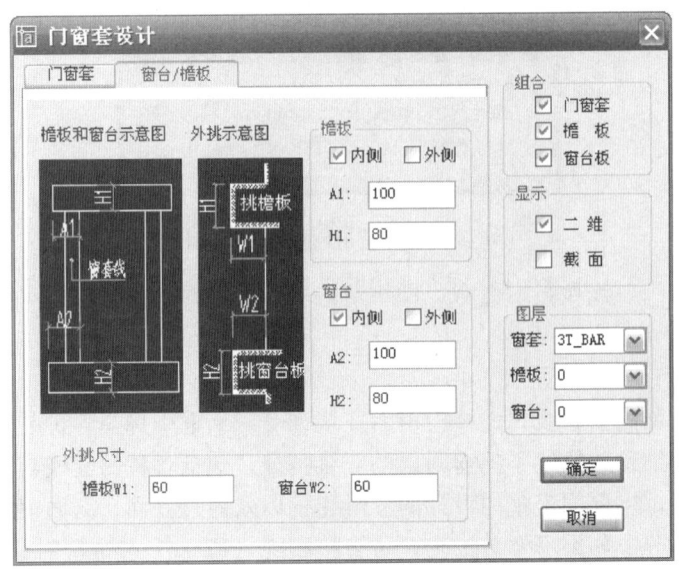

图14-2-50 "窗台/檐板"对话框

4)单击"确定"按钮后进入命令交互:选择需要加门窗套的门窗;点取要加相同门窗套的多个门窗。

5)选择需要加门窗套的门窗;以右击或回车结束命令。

6)点取室内一侧〈退出〉;点取添加装饰套的墙体外皮一侧,随即绘出门窗套;如图14-2-51所示为装饰门套与带窗台板、檐板的窗套。

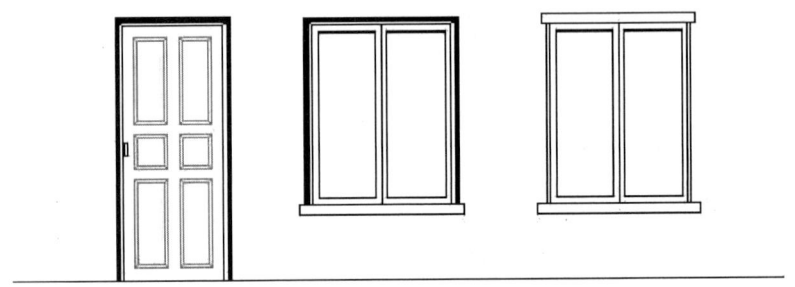

图14-2-51 "窗台/檐板"立面效果

14.3 墙体和门窗绘制实例

打开上一章绘制的轴网练习,并以此为基础,继续绘制墙体和门窗。

14.3.1 绘制墙体

1. 绘制外墙

1)点击【墙体】→【绘制墙体】,在弹出的对话框内,设置参数如图14-3-1所示。

2)鼠标依次捕捉柱子中心并点击创建外墙,如图14-3-2所示。

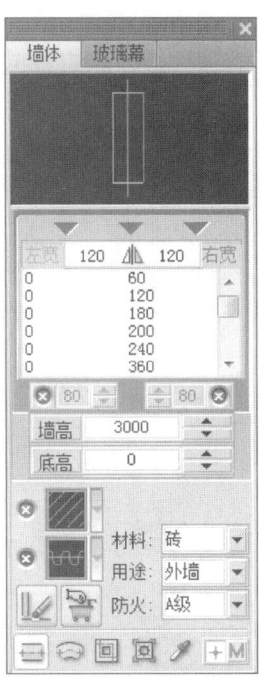

图 14-3-1　绘制外墙参数

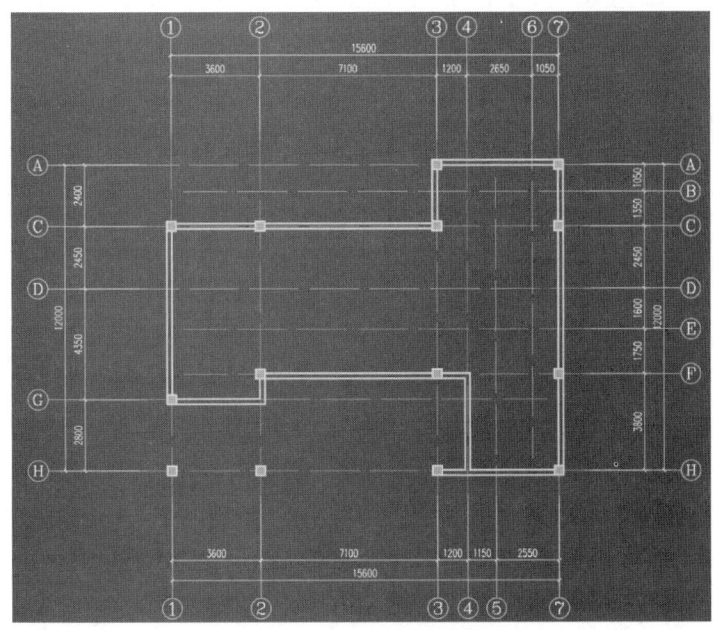

图 14-3-2　绘制外墙

2. 调整外墙位置

为了不让柱子凸出外墙面，可以使用【边线对齐】命令修改外墙位置。方法如下。

1）点击【墙体】→【边线对齐】，命令行提示如下：请点取墙边应通过的点或【参考点（R）】〈退出〉：点击柱子外侧点。

2）请点取一段墙〈退出〉：点击要修改的墙。

3）完成后，该墙体将会移动至与柱子外侧对齐。重复此命令，将所有外墙与柱子外侧对齐。结果如图 14-3-3 所示。

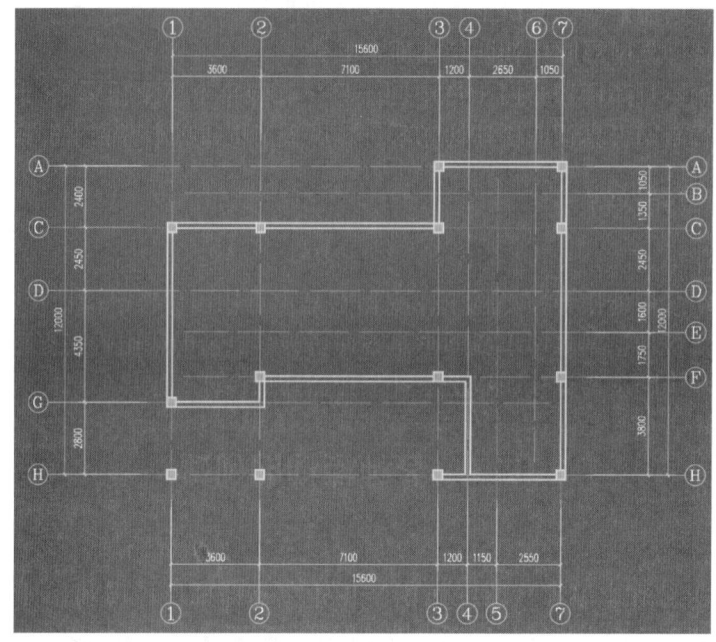

图 14-3-3　外墙外边线与柱子外边线对齐

3. 绘制内墙

点击【墙体】→【绘制墙体】，在弹出的对话框内，将【左宽】和【右宽】参数分别修改为 60，绘制如图 14-3-4 所示的内墙。

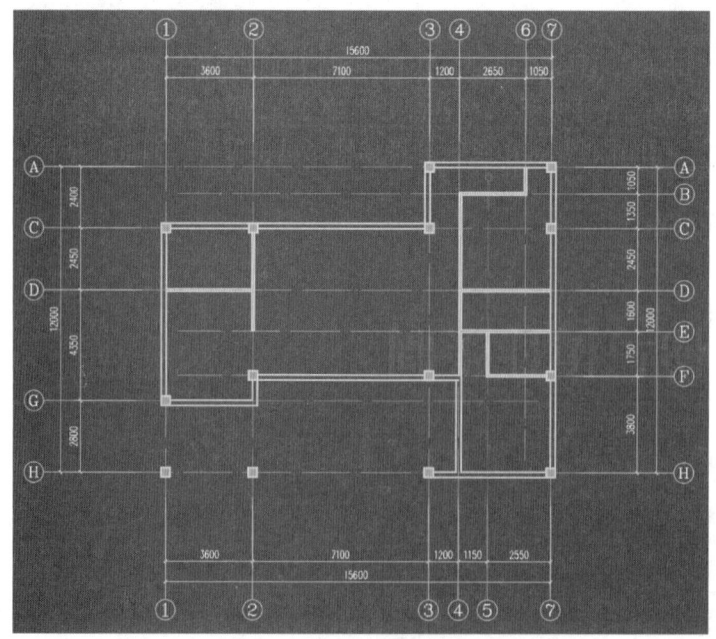

图 14-3-4　绘制内墙

14.3.2 添加门窗

1. 添加门

1)点击【门窗】→【门窗】,以【垛宽定距插入】方式添加大门,门类型选择双扇平开门,门宽为1800,距离为300。参数设置如图14-3-5所示。

图14-3-5 添加别墅大门参数设置

2)点击【门窗】→【门窗】,以【在点取的墙段上等分插入】方式添加后门,门类型选择单扇平开门,门宽为750,距离为0。参数设置如图14-3-6所示。

图14-3-6 添加别墅后门参数设置

3)点击【门窗】→【门窗】,以【垛宽定距插入】方式添加室内房门,门类型选择单扇平开门,门宽为900,距离为100。参数设置如图14-3-7所示。插入后的门选择之后,可以通过夹点的移动调整门的方向。

图14-3-7 添加室内门参数设置

4)点击【门窗】→【门窗】,以【在点取的墙段上等分插入】方式添加厨房推拉门,门类型选择推拉门,门宽为2100,距离为100。参数设置如图14-3-8所示。

图14-3-8 添加厨房推拉参数设置

添加门之后，如图 14-3-9 所示。

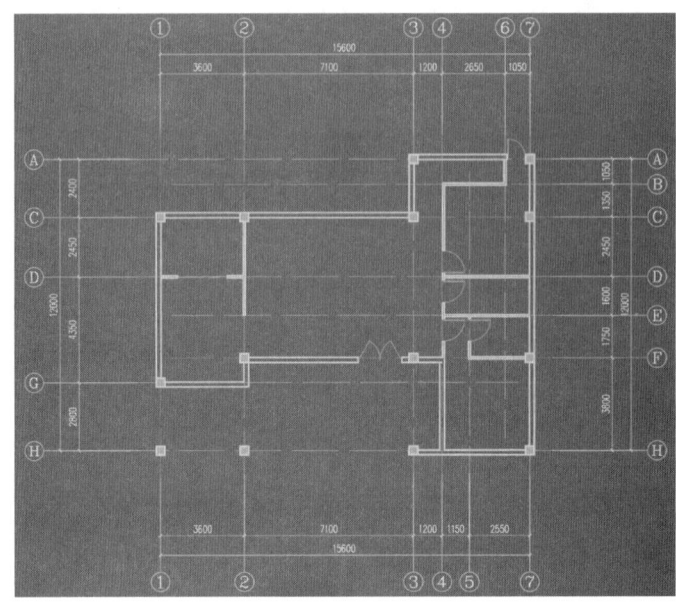

图 14-3-9　添加门

2. 添加窗户

1）点击【门窗】→【门窗】，以【垛宽定距插入】方式添加前厅窗户，窗类型选择"三线表示"，窗宽为 4300，距离为 0。参数设置如图 14-3-10 所示。

图 14-3-10　添加前厅窗户参数

2）点击【门窗】→【门窗】，以【在点取的墙段上等分插入】方式添加左侧两个窗户，窗类型选择"三线表示"，窗宽分别为 1500 和 3000。参数设置如图 14-3-11 所示。

图 14-3-11　添加左侧窗户参数

3）点击【门窗】→【门窗】，以【在点取的墙段上等分插入】方式添加右侧三个窗户，窗类型选择"三线表示"，窗宽分别为 1500、1200、1200。

4）点击【门窗】→【门窗】，以【垛宽定距插入】方式添加前房间窗户，窗类型选择"三线表示"，窗宽为 4300，距离为 0。

窗户添加完成后,效果如图 14-3-12 所示。

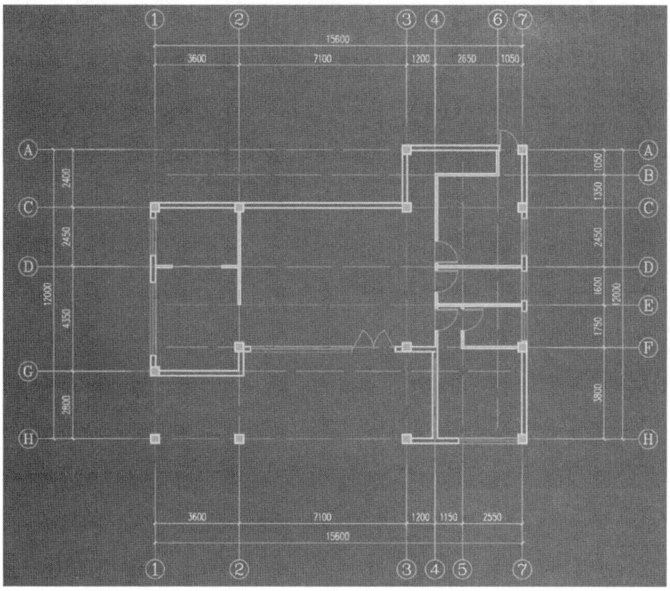

图 14-3-12 添加窗户

3. 生成门窗编号

1) 点击【门窗】→【门窗编号】,命令行提示如下:请选择需要改编号的门窗的范围〈退出〉:框选整个图形。

2) 请选择需要改编号的门窗的范围〈退出〉:回车确定。

3) 请选择需要修改编号的样板门窗或【自动编号(S)】〈退出〉:键入 S。

4) 命令执行后自动给所有门窗编号,效果如图 14-3-13 所示。

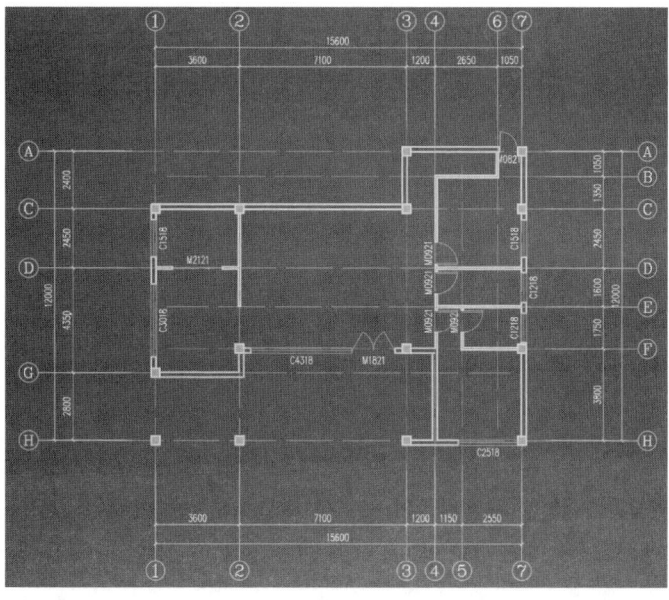

图 14-3-13 门窗编号

4. 生成门窗总表

点击【门窗】→【门窗总表】，然后选择整个图形，回车确认后即可在图中插入统计好数量和规格的门窗总表，如图14-3-14所示。

类型	设计编号	洞口尺寸(mm)	数量	图集名称	页次	选用型号	备注
普通门	M0821	750X2100	1				
	M0921	900X2100	4				
	M1821	1800X2100	1				
	M2121	2100X2100	1				
普通窗	C1218	1200X1800	2				
	C1518	1500X1800	2				
	C2518	2500X1800	1				
	C3018	3000X1800	1				
	C4318	4300X1800	1				

图14-3-14 门窗总表

练习题

1. _____命令可以从直线、圆弧或者轴网创建墙体。
2. 使用插入方式，可以指定最近墙边的距离来插入门窗。

第15章

建筑楼梯与构件绘制

学习指导

主要内容:天正建筑软件中有多种楼梯样式可供选择,如直线梯段、圆弧梯段、双跑楼梯、多跑楼梯、双分平行、双分转角、双分三跑、交叉楼梯、剪刀楼梯、三角楼梯、矩形转角、电梯、自动扶梯等,并且还可以进行其他设施的创建,如阳台、台阶、坡道、散水等。

重点知识:建筑楼梯与构件的绘制方法;建筑楼梯与构件参数的修改。

难点知识:区分各种楼梯类型,了解各种类型楼梯的特点,并选择适用于场地条件的楼梯类型。了解楼梯尺寸的相关规范,各类型楼梯参数面板数值的调节。

学习目标:通过本章的学习,学生应该掌握设计专业所需要的天正软件中建筑楼梯与构件的基础知识和应用技巧,以及本部分的基本绘图命令和编辑命令,了解构件编辑和对象特性编辑等基本方法,能够应用天正建筑软件进行楼梯和构件施工图设计与绘制。

15.1 各种楼梯的创建

一栋建筑物中除了墙体、门窗等之外,还要建造楼梯、阳台、台阶、坡道、散水等室内附属设施。楼梯作为室内主要的垂直交通设施,首要的作用是联系建筑物上层和下层的空间,其次,楼梯作为建筑物主体结构起着承重作用,最后楼梯还起着紧急疏散、美观装饰等功能。

15.1.1 直线楼梯

直线梯段是室内最常见的楼梯样式之一,也是天正建筑中最基本的楼梯样式,属于单跑楼梯的类型。直线楼梯一般不设中间平台,其踏步步数不超过18步,所以一般用于进入楼层不高的室内空间,如阁楼和地下室等。

调取【直线梯段】命令有以下几种方式:

1. 菜单栏:调取【楼梯其他】→【直线梯段】菜单命令。
2. 命令行:在命令行中输入"Zxtd"并按 Enter 键或空格键。

绘制直线梯段时,调取【直线梯段】菜单命令如图 15-1-1 所示,需要设置梯段参数,其中各参数的功能说明如下。

【起始高度】:楼梯的高度以此起算,是相对于本层地表面起算的起始高度,默认值为零。

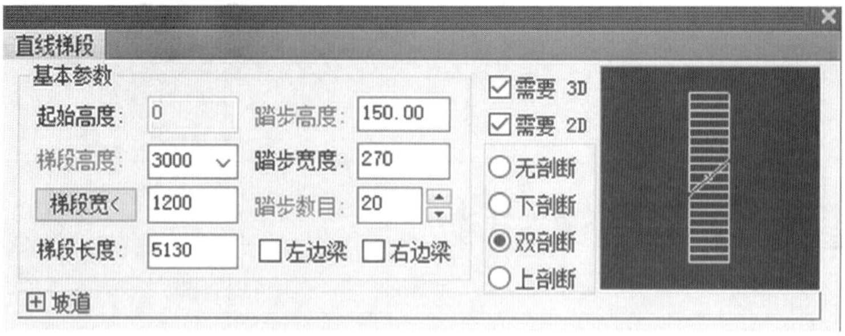

![图 15-1-1 【直线梯段】对话框]

图 15-1-1　【直线梯段】对话框

【梯段高度】：楼梯的垂直高度，梯段高度等于【踏步高度】的总和，更改梯段高度的参数后，【踏步数目】会自动按当前踏步高调整，根据新的【踏步数目】重新计算新的【踏步高度】。

【梯段宽】：梯段的总宽度，一般为能允许两人并排通过的宽度。该参数旁边设有按钮，可以通过在图上点取两点获取楼梯宽度。

【梯段长度】：楼梯的投影长度，等于楼梯的踏步宽度乘以（踏步数目减1）。

【踏步高度】：输入一个大概的踏步高数值，由楼梯高度推算出最接近初值的设计值。由于踏步数目是整数，梯段高度是一个给定的整数，因此，踏步高度并非总是整数。用户给定一个大概的目标值后，系统经过计算确定踏步高的精确值。

【踏步数目】：楼梯台阶的个数，该参数可直接输入或者与【踏步高度】结合进行调整。

【踏步宽度】：楼梯单个踏板的宽度。

【需要 2D/3D】：用来控制是否生成楼梯的二维视图和三维视图，二者必选其一或两者均勾选，三维视图在三维视角才能显示。

【剖断设置】：有无剖断、下剖断、双剖断和上剖断四种设置，如图 15-1-2 所示。无剖断就是只有画踏面，没有画剖断线；下剖断是楼梯下半段保留剖切，去掉上半段；而上剖断相反，剖切掉下半段，保留上半段楼梯；双剖断就是把两个剖断符号都用上，楼梯踏面看起来是完整的，但其实下面的半截楼梯和与之相连的该层往上的那半截楼梯不是同一段楼梯。

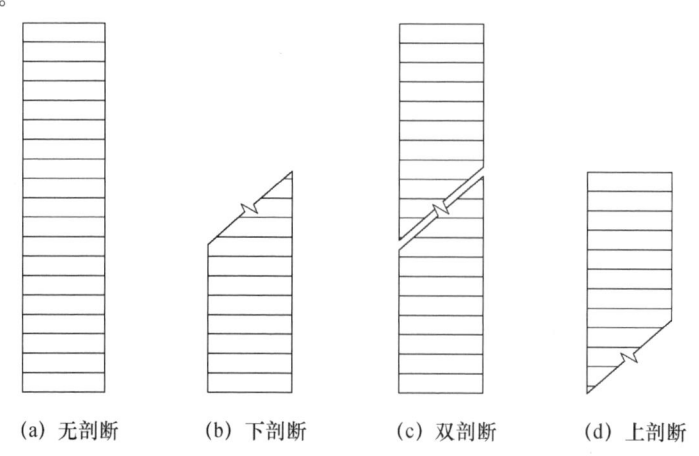

(a) 无剖断　　(b) 下剖断　　(c) 双剖断　　(d) 上剖断

图 15-1-2　剖断设置

【坡道】：勾选此复选框，踏步做防滑条间距，楼梯段按坡道生成。有"加防滑条"和"落地"复选框。

实训：展示直线梯段的创建方法。

1) 如图 15-1-3 所示的室内平面图中的 A 点添加直线梯段。

2) 调取【楼梯其他】→【直线梯段】菜单命令，设置好对话框中的参数。

3) 对话框设施完成过后，在绘图窗口指定插入位置，即可创建出所需要的直线梯段，命令行提示："点取位置或［转 90 度（A）/左右翻（S）/上下翻（D）/对齐（F）/改转角（R）/改基点（T）］（退出）:"。点击 A 点作为直线梯段的插入点，最后创建的直线梯段的结果如图 15-1-4 所示。

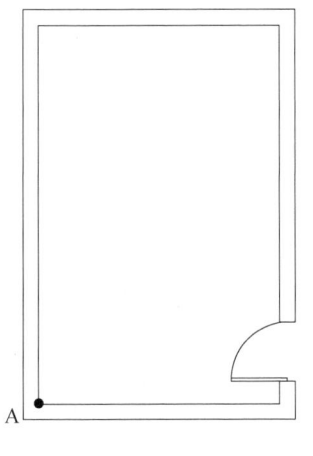
图 15-1-3　室内平面图

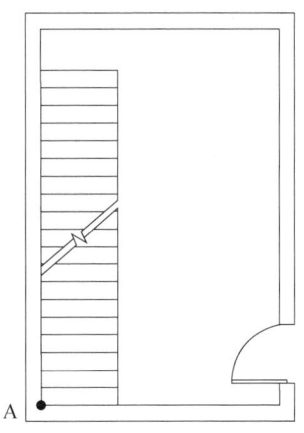
图 15-1-4　直线梯段

4) 直线梯段为自定义对象如图 15-1-5 所示，拖动夹点进行直线梯段的修改。

直线梯段夹点的功能说明如下：

【改梯段宽】：梯段被选中后变亮显示，点取两侧中央夹点即可拖移该梯段改变宽度。

【移动梯段】：在显示的夹点中，居于梯段四个角点的夹点为移动梯段，点取四个中任意一个夹点，即表示以该夹点为基点移动梯段。

【改剖切位置】：在带有剖切线的梯段上，在剖切线的两端还有两个夹点为改剖切位置，可拖移该夹点改变剖切线的角度和位置。

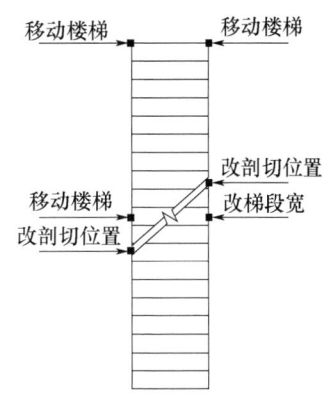
图 15-1-5　直线梯段夹点的功能

15.1.2　圆弧梯段

圆弧梯段命令用于单段弧线形梯段的创建，既适用于单独的圆弧楼梯，也可与直线梯段组合创建复杂楼梯和坡道，如大堂的螺旋楼梯和入口处等。圆弧楼梯的形式较为美观，在居住建筑方面多用于别墅，而在公共建筑，则多用于商场、酒店、咖啡店等。

调取【圆弧梯段】命令有以下几种方式：

1. 菜单栏：调取【楼梯其他】→【圆弧梯段】菜单命令。
2. 命令行：在命令行中输入"Yhtd"并按 Enter 键或空格键。

绘制圆弧楼梯时，调取【圆弧梯段】菜单命令如图 15-1-6 所示，需要设置梯段参数，其中各参数的功能说明如下：

【内圆半径】：圆弧梯段的内圆半径。

【外圆半径】：圆弧梯段的外圆半径。

【起始角】：定位圆弧梯段的起始角位置。

【圆心角】：圆弧梯段的角度，注意进行顺时针和逆时针的选择，值越大，梯段弧线也越长。

【起始高度】：圆弧梯段的高度等于踏步高度的总和。

【梯段宽度】：圆弧梯段的宽度。

【踏步高度】：踏步高度数值。

【踏步数目】：输入的踏步数值，也可通过右侧的微按钮进行数值的输入。

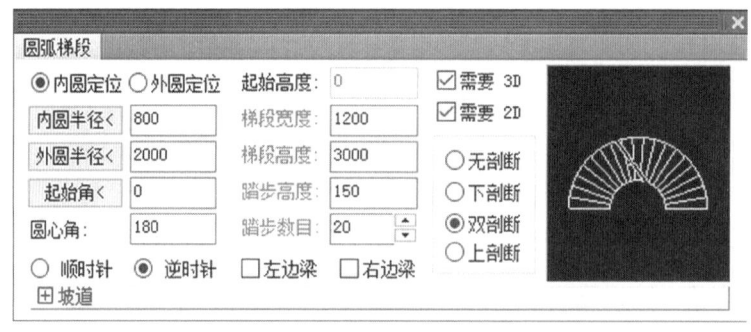

图 15-1-6　【圆弧梯段】对话框

实训：展示圆弧梯段的创建方法。

1) 如图 15-1-7 所示的室内平面图中的 A 点添加圆弧梯段。

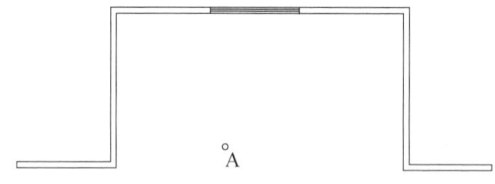

图 15-1-7　室内平面图

2) 调取【楼梯其他】→【圆弧梯段】菜单命令，设置好对话框中的参数。

3) 对话框设置完成过后，在绘图窗口指定插入位置，即可创建出所需要的圆弧梯段，与直线梯段类似，命令行提示："点取位置或［转 90 度（A）/左右翻（S）/上下翻（D）/对齐（F）/改转角（R）/改基点（T）］（退出）:"。点取梯段的插入位置 A 插入圆弧梯段，最后的结果如图 15-1-8 所示。

圆弧梯段为自定义对象如图 15-1-9 所示，拖动夹点进行圆弧梯段的修改，圆弧梯段夹点的功能说明如下：

【改内径】：梯段被选后一般会显示出七个夹点，而有剖断的圆弧地段有九个夹点。

拖动梯段内圆中心的夹点为改内径，即修改该梯段的内圆改变其半径。

【改外径】：在梯段外圆中心的夹点为改外径。点取该夹点，即可拖移该梯段的外圆改变其半径。

【移动梯段】：拖动五个夹点中任意一个，即该夹点为基点移动梯段。

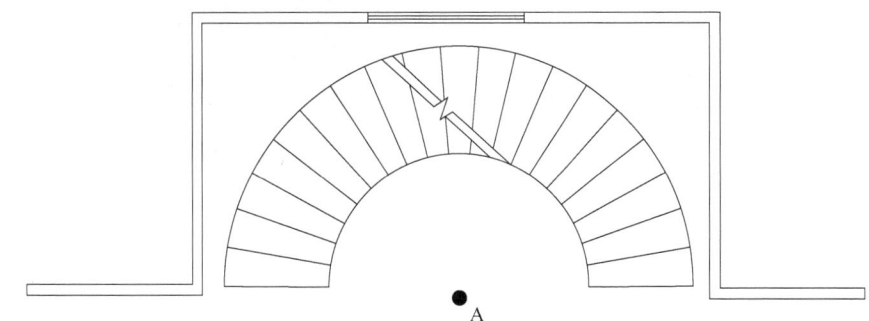

图 15-1-8　圆弧梯段

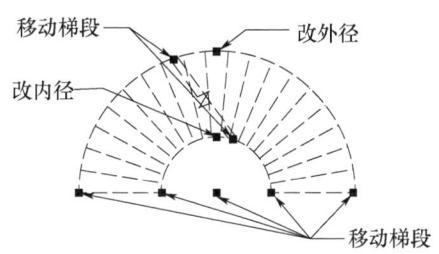

图 15-1-9　圆弧梯段夹点功能

15.1.3　任意梯段

任意梯段以图纸中预先绘制的直线或弧线作为梯段两侧边界，在参数对话框中输入踏步数值，创建符合要求的任意梯段，任意梯段与直线梯段相比，除了两个边线为直线或弧线外，其余参数基本一致。

调取【任意梯段】命令有以下几种方式。

1. 菜单栏：调取【楼梯其他】→【任意梯段】菜单命令。

2. 命令行：在命令行中输入"Rytd"并按 Enter 键或空格键。

实训：展示任意梯段的创建方法。

1）在如图 15-1-10 所示中的平面图 AB 两条边线之间创建任意梯段楼梯。

2）调取【楼梯其他】→【任意梯段】菜单命令，根据命令行的提示，点取梯段左侧边线即 A 线，再点取梯段右侧边线即 B 线。

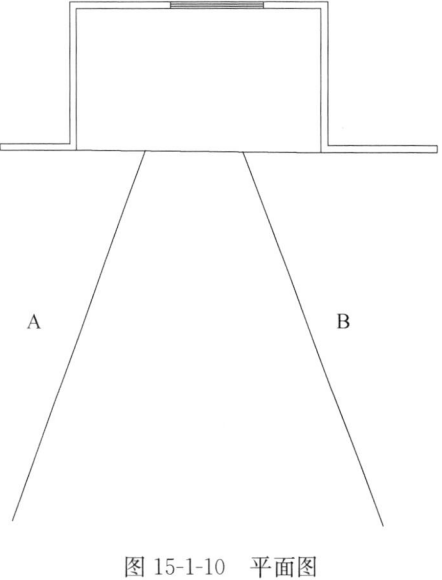

图 15-1-10　平面图

3）随即会出现【任意梯段】对话框如图 15-1-11 所示，根据需求完成各参数的设置。

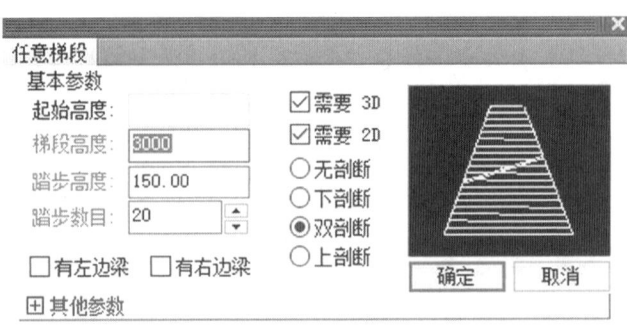

图 15-1-11　任意梯段设置对话框

4）最后点击确定键完成楼梯的创建如图 15-1-12 所示。

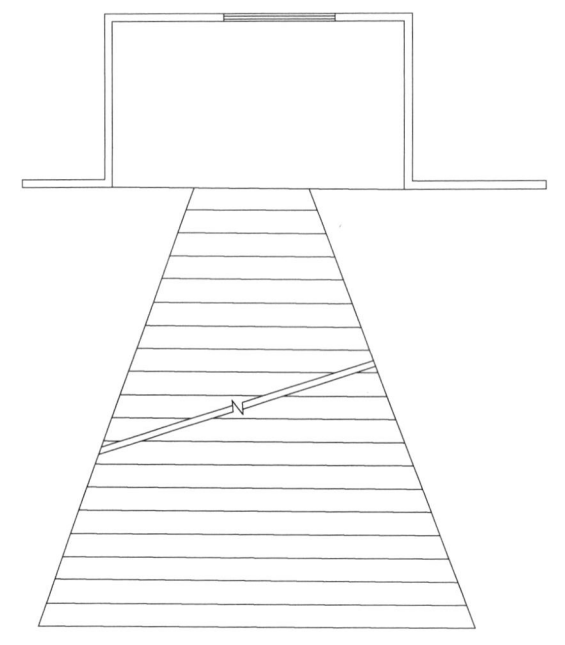

图 15-1-12　任意梯段楼梯

15.1.4　其他楼梯的创建

日常生活中的楼梯形式除了之前讲的常用楼梯外，还有一些其他的楼梯形式，如双分平行楼梯、双分转角楼梯、双分三跑楼梯、交叉楼梯、剪刀楼梯、三角楼梯和矩形转角楼梯等，创建方法没有很大差别，接下来我们对其进行简单的介绍。

1. 双分平行楼梯

【双分平行】全称为平行双分楼梯，这种楼梯是在平行双跑楼梯基础形式上演变而成的。其梯段不仅平行，行走方向也是相反的，并且第一跑在中部上行，在这之后的中间平台处往两边以第一跑的一半梯段宽，各上一层跑到楼层面。通常梯段宽度很大，用于人流量大的地方。【双分平行】造型严谨对称，常用于办公类建筑的主楼梯。

调取【双分平行】命令有以下几种方式：

1）菜单栏：调取【楼梯其他】→【双分平行】菜单命令。

2）命令行：在命令行中输入"Sfpx"并按 Enter 键或空格键。

双分平行楼梯的参数面板如图 15-1-13 所示。

图 15-1-13 【双分平行】对话框

参数面板设置完成后，选取创建位置后即可生成双分平行楼梯，双分平行楼梯平面显示结果如图 15-1-14 所示。

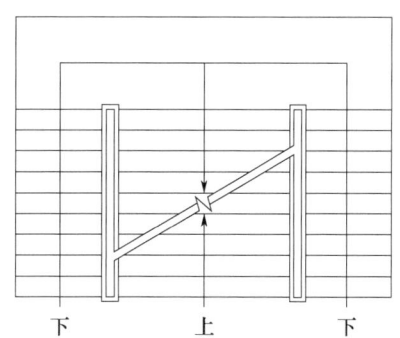

图 15-1-14 【双分平行】平面图

【双分平行】的三维效果图如图 15-1-15 所示。

图 15-1-15 【双分平行】三维效果图

2. 双分转角楼梯

双分转角楼梯又称平行双分楼梯。从形式上看，双分转角楼梯是在平行双跑楼梯的基础上演变而成的，其梯段平行而行走方向相反，且第一跑在中部上行，其后中间平台处往两边以第一跑的二分之一梯段宽，各上一跑到楼层面。双分转角楼梯通常在人流量大、梯段宽度较大时采用。因其造型对称严谨，也常作为办公类建筑的主要楼梯。

调取【双分转角】命令有以下几种方式：

1）菜单栏：调取【楼梯其他】→【双分转角】菜单命令。

2）命令行：在命令行中输入"Sfzj"并按 Enter 键或空格键。

双分转角楼梯的参数面板如图 15-1-16 所示。

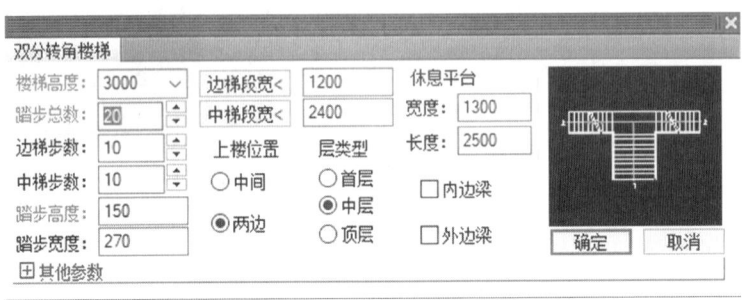

图 15-1-16　【双分转角】对话框

参数面板设置完成后，选取创建位置后即可生成双分转角楼梯，双分转角楼梯平面显示结果如图 15-1-17 所示。

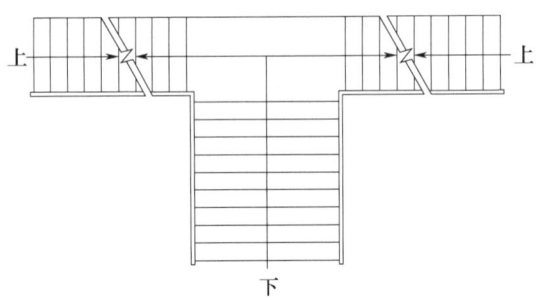

图 15-1-17　【双分转角】平面图

【双分转角】三维效果图如图 15-1-18 所示。

图 15-1-18　【双分转角】三维效果图

3. 双分三跑楼梯

调取【双分三跑】命令有以下几种方式。

1）菜单栏：调取【楼梯其他】→【双分三跑】菜单命令。

2）命令行：在命令行中输入"Sfsp"并按 Enter 键或空格键。

双分三跑楼梯的参数面板如图 15-1-19 所示。

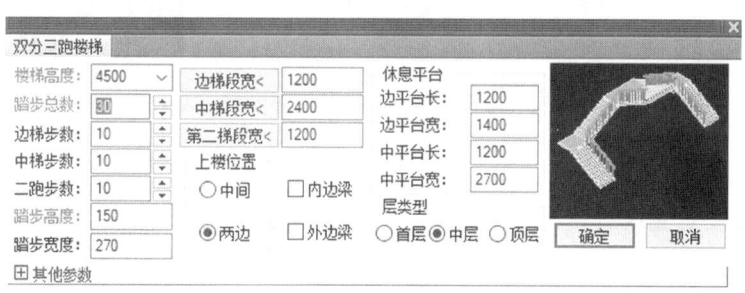

图 15-1-19　【双分三跑】对话框

参数面板设置完成后，选取创建位置后即可生成双分三跑楼梯，双分三跑楼梯平面显示结果如图 15-1-20 所示。

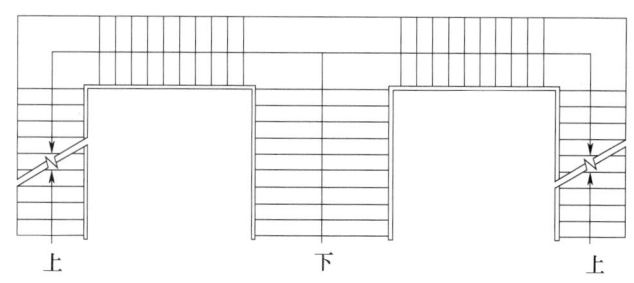

图 15-1-20　【双分三跑】平面图

【双分三跑】三维效果图如图 15-1-21 所示。

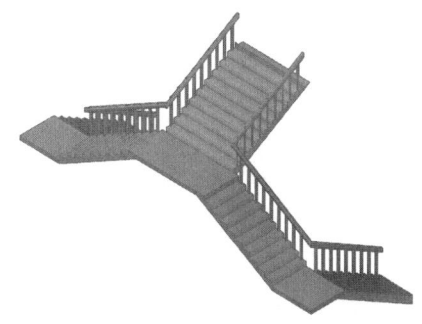

图 15-1-21　【双分三跑】三维效果图

4. 交叉楼梯

调取【交叉楼梯】命令有以下几种方式。

1）菜单栏：调取【楼梯其他】→【交叉楼梯】菜单命令。

2）命令行：在命令行中输入"Jclt"并按 Enter 键或空格键。

交叉楼梯的参数面板如图 15-1-22 所示。

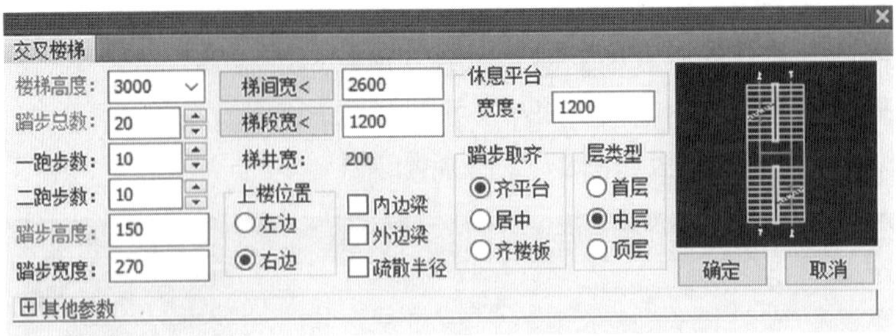

图 15-1-22 【交叉楼梯】对话框

参数面板设置完成后，选取创建位置后即可生成交叉楼梯，交叉楼梯平面显示结果如图 15-1-23 所示。

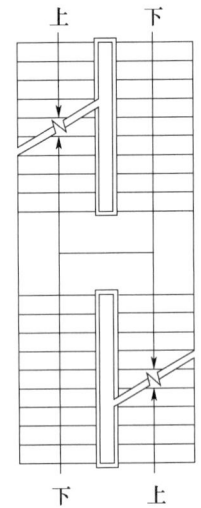

图 15-1-23 【交叉楼梯】平面图

【交叉楼梯】三维效果图如图 15-1-24 所示。

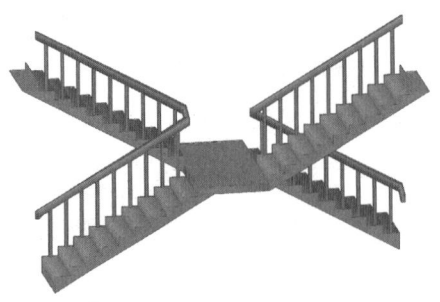

图 15-1-24 【交叉楼梯】三维效果图

5. 剪刀楼梯

剪刀楼梯指每层有两个出入口，实现可上行又可下行的消防楼梯。剪刀楼梯属于特种楼梯，其优点在于输出量倍增，可保证意外发生时的逃生输出量。

调取【剪刀楼梯】命令有以下几种方式。

1) 菜单栏：调取【楼梯其他】→【剪刀楼梯】菜单命令。
2) 命令行：在命令行中输入"Jdlt"并按 Enter 键或空格键。

剪刀楼梯的参数面板如图 15-1-25 所示。

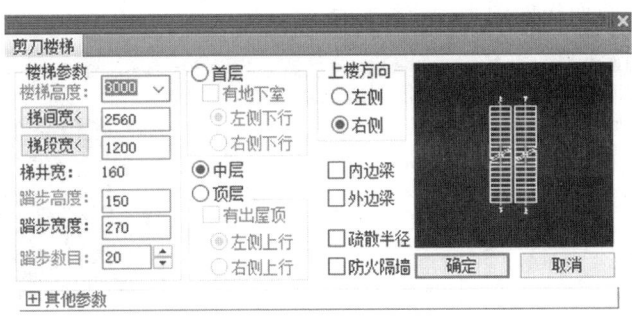

图 15-1-25　【剪刀楼梯】对话框

参数面板设置完成后，选取创建位置后即可生成剪刀楼梯，剪刀楼梯平面显示结果如图 15-1-26 所示。

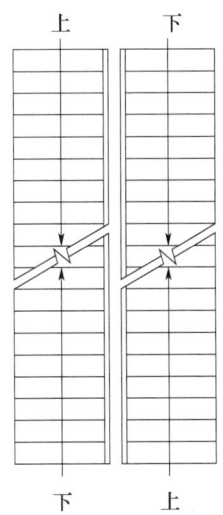

图 15-1-26　【剪刀楼梯】平面图

【剪刀楼梯】三维效果图如图 15-1-27 所示。

图 15-1-27　【剪刀楼梯】三维效果图

6. 三角楼梯

调取【三角楼梯】命令有以下几种方式。

1）菜单栏：调取【楼梯其他】→【三角楼梯】菜单命令。

2）命令行：在命令行中输入"Sjlt"并按 Enter 键或空格键。

三角楼梯的参数面板如图 15-1-28 所示。

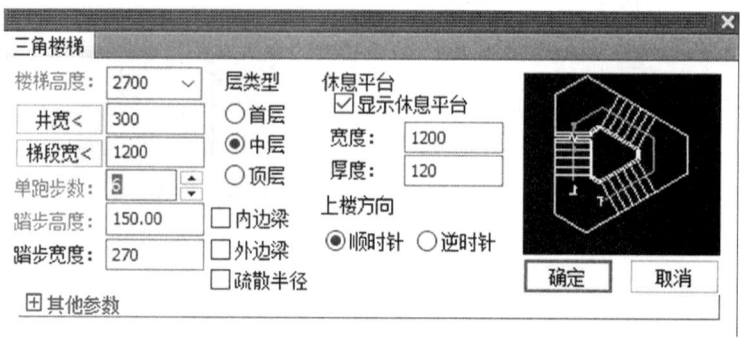

图 15-1-28　【三角楼梯】对话框

参数面板设置完成后，选取创建位置后即可生成三角楼梯，三角楼梯平面显示结果如图 15-1-29 所示。

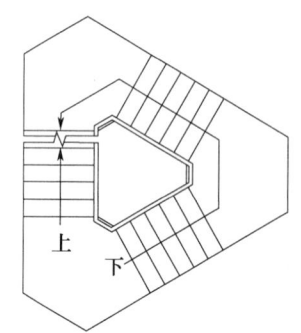

图 15-1-29　【三角楼梯】平面图

【三角楼梯】三维效果图如图 15-1-30 所示。

图 15-1-30　【三角楼梯】三维效果图

7. 矩形转角

调取【矩形转角】命令有以下几种方式。

1）菜单栏：调取【楼梯其他】→【矩形转角】菜单命令。

2）命令行：在命令行中输入"Jxzj"并按 Enter 键或空格键。

矩形转角的参数面板如图 15-1-31 所示。

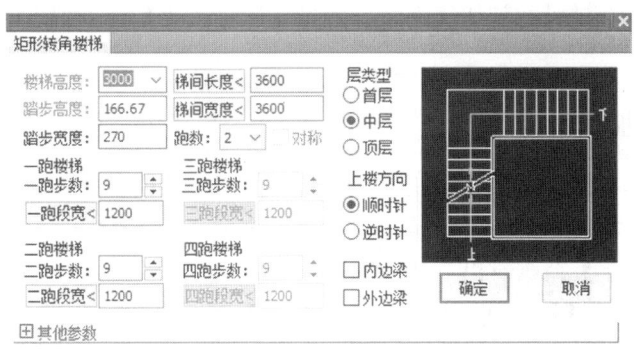

图 15-1-31　【矩形转角】对话框

参数面板设置完成后，选取创建位置后即可生成矩形转角，矩形转角平面显示结果如图 15-1-32 所示。

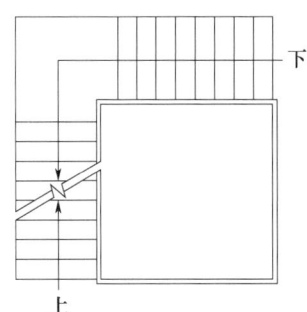

图 15-1-32　【矩形转角】平面图

【矩形转角】三维效果图如图 15-1-33 所示。

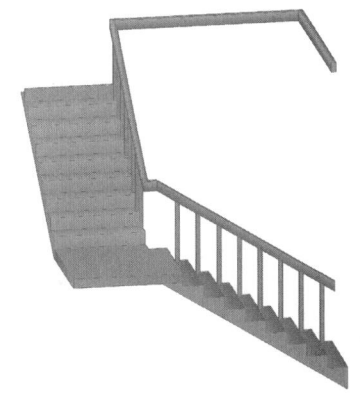

图 15-1-33　【矩形转角】三维效果图

15.2 楼梯扶手与栏杆

很多楼梯都至少有一侧临空，为了上下通行安全，通常添加楼梯扶手构件与梯段配合，扶手作为与梯段配合的构件，与梯段和台阶产生关联。放置在梯段上的扶手，可以遮挡梯段，也可以被梯段的剖切线剖断，通过【连接扶手】命令把不同分段的扶手连接起来。

15.2.1 添加扶手

建筑楼梯同样有附属结构，如扶手和栏杆，使用扶手或者栏杆命令可以方便地进行创建。

调取【添加扶手】命令有以下几种方式。

1. 菜单栏：调取【楼梯其他】→【添加扶手】菜单命令。
2. 命令行：在命令行中输入"Tjfs"并按 Enter 键或空格键。

实训：展示添加扶手的创建方法。

1）在如图 15-2-1 所示的楼梯平面图中添加栏杆。

2）调取【楼梯其他】→【添加扶手】菜单命令，命令行显示"请选择梯段或作为路径的曲线（线/弧/圆/多段线）:"选取边线。

3）命令行显示"扶手距边〈60〉:"修改数值或默认值后点击 Enter 或 space 键位确定。

4）命令行显示"扶手顶面高度〈900〉:"修改数值或默认值后点击 Enter 或 space 键位确定。

5）命令行显示"输入对其方式［中间对齐（M）左边对齐（L）右边对齐（R）］:"根据需要选择对其方式后点击 Enter 或 Space 键位确定，最后结果如图 15-2-2 所示。

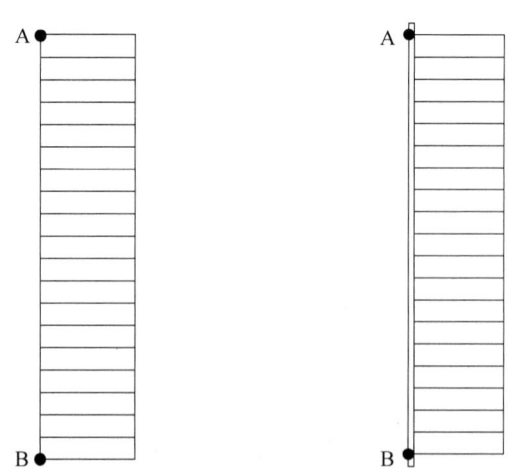

图 15-2-1　楼梯平面图　　图 15-2-2　添加扶手的楼梯平面图

6）双击已创建的扶手可对扶手进行修改，参数面板如图 15-2-3 所示。

图 15-2-3 【扶手】对话框

15.2.2 连接扶手

调取【连接扶手】命令有以下几种方式。

1. 菜单栏：调取【楼梯其他】→【连接扶手】菜单命令。
2. 命令行：在命令行中输入"Ljfs"并按 Enter 键或空格键。

实训：展示添加扶手方法。

1）调取【楼梯其他】→【连接扶手】菜单命令；

2)"选择待连接扶手（注意与顶点顺序一致）"如果出现错误需要双击扶手对扶手的顶点进行更改。

15.2.3 楼梯栏杆

楼梯栏杆是为扶手增加栏杆的方式，主要需要用到【栏杆库】与【路径排列】两个命令。

实训：展示楼梯栏杆的添加方法。

1）在如图 15-2-4 所示的楼梯平面图中添加栏杆。

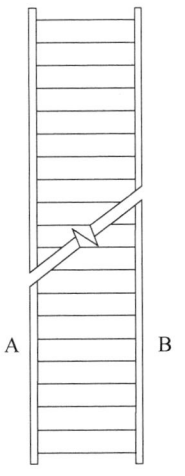

图 15-2-4 【扶手】对话框

2）调取【三维建模】→【造型对象】→【栏杆库】菜单命令，弹出【天正图库管理系统】面板，如图 15-2-5 所示，选择符合要求的栏杆样式后点击确定。

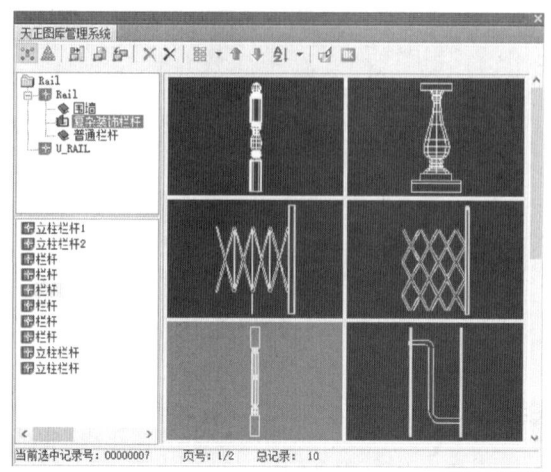

图 15-2-5　【天正图库管理系统】对话框

3）然后会弹出【图块编辑】对话框，如图 15-2-6 所示，调整栏杆的尺寸和角度，如图所示。在楼梯平面图中任意位置选取插入点，完成栏杆的创建。

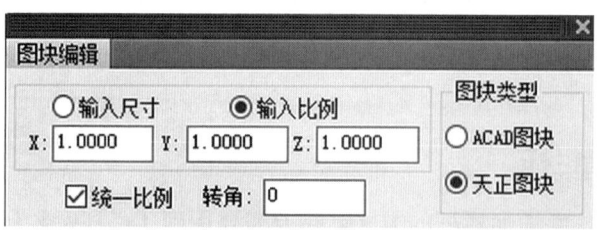

图 15-2-6　【图块编辑】对话框

4）调取【三维建模】→【造型对象】→【路径排列】菜单命令，选取路径曲线后选择栏杆，按 Enter 键确定，随后会弹出【路径排列】对话框，进行参数面板的设置如图 15-2-7 所示。

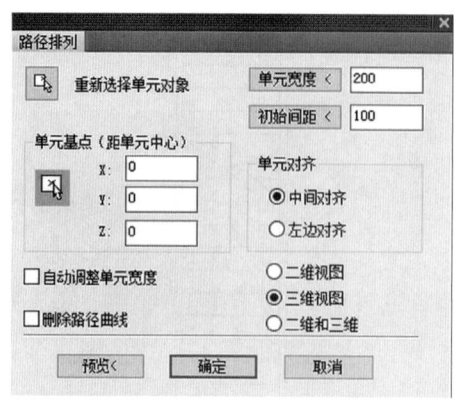

图 15-2-7　【路径排列】对话框

5）完成 A 侧和 B 侧的栏杆布置如图 15-2-8 所示。

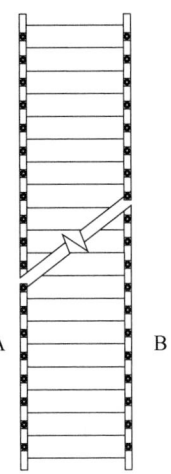

图 15-2-8　添加栏杆的楼梯平面图

15.3　其他设施的创建

15.3.1　电梯

电梯是指服务于建筑物内若干特定的楼层，其轿厢运行在至少两列垂直于水平面或与铅垂线倾斜角小于 15°的刚性轨道运动的永久运输设备。【电梯】命令用来创建电梯平面图形，包括轿厢、平衡块和电梯门。其中轿厢和平衡块是平面对象，电梯门是天正门窗对象。在绘制前，每一个电梯周围必须要有已经由天正墙体创建了的封闭房间作为电梯井，临时加虚墙分隔可以使电梯井贯通多个电梯。

调取【电梯】命令有以下几种方式：

1. 菜单栏：调取【楼梯其他】→【电梯】菜单命令。
2. 命令行：在命令行中输入"Dt"并按 Enter 键或空格键。

电梯的参数面板如图 15-3-1 所示。

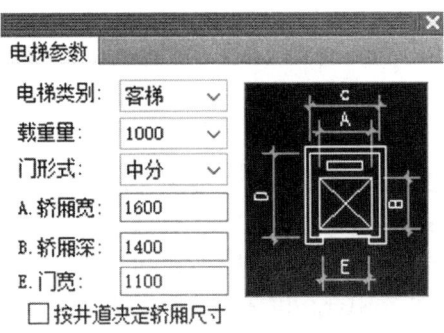

图 15-3-1　【电梯参数】对话框

参数面板设置完成后，选取创建位置后即可生成电梯，电梯平面显示结果如图 15-3-2 所示。

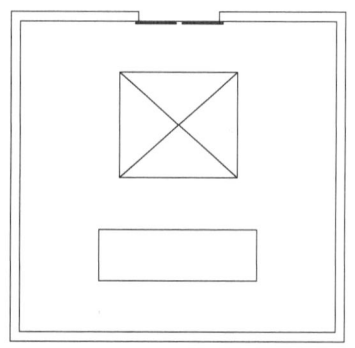

图 15-3-2 【电梯】平面图

调取【自动扶梯】命令有以下几种方式。
1. 菜单栏：调取【楼梯其他】→【自动扶梯】菜单命令。
2. 命令行：在命令行中输入"Zdft"并按 Enter 键或空格键。
自动扶梯的参数面板如图 15-3-3 所示。

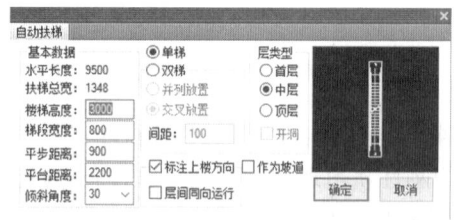

图 15-3-3 【自动扶梯】对话框

参数面板设置完成后，选取创建位置后即可生成自动扶梯，自动扶梯平面显示结果如图 15-3-4 所示。

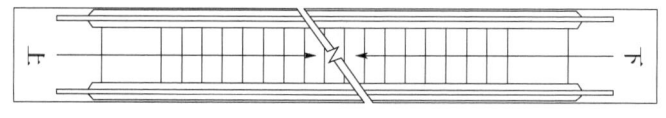

图 15-3-4 【自动扶梯】平面图

15.3.2 阳台

阳台是居住者吸收新鲜空气，进行户外锻炼、晾晒衣物、观赏风景的房屋附带设施，一般有悬挑式、嵌入式和转角式 3 类。【阳台】命令可以使用直接绘制阳台，适用于绘制直线阳台、转角阳台、阴角阳台、凹阳台和其他阳台，或选择利用图中已有的 Pline 线绘制自定义形状的特殊阳台，以任意绘制方式创建阳台。

调取【阳台】命令有以下几种方式：
1. 菜单栏：调取【楼梯其他】→【阳台】菜单命令。
2. 命令行：在命令行中输入"Yt"并按 Enter 键或空格键。

实训：绘制阳台。

1）在如图 15-3-5 所示的室内平面图中绘制阳台。

图 15-3-5　室内平面图

2）调取【楼梯其他】→【阳台】菜单命令，随后会弹出【绘制阳台】对话框，然后进行参数面板的设置，如图 15-3-6 所示。

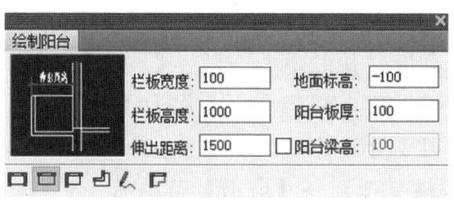

图 15-3-6　【阳台】对话框

3）在绘图窗口选取阳台的起点与终点，创建阳台，结果如图 15-3-7 所示。

图 15-3-7　【阳台】平面图

15.3.3　台阶

台阶一般是指用砖、石、混凝土等筑成的一级一级供人上下的建筑物，多在大门前或坡道上。或在土山坡、岩石或冰坡上凿出的踏脚点。【台阶】命令可以直接绘制台阶或把预先绘制好的 Pline 线转成台阶，如平台已存在，不能由本命令创建，可以第一个台阶踏步作为平台。

调取【台阶】命令有以下几种方式。

1. 菜单栏：调取【楼梯其他】→【台阶】菜单命令。
2. 命令行：在命令行中输入"Tj"并按 Enter 键或空格键。

绘制方式：包括【矩形单面台阶】【矩形三面台阶】【矩形阴角台阶】【弧形台阶】【沿墙偏移绘制】【选择已有路径绘制】【任意绘制】共 7 种绘制方式。

楼梯类型：分为【普通台阶】和【下沉式台阶】两种，前者用于门口高于地坪的情况，后者用于门口低于地坪的情况。

基面定义：可以是【平台面】和【外轮廓面】，后者多用于下沉式台阶。

【台阶】的参数对话框如图 15-3-8 所示。

图 15-3-8　【台阶】对话框

15.3.4　坡道

可以采用坡道来应对高度的变化坡，坡道可以为车辆和残疾人的通行提供便利。坡道是使行人在地面上进行高度转化的重要方法。【坡道】命令可通过参数构造单跑的入口坡道，多跑、曲边与圆弧坡道由楼梯命令中作为"坡道"选项创建。

调取【坡道】命令有以下几种方式。

1. 菜单栏：调取【楼梯其他】→【坡道】菜单命令。

2. 命令行：在命令行中输入"Pd"并按 Enter 键或空格键。

【坡道】的参数对话框如图 15-3-9 所示。

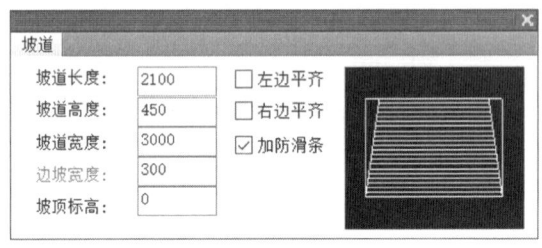

图 15-3-9　【坡道】对话框

【坡道】的绘制结果如图 15-3-10 所示。

图 15-3-10　【坡道】平面图

15.3.5　散水

散水是与外墙垂直交接倾斜的室外地面部分，用以排除雨水，保护墙基免受雨水侵蚀。调用【散水】命令可以自动搜索外墙线，以绘制散水。散水可自动被凸窗、柱子等对象裁剪，也可以通过启用复选框或者对象编辑，使散水绕壁柱、绕落地阳台生成。

调取【散水】命令有以下几种方式。

1. 菜单栏：调取【楼梯其他】→【散水】菜单命令。
2. 命令行：在命令行中输入"Ss"并按 Enter 键或空格键。

实训：绘制散水。

1）在如图 15-3-11 所示的室内平面图中绘制散水。

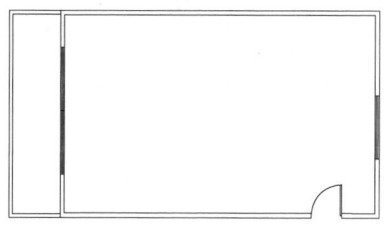

图 15-3-11　室内平面图

2）选择【楼梯其他】→【散水】菜单命令，在弹出的【散水】对话框中设置散水参数如图 15-3-12 所示。

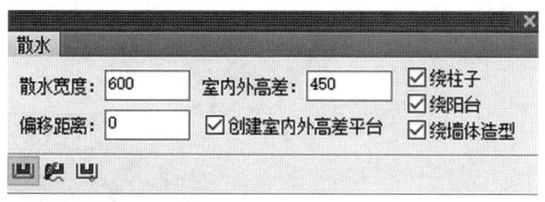

图 15-3-12　【散水】对话框

3）选择构成建筑物的所有墙体（或门窗、阳台），按 Enter 键确定。
4）绘制完成的散水如图 15-3-13 所示。

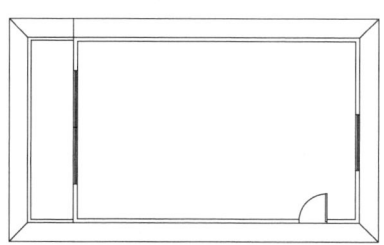

图 15-3-13　【散水】平面图

15.4　实训：别墅楼梯、阳台及散水的绘制

1）打开别墅底图，选择【双跑楼梯】命令，设置【双跑楼梯】参数，在绘图区域添加双跑楼梯，如图 15-4-1 所示。

2）选择【阳台】命令，设置【阳台】参数，在绘图区添加阳台，如图 15-4-2 所示。
3）选择【散水】命令，设置【散水】参数，在绘图区添加散水，如图 15-4-3 所示。

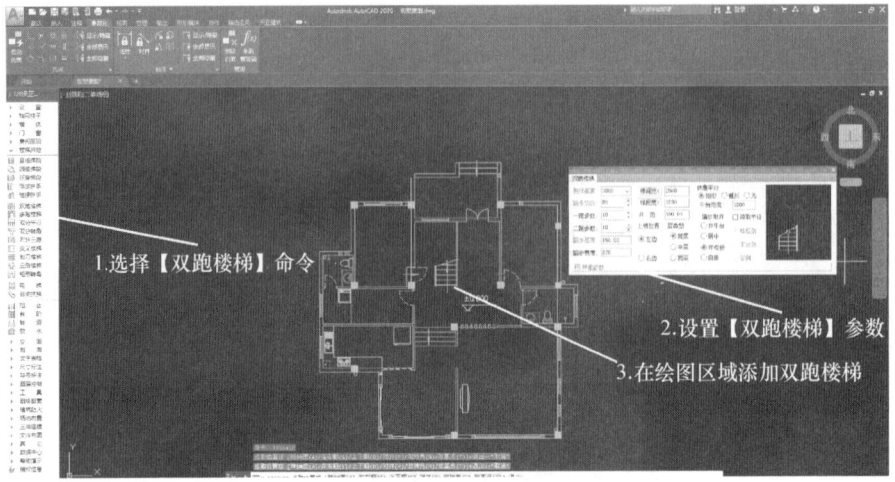

图 15-4-1　添加双跑楼梯

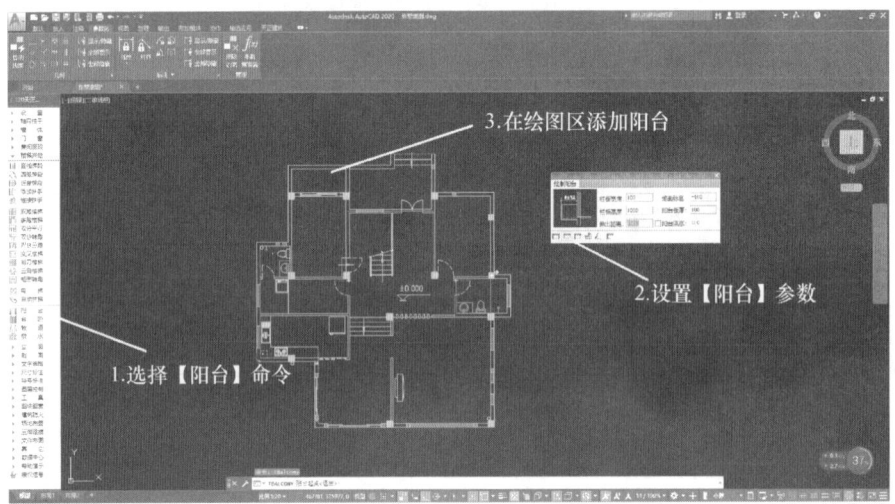

图 15-4-2　添加阳台

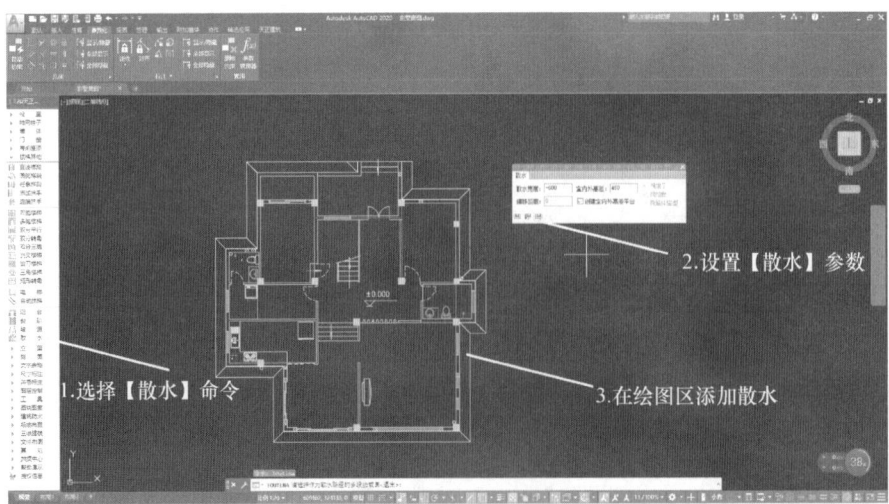

图 15-4-3　添加散水

练习题

1. 楼梯由哪几部分组成？
2. 天正建筑主要能够绘制的楼梯种类有哪几种？
3. 如下图所示，使用本章学过的命令来完成别墅平面楼梯的绘制。

创建步骤和方法如下：

（1）绘制别墅的平面图。
（2）绘制下图中的楼梯。

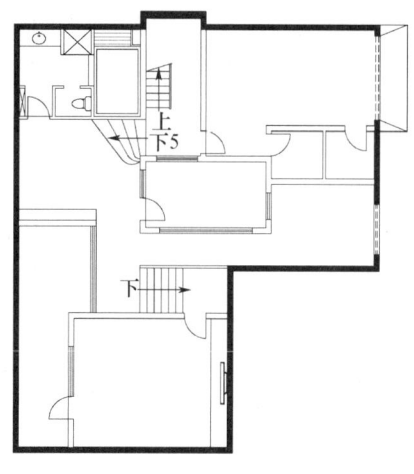

别墅平面图

第16章

尺寸、文字和符号标注

学习指导

主要内容：天正建筑软件中有尺寸、文字和符号的标注命令可供使用，使用的过程更加简便。天正建筑 T20 提供了多种尺寸标注的工具，用户可以快速地对门窗、墙厚、内门、半径和直径等进行标注。同时，天正建筑 T20 提供了箭头引注、引出标注、做法标注、指向索引、剖切索引等多种符号标注形式。天正建筑 T20 可完成插入单行文字、多行文字和图标的功能，并且还可对其进行编辑。

重点知识：尺寸标注、坐标与标高、工程标注使用；文字与表格的创建。

难点知识：各类标注的参数修改；文字与表格的参数修改。

学习目标：本章主要讲解尺寸标注、符号标注和文字表格三部分的内容，用于对所绘图形的解释说明。通过本章的学习，学生应熟练掌握设计专业绘图过程中所需的天正建筑软件中尺寸标注、符号标注和文字表格的使用技巧。能够熟练使用天正建筑软件进行文字与符号的标注工作。

16.1 尺寸标注

尺寸标注是绘图设计中的重要内容。图样除了画出物体及其各部分形状外，还必须准确地、详尽地和清晰地标注尺寸，才能明确形体的实际大小和各部分的相对位置。可以说，尺寸是零件的设计、安装以及最终检验此设计合格的重要依据。

16.1.1 标注类型

1. 逐点标注

【逐点标注】对选取的点沿指定方向和最终选定的位置进行尺寸标注。

调取【逐点标注】命令有以下几种方式：

1) 菜单栏：调取【尺寸标注】→【逐点标注】菜单命令。

2) 命令行：在命令窗口输入"Zdbz"命令并按住 Enter 键或空格键。

实训：展示逐点标注的方法。

1) 在如图 16-1-1 所示的室内平面图中进行逐点标注。

2) 调取【尺寸标注】→【逐点标注】菜单命令，选取

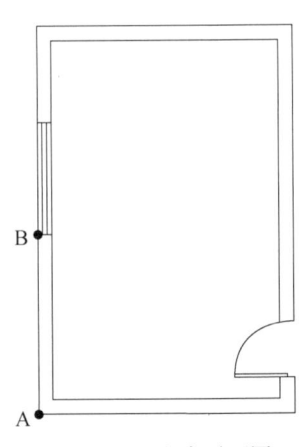

图 16-1-1 室内平面图

标注的起始点 A 和第二个点 B，并选取尺寸线的位置。

3) 并依次点击选取其他需要标注的点，最后的标注结果如图 16-1-2 所示。

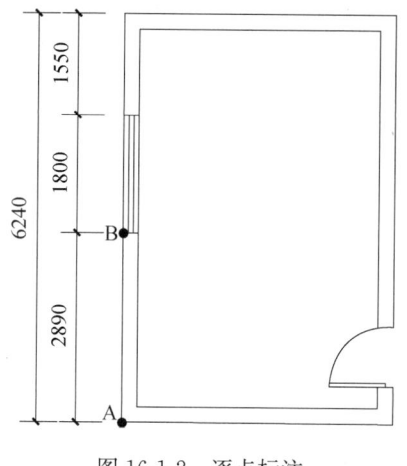

图 16-1-2　逐点标注

2. 直径标注

【直径标注】是对选取的圆弧进行直径标注。

调取【直径标注】命令有以下几种方式：

1) 菜单栏：调取【尺寸标注】→【直径标注】菜单命令。

2) 命令行：在命令窗口输入"Zjbz"命令并按住 Enter 键或空格键。

实训：展示直径标注的方法。

1) 在如图 16-1-3 所示的室内平面图中对弧形墙体 A 进行直径标注。

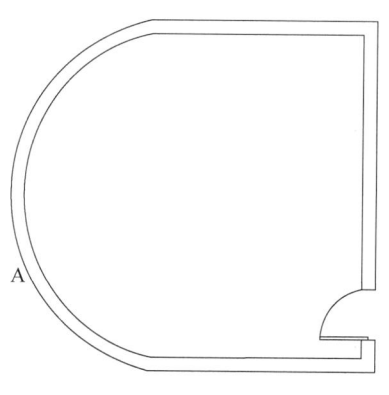

图 16-1-3　室内平面图

2) 调取【尺寸标注】→【直径标注】菜单命令，选取要标注的圆弧 A 上的点，最后圆弧的直径标注如图 16-1-4 所示。

3. 半径标注

【半径标注】是对选取的圆弧进行半径标注。

调取【半径标注】命令有以下几种方式：

1) 菜单栏：调取【尺寸标注】→【半径标注】菜单命令。

2) 命令行：在命令窗口输入"Bjbz"命令并按住 Enter 键或空格键。

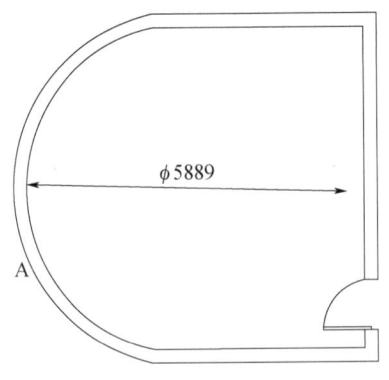

图 16-1-4　直径标注

实训：展示半径标注的方法。

1）在如图 16-1-5 所示的室内平面图中对弧形墙体进行半径标注。

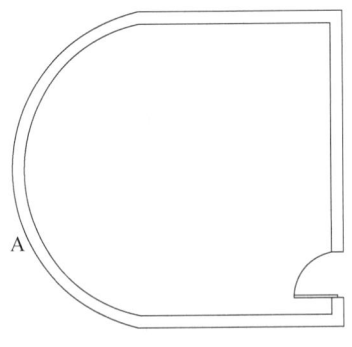

图 16-1-5　室内平面图

2）调取【尺寸标注】→【半径标注】菜单命令，选取要标注的圆弧 A 上的点即可，最后圆弧的半径标注如图 16-1-6 所示。

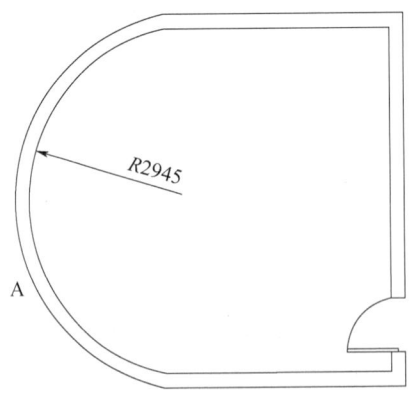

图 16-1-6　半径标注

4. 角度标注

角度标注状态中可以对圆弧的角度或直线的夹角进行标注。

调取【角度标注】命令有以下几种方式：

1）菜单栏：调取【尺寸标注】→【角度标注】菜单命令。

2）命令行：在命令窗口输入"Jdbz"命令并按住 Enter 键或空格键。

实训：展示角度标注的方法。

1）在如图 16-1-7 所示的室内平面图中对斜角的墙体进行角度标注。

2）调取【尺寸标注】→【角度标注】菜单命令，选择线段 A 和线段 B 按逆时针的顺序。

3）最后确定尺寸线的位置，角度标注结果如图 16-1-8 所示。

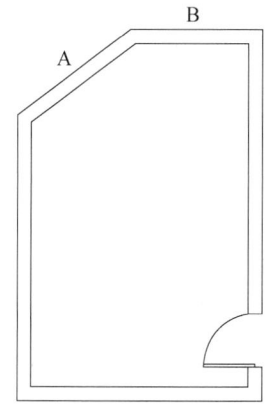
图 16-1-7　室内平面图

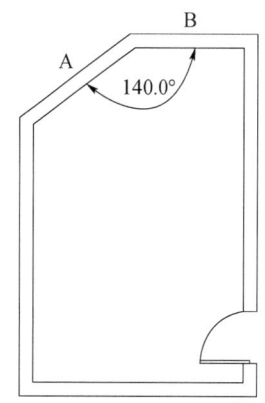
图 16-1-8　角度标注

思考：用逆时针方向标注出两根直线之间的夹角为多少度。

5．门窗标注

对门窗在墙体的位置分布以及尺寸大小的标注。

调取【门窗标注】命令有以下几种方式：

1）菜单栏：调取【尺寸标注】→【门窗标注】菜单命令。

2）命令行：在命令窗口输入"Mcbz"命令并按住 Enter 键或空格键。

实训：展示门窗标注的方法。

1）在如图 16-1-9 所示的室内平面图中进行门窗标注。

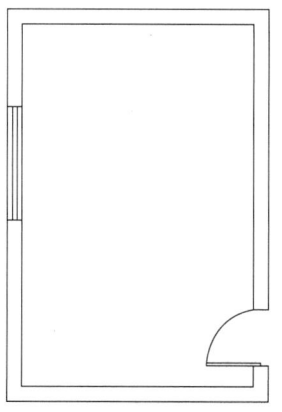
图 16-1-9　室内平面图

2）选择【尺寸标注】中的【门窗标注】菜单命令，分别选择门窗的起点和终点，最后生成的门窗标注尺寸如图 16-1-10 所示。

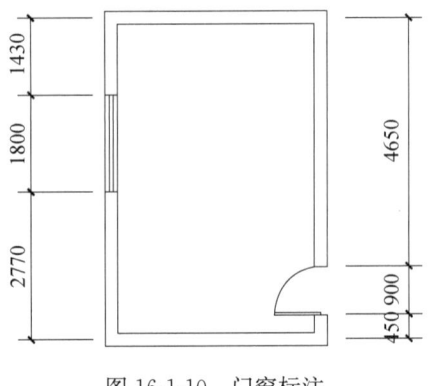

图 16-1-10　门窗标注

6. 墙厚标注

通过墙厚标注此项功能不但可以识别墙体的方向，而且还可以标注出与墙体正交的墙厚尺寸，在墙体内没有轴线存在时标注墙体的总宽，在墙体内有轴线存在时标注以轴线划分的左右墙宽。

调取【墙厚标注】命令有以下几种方式：

1）菜单栏：调取【尺寸标注】→【墙厚标注】菜单命令。

2）命令行：在命令窗口输入"Qhbz"命令并按住 Enter 键或空格键。

实训：展示墙厚标注的方法。

1）在如图 16-1-11 所示的室内平面图中进行墙厚标注。

2）选择【尺寸标注】中的【墙厚标注】菜单命令，选取墙体的起点 A 与终点 B，完成墙厚标注尺寸如图 16-1-12 所示。

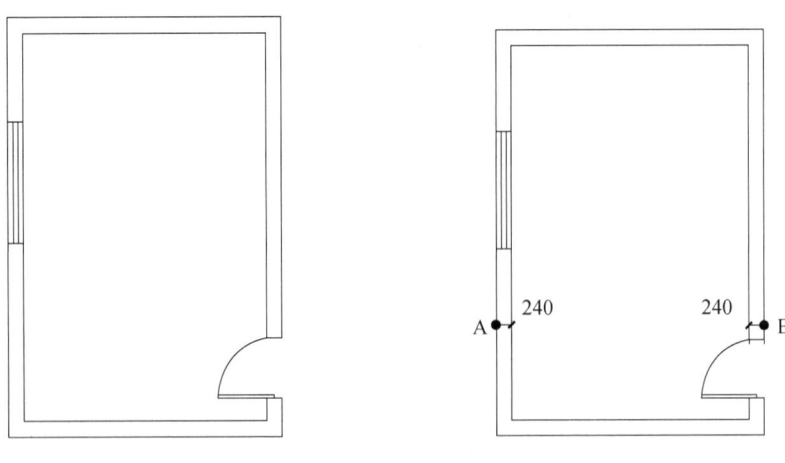

图 16-1-11　室内平面图　　　　图 16-1-12　墙厚标注

7. 两点标注

对两个点附近所有的轴线、墙体、门窗等进行尺寸标注，两点标注是在绘图过程中最为常见的尺寸标注方法。

调取【两点标注】命令有以下几种方式。

1）菜单栏：调取【尺寸标注】→【两点标注】菜单命令。

2）命令行：在命令窗口输入"Ldbz"命令并按住 Enter 键或空格键。

实训：展示两点标注的方法。

1）在如图 16-1-13 所示的室内平面图中进行两点标注。

2）调取【尺寸标注】→【两点标注】菜单命令，选取标注对象得两个点分别为 A、B 两点，选择 Enter 键即为结束，两点标注尺寸结果如图 16-1-14 所示。

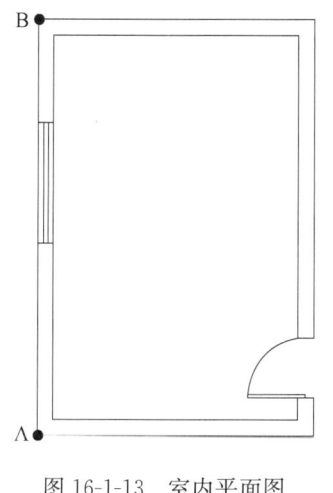

图 16-1-13 室内平面图

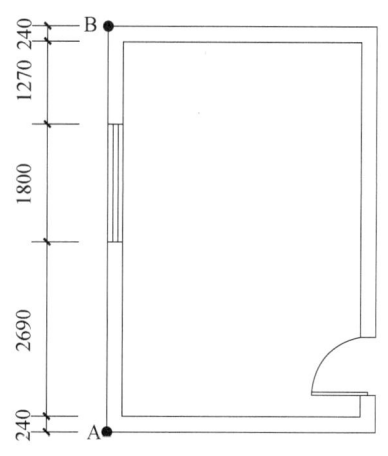

图 16-1-14 两点标注

8. 内门标注

用于标注内墙门窗尺寸以及门窗最近的轴线或墙边的尺寸。

调取【内门标注】命令有以下几种方式。

（1）菜单栏：调取【尺寸标注】→【内门标注】菜单命令。

（2）命令行：在命令窗口输入"Nmbz"命令并按住 Enter 键或空格键。

接下来具体展示内门标注的方法：

1）在如图 16-1-15 所示的室内平面图中进行内门标注。

2）调取【尺寸标注】→【内门标注】菜单命令，点击起点 A 与终点 B，A 和 B 点只要通过门即可，内门标注结果如图 16-1-16 所示。

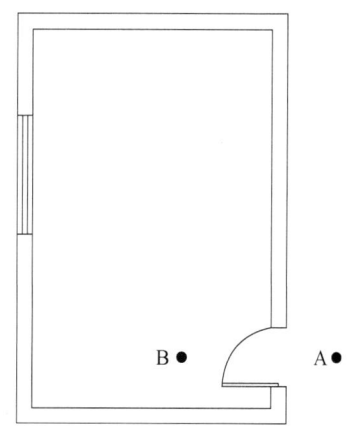

图 16-1-15 室内平面图

9. 快速标注

命令可以快速地识别图形外轮廓线和各个基点，选取平面图上的线之间的点快速的量出线的长短。

调取【快速标注】命令有以下几种方式。

1）菜单栏：调取【尺寸标注】→【快速标注】菜单命令。

2）命令行：在命令窗口输入"Ksbz"命令并按住 Enter 键或空格键。

实训：展示快速标注的方法。

1）在如图 16-1-17 所示的室内平面图中进行快速标注。

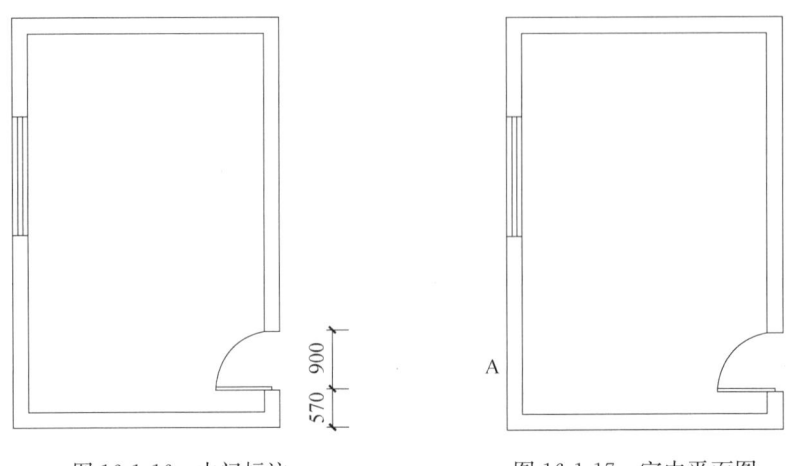

图 16-1-16　内门标注　　　　图 16-1-17　室内平面图

2）调取【尺寸标注】→【快速标注】菜单命令，选择需要进行标注的图形的基点，并按住【Enter】键确定，标注结果如图 16-1-18 所示。

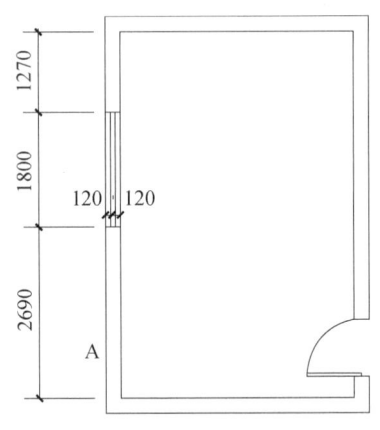

图 16-1-18　快速标注

16.1.2　尺寸标注的编辑

1. 文字复位

【文字复位】就是让标注中的文字恢复到默认位置，比如，你把一个尺寸标注中的文字拖移夹点到别的地方，或用"尺寸自调"命令移动文字，可以用【文字复位】恢复到原来的位置，默认是尺寸线的中央。

调取【文字复位】命令有以下几种方式。

1）菜单栏：调取【尺寸标注】→【尺寸编辑】→【文字复位】菜单命令。

2）命令行：在命令窗口输入"Wzfw"命令并按住 Enter 键或空格键。

2. 文字复值

【文字复值】是将尺寸标注中被修改过的文字恢复到初始数值。有时会把其中一些标注尺寸文字稍作改动，在一些需要尺寸和标注文字一致的场合，可以使用本命令按实测尺寸恢复文字的数值，例如，为了校核或提取工程量等。

调取【文字复值】命令有以下几种方式。

1）菜单栏：调取【尺寸标注】→【尺寸编辑】→【文字复值】菜单命令。

2）命令行：在命令窗口输入"Wzfz"命令并按住 Enter 键或空格键。

3. 剪裁延伸

【剪裁延伸】是在尺寸线的其中一端，按指定点剪裁或延伸该尺寸线。是【剪裁】与【延伸】的综合，可自动判断对尺寸线的剪裁或延伸。

调取【剪裁延伸】命令有以下几种方式：

1）菜单栏：调取【尺寸标注】→【尺寸编辑】→【剪裁延伸】菜单命令。

2）命令行：在命令窗口输入"Wzys"命令并按住 Enter 键或空格键。

4. 取消尺寸

使用【取消尺寸】命令可删除连续标注中的一个尺寸标注区间。有时为了提高标注效率，会将不需要标注的构件进行了标注，此时可使用本命令将该段标注删除。

调取【取消尺寸】命令有以下几种方式。

1）菜单栏：调取【尺寸标注】→【尺寸编辑】→【取消尺寸】菜单命令。

2）命令行：在命令窗口输入"Qxcc"命令并按住 Enter 键或空格键。

5. 连接尺寸

【连接尺寸】命令可将多个独立的直线或弧线尺寸标注连接成为一个尺寸标注，如果需要连接的标注尺寸线之间不共线，连接后的标注以第一个点取的标注为主标注尺寸对齐，也可用于把 AutoCAD 的尺寸标注对象转为天正尺寸标注对象。

调取【连接尺寸】命令有以下几种方式。

1）菜单栏：调取【尺寸标注】→【尺寸编辑】→【连接尺寸】菜单命令。

2）命令行：在命令窗口输入"Ljcc"命令并按住 Enter 键或空格键。

6. 尺寸打断

【尺寸打断】指如果是连续标注的一串尺寸，本身为一个整体，通过这个指令可以在你所选择的位置将其分解为两个整体，各自拖动夹点、移动和复制。

调取【尺寸打断】命令有以下几种方式。

1）菜单栏：调取【尺寸标注】→【尺寸编辑】→【尺寸打断】菜单命令。

2）命令行：在命令窗口输入"Ccdd"命令并按住 Enter 键或空格键。

7. 合并区间

【合并区间】增加了一次框选多个尺寸界限箭头的命令交互方式，可快速合并多个区间，【合并区间】可作为【增补尺寸】的相反命令。

调取【合并区间】命令有以下几种方式。

1）菜单栏：调取【尺寸标注】→【尺寸编辑】→【合并区间】菜单命令。

2）命令行：在命令窗口输入"Hbqj"命令并按住 Enter 键或空格键。

8. 等分区间

【等分区间】可将一个尺寸标注区间等分为多个尺寸标注区间，相当于多次执行【增补尺寸】，大大提高标注速度。

调取【等分区间】命令有以下几种方式。

1）菜单栏：调取【尺寸标注】→【尺寸编辑】→【等分区间】菜单命令。

2）命令行：在命令窗口输入"Dfqj"命令并按住 Enter 键或空格键。

9. 等式标注

【等式标注】是指对图中的尺寸标注区间数值自动按等分数列出等分公式作为标注文字，小数点后超过一位的数值保留一位小数。

调取【等式标注】命令有以下几种方式。

1）菜单栏：调取【尺寸标注】→【尺寸编辑】→【等式标注】菜单命令。

2）命令行：在命令窗口输入"Dsbz"命令并按住 Enter 键或空格键。

10. 对齐标注

【对齐标注】用于一次按 Y 向坐标对齐多个尺寸标注对象，对齐后各个尺寸标注对象按参考标注的高度对齐排列。

调取【对齐标注】命令有以下几种方式。

1）菜单栏：调取【尺寸标注】→【尺寸编辑】→【对齐标注】菜单命令。

2）命令行：在命令窗口输入"Dqbz"命令并按住 Enter 键或空格键。

11. 增补尺寸

【增补尺寸】可在不修改其他尺寸的同时，在原图标好的尺寸上增补新的尺寸。

调取【增补尺寸】命令有以下几种方式。

1）菜单栏：调取【尺寸标注】→【尺寸编辑】→【增补尺寸】菜单命令。

2）命令行：在命令窗口输入"Zbcc"命令，并按住 Enter 键或空格键。

12. 切换角标

【切换角标】把角度标注对象在角度标注、弦长标注与弧长标注 3 种模式之间切换。

调取【切换角标】命令有以下几种方式。

1）菜单栏：调取【尺寸标注】→【尺寸编辑】→【切换角标】菜单命令。

2）命令行：在命令窗口输入"Qhjb"命令并按住 Enter 键或空格键。

13. 尺寸转化

【尺寸转化】命令将 AutoCAD 尺寸标注对象转化为天正标注对象。

调取【尺寸转化】命令有以下几种方式。

1）菜单栏：调取【尺寸标注】→【尺寸编辑】→【尺寸转化】菜单命令。

2）命令行：在命令窗口输入"Cczh"命令并按住 Enter 键或空格键。

16.2　符号标注

【符号标注】可以方便地绘制出引注箭头、剖切符号、索引符号、指北针以及各种详图符号、引出标注符号，使图纸快速准确地增加更多专业性的符号。

16.2.1 标注状态的设置

标注的状态有动态和静态两种形式,小灯泡亮起是动态标注,小灯泡灭是静态标注。复制和移动后的坐标状态受开关的控制,动态标注状态下复制和移动后的坐标数值会随着位置的变化而变化,静态标注状态下坐标数值不会发生变化。

16.2.2 坐标和标高

坐标标注在工程制图中被用来表示某个点的平面位置,标高标注用来表示某一个点的垂直高度,标高有绝对标高和相对标高的概念,两者一般由政府的测绘部门提供。

1. 坐标标注

命令用于总平面图标注测量或施工用的坐标,取值根据世界坐标或者当前坐标UCS确定。

调取【坐标标注】命令有以下几种方式:

1)菜单栏:调取【符号标注】→【坐标标注】菜单命令。
2)命令行:在命令窗口输入"Zbbz"命令并按住 Enter 键或空格键。

实训:在如图 16-2-1 所示的室内平面图中进行坐标标注。

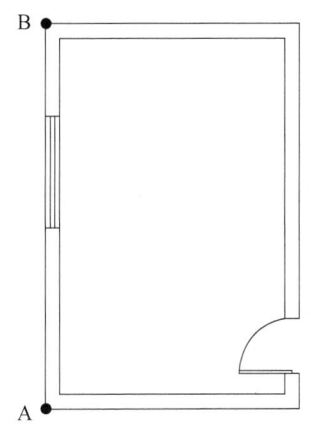

图 16-2-1　室内平面图

1)调取【符号标注】→【坐标检查】菜单命令,弹出对话框【坐标检查】,其各项功能如图 16-2-2 所示。

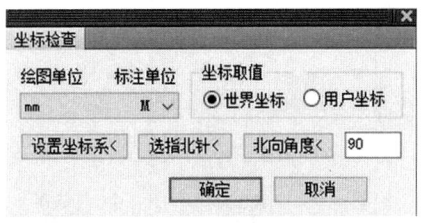

图 16-2-2　【坐标检查】对话框

2)在平面图中分别选取直角点作为标注点,然后选择方向来标注坐标,结果如图 16-2-3 所示。

2. 标高标注

【标高标注】命令用于建筑、景观等专业平面图和立面图中进行标高的标注。

调取【标高标注】命令有以下几种方式。

1）菜单栏：调取【符号标注】→【标高标注】菜单命令。

2）命令行：在命令窗口输入"Bgbz"命令并按住 Enter 键或空格键。

实训：在如图 16-2-4 所示的室内平面图中进行标高标注。

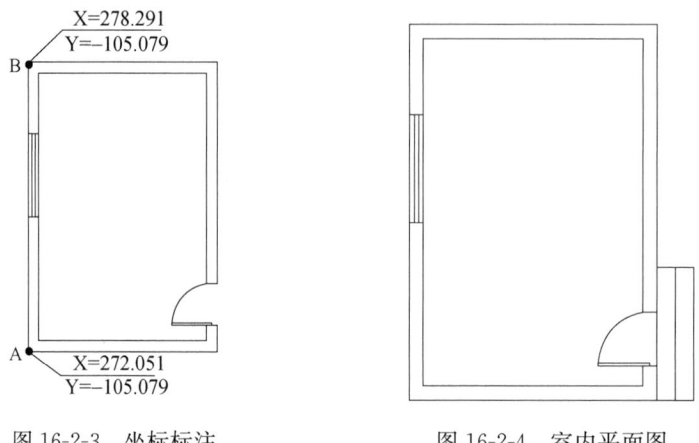

图 16-2-3　坐标标注　　　　　　图 16-2-4　室内平面图

1）调取【符号标注】→【标高标注】菜单命令，弹出【标高标注】对话框中设置参数，如图 16-2-5 所示。

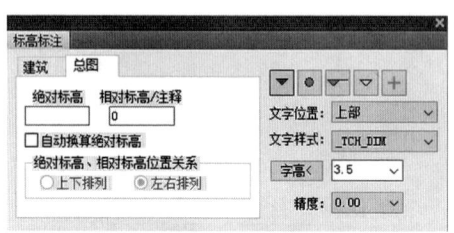

图 16-2-5　【标高标注】对话框

2）点击选取任意两点为标高的标注点，然后对标高标注的方向进行选取，最后结果如图 16-2-6 所示。

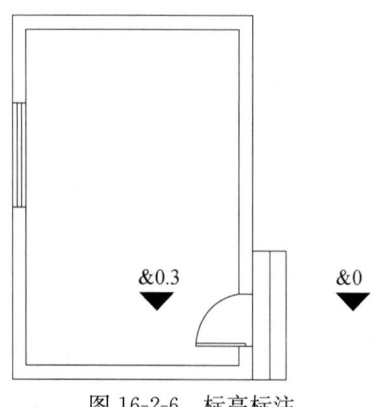

图 16-2-6　标高标注

16.2.3 工程符号的标注

1. 箭头引注

【箭头引注】命令可以绘制带有指示方向的箭头和引线，用于楼梯方向线、坡度等标注。

调用【箭头引注】命令有以下几种方式。

1）菜单栏：调取【符号标注】→【箭头引注】菜单命令。

2）命令行：在命令窗口输入"Jtyz"命令并按住 Enter 键或空格键。

创建箭头引注会弹出【箭头引注】对话框，其中各主要选项的功能如图 16-2-7 所示。输入引注文字，根据命令行的提示指定箭头的起点和终点，即可完成箭头引注操作。

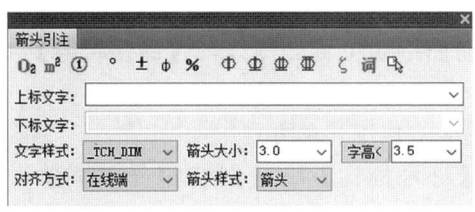

图 16-2-7　【箭头引注】对话框

【上标文字】：输入引线端部或者引线上下要标注的文字，可以从下拉列表框中选取命令保存的文字历史记录，也可以输入文字。

【下标文字】：当对齐方式为齐线端、齐线中时方为可输入状态，输入线下要标注的文字。

【对齐方式】：有【在线端】【齐线端】【齐线中】三种选择。

【箭头样式】：可设置引注箭头的大小。

【箭头样式】：有箭头、半箭头、点、十字、无共 5 种样式可供选择。

【字高】：可手动输入设置文字标注大小，也可以在下拉列表框中选取。

2. 引出标注

【引出标注】命令可以用引线引出多个标注点来做统一内容的标注。

调用【引出标注】命令有以下几种方式。

1）菜单栏：调取【符号标注】→【引出标注】菜单命令。

2）命令行：在命令窗口输入"Ycbz"命令并按住 Enter 键或空格键。

创建引出标注时，弹出【引出标注】对话框，如图 16-2-8 所示。

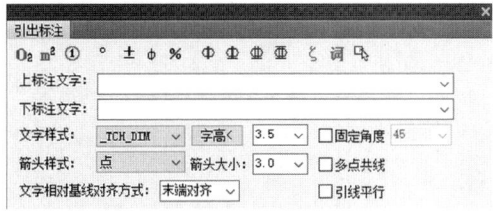

图 16-2-8　【引出标注】对话框

【上标注文字】：输入标注在文字基线上的文字内容。

【下标注文字】：输入标注在文字基线下的文字内容。

【文字样式】：设定用于引出标注的文字样式。

【箭头样式】：可在其下拉列表中选择【箭头】【点】【十字】和【无】4种箭头形式。

【文字相对基线对齐】：有【始端对齐】【居中对齐】和【末端对齐】3种文字对齐方式可供选择。

【固定角度】：设定用于引出线的固定角度，选中该复选框后引线角度不随拖动光标改变，从0~90°中可选。

【多点共线】：设定增加其他标注点时，这些引线与首引线共线添加，适用于立面和剖面的材料标注。

3. 剖切符号

剖切符号是表示剖切面剖切位置的图线，【剖切符号】命令可在图中标注符合国标规定的剖面剖切符号。

调取【剖切符号】命令有以下几种方式。

1）菜单栏：调取【符号标注】→【剖切符号】菜单命令。

2）命令行：在命令窗口输入"Pqfh"命令并按住Enter键或空格键。

实训：在如图16-2-9所示的室内平面图中创建断面剖切符号。

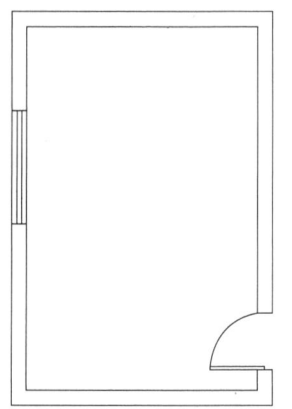

图16-2-9　室内平面图

调取【符号标注】→【剖切符号】菜单命令，弹出【剖切符号】对话框如图16-2-10所示。

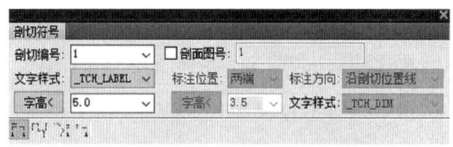

图16-2-10　【剖切符号】对话框

在绘图窗口中选取剖切点，按Enter键默认当前剖视方向，创建断面剖切符号，结果如图16-2-11所示。

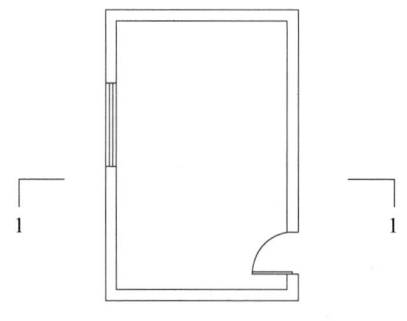

图16-2-11　剖切符号

4. 画指北针

【画指北针】命令可绘制国标规定的指北针符号，指定指北针插入的位置，再指定指北针的方向，即可完成指北针的绘制。

调取【画指北针】命令有以下几种方式。

1）菜单栏：调取【符号标注】→【画指北针】菜单命令。

2）命令行：在命令窗口输入"Hzbz"命令并按住 Enter 键或空格键。

5. 做法标注

【做法标注】命令用于在施工图纸上标注工程的材料做法，参数对话框如图 16-2-12 所示。

图 16-2-12 【做法标注】对话框

调取【做法标注】命令有以下几种方式。

1）菜单栏：调取【符号标注】→【做法标注】菜单命令。

2）命令行：在命令窗口输入"Zfbz"命令并按住 Enter 键或空格键。

6. 索引符号

在施工图中，有时会因为比例问题而无法表达清楚某一局部，为方便施工需另画详图，分为【指向索引】和【剖切索引】。一般用索引符号注明画出详图的位置、详图的编号以及详图所在的图纸编号。索引符号和详图符号内的详图编号与图纸编号两者对应一致。

调取【索引符号】命令有以下几种方式。

1）菜单栏：调取【符号标注】→【指向索引】或【剖切索引】菜单命令。

2）命令行：在命令窗口输入"Zxsy"或"Pqsy"命令并按住 Enter 键或空格键。

【指向索引】参数面板如图 16-2-13 所示。

图 16-2-13 【指向索引】对话框

【剖切索引】参数面板如图 16-2-14 所示。

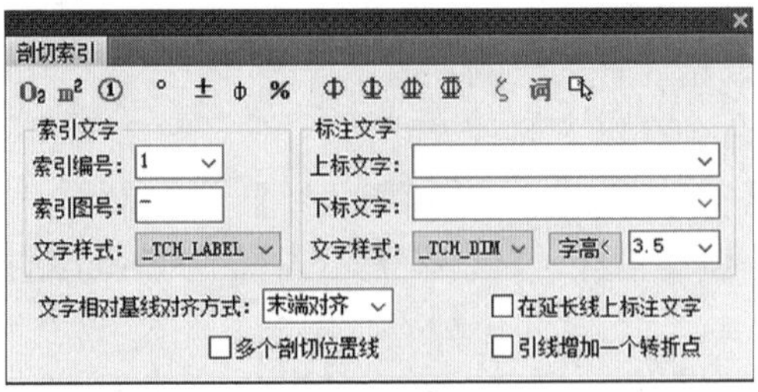

图 16-2-14　【剖切索引】对话框

7. 索引图名

启动【索引图名】命令，分别设置被索引的图号和索引编号，然后指定索引图名的放置位置。标准作图中详图符号用直线和圆绘制，如详图与被索引的图样在一张图纸内，直接用阿拉伯数字注明详图编号。如不在一张纸内，用细直线在圆圈内画水平直线，上半圆注明详图编号，下半圆注明索引图纸号。

8. 绘制云线

云线是图纸中的一种绘制形式，点击【绘制云线】命令后，鼠标在图中任意点击一点，自己控制移动鼠标最后把鼠标拖回到起点，云线就绘制完毕了。

9. 加折断线

【加折断线】命令可绘制符合制图规范的折断线，切割线一侧的天正建筑对象不予显示，用于解决天正对象无法从对象中间打断的问题。

10. 画对称轴

【画对称轴】命令用于在施工图纸上标注表示对称轴的自定义对象。

11. 图名标注

一个图形中绘有多个图形或详图时，需要在每个图形下方标出该图的图名，使用【图名标注】命令可标注图名和比例，【图名标注】参数面板，如图 16-2-15 所示。

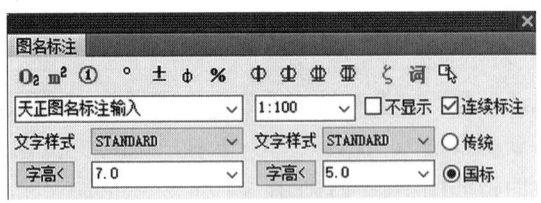

图 16-2-15　【图名标注】对话框

16.3　文字表格

文字说明和标题栏等表格应在建筑平面图绘制完成后根据需要添加。天正拥有符合国际建筑标准的文字及表格样式，我们可以非常简便地完成文字表格的绘制。

16.3.1　文字的创建

1. 单行文字

使用【单行文字】命令可以快速地创建出符合中国《建筑制图标准》的天正单行文字。

调取【单行文字】命令有以下几种方式。

1) 菜单栏：调取【文字表格】→【单行文字】菜单命令。

2) 命令行：在命令窗口输入"Dhwz"命令并按住 Enter 键或空格键。

实训：展示单行文字的方法。

1) 选择【单行文字】菜单命令，在弹出的【单行文字】对话框中输入文字，如图 16-3-1 所示。

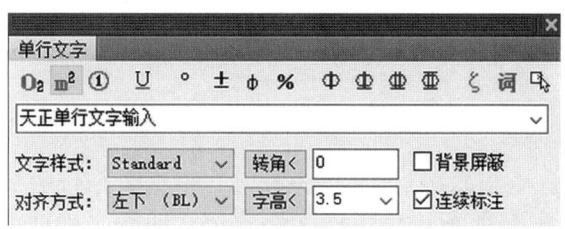

图 16-3-1 【单行文字】对话框

2) 在绘图区中选取单行文字的插入位置，插入单行文字，结果如图 16-3-2 所示。

天正单行文字输入

图 16-3-2 单行文字绘制结果

2. 多行文字

【多行文字】命令用于创建含有多种格式的大段文字，常用于输入设计说明、工程概况等建筑文本。

调取【多行文字】命令可用以下方式。

菜单栏：调取【文字表格】→【多行文字】菜单命令，如图 16-3-3 所示。

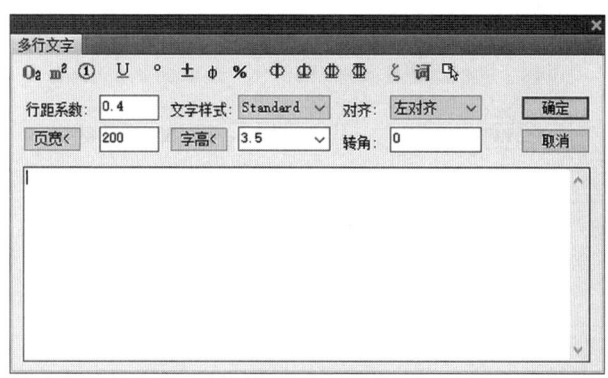

图 16-3-3 【多行文字】对话框

3. 曲线文字

【曲线文字】命令用于创建沿着曲线排列的文字。创建曲线文字时，首先需要选择创建曲线文字的方式，有"直接写弧线文字"和"按已有曲线布置文字"两种方式可供选择。

调取【曲线文字】命令有以下几种方式。
1) 菜单栏：调取【文字表格】→【曲线文字】菜单命令。
2) 命令行：在命令窗口输入"Dhwz"命令并按住 Enter 键或空格键。
实训：在如图 16-3-4 所示的曲线上添加文字。

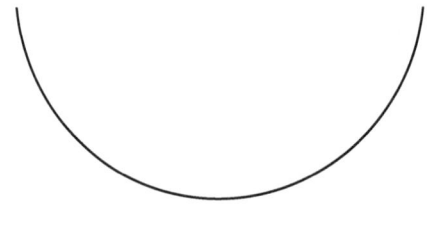

图 16-3-4　曲线平面

1) 在命令行中输入"Qxwz"并按 Enter 键，根据命令行的提示输入"P"，选择【按已有曲线布置文字】选项，并选择文字基线，即文字排列的曲线，如图 16-3-5 所示。

图 16-3-5　【曲线文字】对话框

2) 根据命令行的提示输入排列的文字，命令行提示"请键入模型空间字高〈500〉："输入文字字高数值，或直接按 Enter 键采用默认值，最终创建的曲线文字如图 16-3-6 所示。

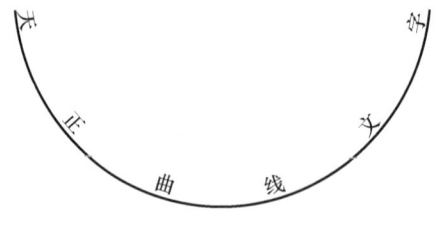

图 16-3-6　曲线文字

4. 专用词库

专业词库是天正建筑提供给用户的一个建筑专业相关的文字词库，包括做法说明、材料做法、图形名称、室内设施、房间名称、构件名称等内容，用户可以快速调用，以提高绘图的效率。使用【专业词库】命令可以输入、调用或维护专业词库中的词条，如图 16-3-7 所示。

调取【专用词库】命令有以下几种方式。

1）菜单栏：调取【文字表格】→【专用词库】菜单命令。

2）命令行：在命令窗口输入"Zyck"命令并按住 Enter 键或空格键。

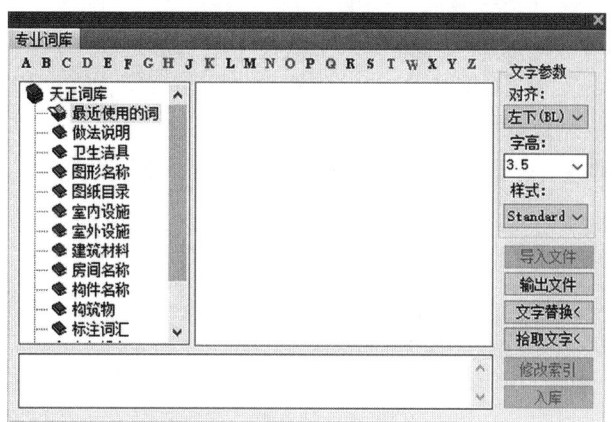

图 16-3-7　【专业词库】对话框

16.3.2　文字的编辑

1. 文字样式

文字样式定义了文字的外观，是对文字特性的一种描述，包括字体、高度、宽度比例、倾斜角度以及排列方式等。使用天正建筑的【文字样式】命令可以快速创建和修改文字样式。

调取【文字样式】命令有以下几种方式。

1）菜单栏：调取【文字表格】→【文字样式】菜单命令，对话框如图 16-3-8 所示。

2）命令行：在命令窗口输入"Wzys"命令并按住 Enter 键或空格键。

图 16-3-8　【文字样式】对话框

【样式名】：用于选择已存在的文字样式，选择某文字样式后，可通过对话框下方的各个选项对其进行修改。

【高宽比】：用于设置文字宽度与高的比值。

【中文字体】：用于设置使用何种中文字体。

【新建】【重命名】和【删除】按钮：分别用于新建文字样式，以及对当前所选的文字样式进行重命名或删除操作。

【AutoCAD 字体】和【Windows 字体】：用于设置使用 AutoCAD 字体还是使用 Windows 字体。

【字宽方向】：用于设置西文字宽与中文字宽的比值。

【字高方向】：用于设置西文字高与中文字高的比值。

【西文字体】：用于选择西文字体。

【预览】按钮：单击此按钮，可在预览区显示文字样式的设置效果。

2. 转角自纠

【转角自纠】命令用于翻转调整图中单行文字的方向，使其符合制图标准规定的文字方向，同时可以一次选取多个文字对象一起纠正。

调取【转角自纠】命令有以下几种方式。

1）菜单栏：调取【文字表格】→【转角自纠】菜单命令。

2）命令行：在命令窗口输入"Zjzj"命令并按住 Enter 键或空格键。

3. 文字转化

使用【文字转化】命令可以将 AutoCAD 文字转换成天正文字，对其进行合并后生成新的单行文字或多行文字。

调取【文字转化】命令有以下几种方式。

1）菜单栏：调取【文字表格】→【文字转化】菜单命令。

2）命令行：在命令窗口输入"Wzzh"命令并按住 Enter 键或空格键。

4. 文字合并

使用【文字合并】命令可以把天正单行文字的段落合并成一个多行文字。

调取【文字合并】命令有以下几种方式。

1）菜单栏：调取【文字表格】→【文字合并】菜单命令。

2）命令行：在命令窗口输入"Wzhb"命令并按住 Enter 键或空格键。

5. 统一字高

用【统一字高】命令可以将所选的文字字高统一为给定的字高。

调取【统一字高】命令有以下几种方式。

1）菜单栏：调取【文字表格】→【统一字高】菜单命令。

2）命令行：在命令窗口输入"Tyzg"命令并按住 Enter 键或空格键。

6. 查找替换

使用【查找替换】命令可以查找和替换当前图形中的所有文字，但图块内的文字和属性文字除外。

调取【查找替换】命令有以下几种方式。

1）菜单栏：调取【文字表格】→【查找替换】菜单命令。

2)命令行:在命令窗口输入"Czth"命令并按住 Enter 键或空格键。

7. 繁简转换

【繁简转换】命令用于将当前图档的内码在"Big5"与"GB"之间转换。

调取【繁简转换】命令有以下几种方式。

1)菜单栏:调取【文字表格】→【繁简转换】菜单命令。

2)命令行:在命令窗口输入"Fjzh"命令并按住 Enter 键或空格键。

16.3.3 天正表格的概念

1. 表格的构造

表格的功能区域组成:标题和内容两部分。

表格的层次结构:由高到低的级次为表格、标题、表行和表列、单元格和合并格。

表格的外观表现:文字、表格线、边框和背景,表格文字支持在位编辑,双击文字即可进入编辑状态,按方向键、文字光标即可在各单元之间移动。

表格对象由单元格、标题和边框构成,单元格和标题的表现是文字,边框的表现是线条,单元格是表行和表列的交会点。天正表格通过表格全局设定、行列特征和单元格特征三个层次控制表格的表现,可以制作出各种不同外观的表格。

双击创建完成的表格边框,可调取表格设定菜单,各参数设置如图 16-3-9 所示。

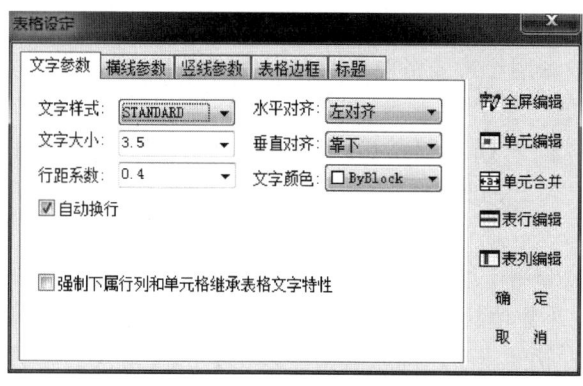

图 16-3-9 【表格设定】对话框

2. 表格的特性设置

全局设定:表格设定。控制表格的标题、外框、表行和表列以及全体单元格的全局样式。

表行:表行属性。控制选中的某一行或多个表行的局部样式。

表列:表列属性。控制选中的某一列或多个表列的局部样式。

单元:单元编辑。控制选中的某一个或多个单元格的局部样式。

16.3.4 表格的创建

1. 新建表格

调取【新建表格】命令有以下几种方式:

1)菜单栏:调取【文字表格】→【新建表格】菜单命令。

2）命令行：在命令窗口输入"XJBG"命令并按住 Enter 键或空格键，如图 16-3-10 所示。

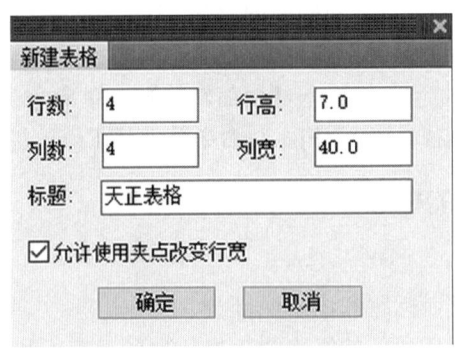

图 16-3-10 【新建表格】对话框

2. 转出 Word

【转出 Word】命令用于将表格对象的内容输出到 Word 文档中，以供用户制作报告文件。

调取【文字表格】→【转出 Word】菜单命令，在绘图区中选择表格对象，并按 Enter 键，即可将选定的表格内容输出到 Word 文档中。

3. 转出 Excel

【转出 Excel】命令用于将表格对象的内容输出到 Excel 文档中，以供用户在其中进行统计和打印。

调取【文字表格】→【转出 Excel】菜单命令，在绘图区中选择表格对象，即可将选定的表格内容输出到 Excel 文档中。

4. 读入 Excel

【读入 Excel】命令用于将当前 Excel 表单中选中的数据更新到指定的天正表格中，支持 Excel 中保留的小数位数，当用户打开了一个 Excel 文件，并框选要输出表格的范围后时，然后在 T20 软件当中，调取【文字表格】→【读入 Excel】菜单命令，会弹出 AutoCAD 信息提示框，单击【是（Y）】按钮，最后指定表格左上角位置，即可创建表格。在没有打开 Excel 文件的前提下，系统会提示用户打开一个 Excel 文件并框选要复制的范围。

16.3.5 表格的编辑

1. 全屏编辑

在进行全屏编辑时，首先命令行提示用户选择需要编辑的表格，然后弹出【表格内容】对话框，用户就可以像使用 Excel 一样对表格进行各类编辑操作，如修改单元格内容、增加/删除行/列等。在对话框中单击鼠标右键，在弹出的快捷菜单中选择相应的编辑命令即可。

调取【查找替换】命令有以下几种方式。

1）菜单栏：调取【文字表格】→【表格编辑】→【全屏编辑】菜单命令。

2）命令行：在命令窗口输入"Qpbj"命令并按住 Enter 键或空格键。

2. 拆分表格

使用【拆分表格】命令可以将表格分为多个子表格，有行拆分和列拆分两种方式。

调取【拆分表格】命令有以下几种方式。

1）菜单栏：调取【文字表格】→【表格编辑】→【拆分表格】菜单命令。

2）命令行：在命令窗口输入"Cfbg"命令并按住 Enter 键或空格键。

3. 合并表格

合并表格是拆分表格的逆操作，可以将多个表格合并为一个表格，有行合并和列合并两种方式。

调取【合并表格】命令有以下几种方式。

1）菜单栏：调取【文字表格】→【表格编辑】→【合并表格】菜单命令。

2）命令行：在命令窗口输入"Hbbg"命令并按住 Enter 键或空格键。

4. 表列编辑

使用【表列编辑】命令可以编辑表格的一列或者多列。在天正建筑 T20 中调用【表列编辑】命令，然后选择需要编辑的一列或多列，在弹出的【列设定】对话框中设置参数，单击【确定】按钮，即可完成编辑。

调取【表列编辑】命令有以下几种方式。

1）菜单栏：调取【文字表格】→【表格编辑】→【表列编辑】菜单命令。

2）命令行：在命令窗口输入"Bgbj"命令并按住 Enter 键或空格键。

5. 表行编辑

使用【表行编辑】命令可以编辑表格的一行或者多行，以快速设置行文字的文字样式、列宽、文字大小等内容。

在进行表行编辑时，根据命令行提示选择需要编辑的一行或多行，在弹出的【行设定】对话框中设置相关参数，最后单击【确定】按钮，即可完成编辑。

调取【表行编辑】命令有以下几种方式。

1）菜单栏：调取【文字表格】→【表格编辑】→【表行编辑】菜单命令。

2）命令行：在命令窗口输入"Bhbj"命令并按住 Enter 键或空格键。

6. 增加表行

使用【增加表行】命令可以在指定的行之前或之后增加一行，也可以调用【全屏编辑】命令来实现。

调取【增加表行】命令有以下几种方式。

1）菜单栏：调取【文字表格】→【表格编辑】→【增加表行】菜单命令。

2）命令行：在命令窗口输入"Zjbh"命令并按住 Enter 键或空格键。

7. 删除表行

使用【删除表行】命令可以删除指定行，也可以调用【全屏编辑】命令来实现。

调取【删除表行】命令有以下几种方式。

1）菜单栏：调取【文字表格】→【表格编辑】→【删除表行】菜单命令。

2）命令行：在命令窗口输入"Scbh"命令并按住 Enter 键或空格键。

8. 单元编辑

使用【单元编辑】命令可以编辑表格单元格，修改单元格文字内容或文字属性。执行【单元编辑】命令时，首先根据命令行提示选取要编辑的单元格，弹出【单元格编辑】对话框，在其中设置相关参数，即可完成对表格单元的编辑。

调取【单元编辑】命令有以下几种方式。

1) 菜单栏：调取【文字表格】→【表格编辑】→【单元编辑】菜单命令。

2) 命令行：在命令窗口输入"Dybj"命令并按住 Enter 键或空格键。

9. 单元递减

【单元递增】命令可以复制单元的文字内容，并且同时将文字内的某一项递增或递减，同时按 Shift 键复制，按 Ctrl 键为递减。

调取【单元递增】命令有以下几种方式。

1) 菜单栏：调取【文字表格】→【表格编辑】→【单元递增】菜单命令。

2) 命令行：在命令窗口输入"Dydz"命令并按住 Enter 键或空格键。

10. 单元复制

使用【单元复制】命令可以复制某一单元文字对象至目标表格单元。

在进行单元复制时，根据命令行的提示，分别选取源单元格和目标单元格，即可完成单元复制。

调取【单元复制】命令有以下几种方式。

1) 菜单栏：调取【文字表格】→【表格编辑】→【单元复制】菜单命令。

2) 命令行：在命令窗口输入"Dyfz"命令并按住 Enter 键或空格键。

11. 单元合并

【单元合并】命令用于合并表格的单元格。

调取【单元合并】命令有以下几种方式。

1) 菜单栏：调取【文字表格】→【表格编辑】→【单元合并】菜单命令。

2) 命令行：在命令窗口输入"Dyhb"命令并按住 Enter 键或空格键。

12. 撤销合并

用【撤销合并】命令可以撤销已经合并的单元，也可以用【单元编辑】命令来实现。

在进行撤销合并时，根据命令行的提示单击已经合并的单元格，即可完成撤销合并操作。

调取【撤销合并】命令有以下几种方式。

1) 菜单栏：调取【文字表格】→【表格编辑】→【撤销合并】菜单命令。

2) 命令行：在命令窗口输入"Cxhb"命令并按住 Enter 键或空格键。

16.4 实训：对别墅进行标注

1) 对别墅进行轴网标注，如图 16-4-1 所示。

2) 对别墅进行房间名称的标注，如图 16-4-2 所示。

3) 对别墅进行高度标注如图 16-4-3 所示。

/ 第 16 章 尺寸、文字和符号标注 /

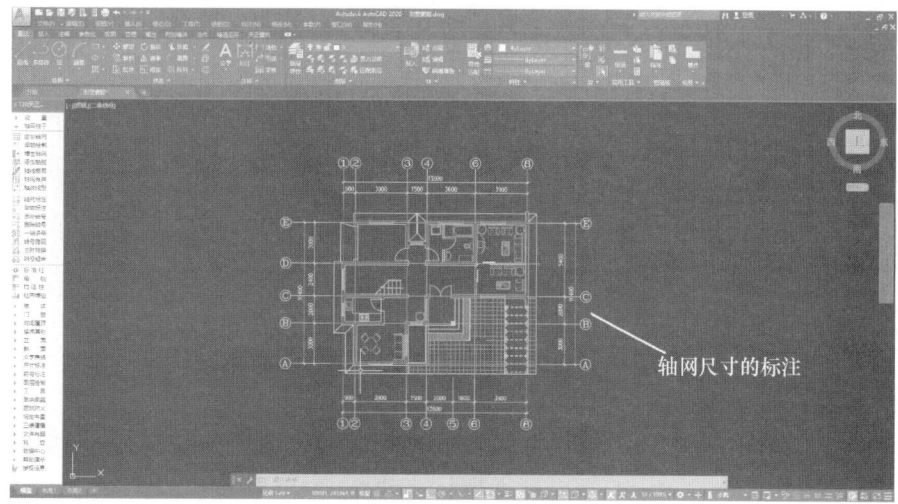

图 16-4-1 轴网尺寸标注

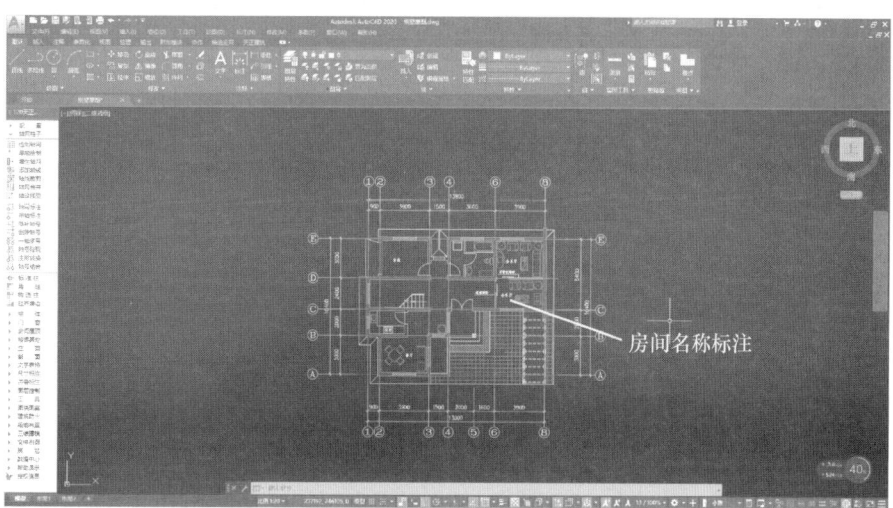

图 16-4-2 房间名称标注

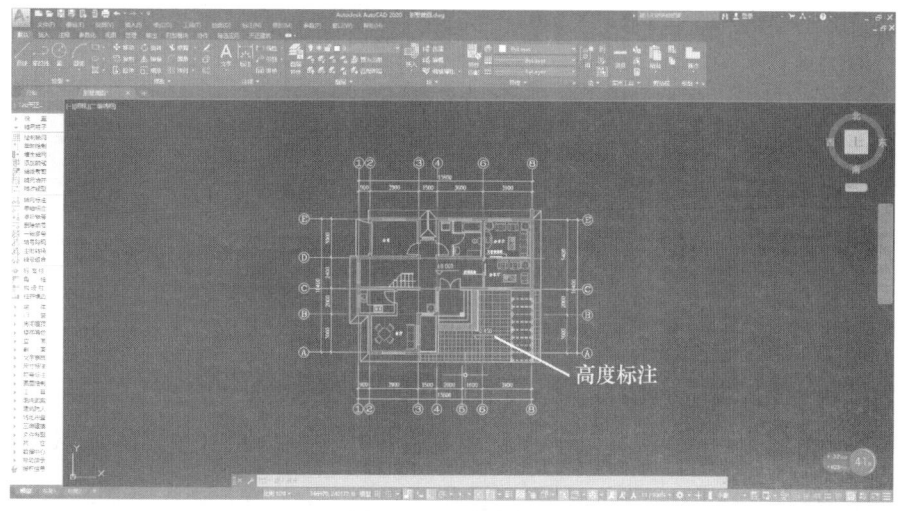

图 16-4-3 高度标注

283

练习题

1. 绝对标高和相对标高的区别是什么？
2. 表格的功能区域由哪两部分组成？编辑表格的命令主要有哪些？
3. 如下图所示，使用本章学过的命令标注铺装剖面图。

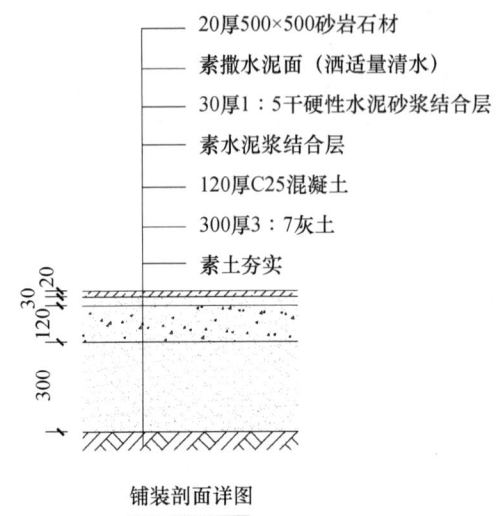

铺装剖面详图

第17章

图纸布局与格式转换

学习指导

主要内容：本章主要介绍了天正图纸布局和格式转换的基本命令和基础操作，包含了布图的命令和方法，图框和目录的插入，视口的定义以及图形与格式转换操作，结合实训，对本章操作指令进行解释说明。

重点知识：布图的方法，图形与格式的转换。

难点知识：图框的插入，目录的生成，旧图转换。

学习目标：通过本章的学习，掌握图纸布局的操作流程，同时掌握格式转换的方法。

17.1 图纸布局命令

在软件绘制当中，都是按1∶1的实际尺寸进行模型创建的，但为了后期方便视图，我们会给所绘制的图纸进行不同比例的缩放，以达到图纸的使用性。换言之，绘制对象无论当前比例多少都是按1∶1进行绘制，当前比例和改变比例都不会改变绘制对象的大小。而对于图中的文字、尺寸标注、符号，以及断面填充和带有宽度的线段等注释对象，则情况有所不同，其尺寸相当于输出图纸中尺寸乘以当前比例，可见它们与比例参数密切相关，因此，在执行【当前比例】和【改变比例】命令时实际改变的就是这些注释对象。在图纸布局当中，可根据实际需求对图纸进行单比例和多比例布图。

17.1.1 单比例布图

当全图只使用一个比例时，不必使用复杂的图纸空间布图，就可以直接在模型空间插入图框了。

出图比例就是用户画图设置的"当前比例"，如果出图比例与画图的"当前比例"不符，就要用【改变比例】修改图形，要选择图形的注释对象（包括文字、填充图案、尺寸标注、符号标注等）进行相应比例的调整。

实训

单比例布别墅图如图17-1-1所示。

1）单击【当前比例】命令设定图形的比例，输入比例1∶200。

2）按设计要求绘图，对图形进行编辑修改，直到符合出图要求。

3）单击天正菜单【文件布图】→【插入图框】，按图形比例（1∶200）设置图框比例参数，单击"确定"按钮插入图框。

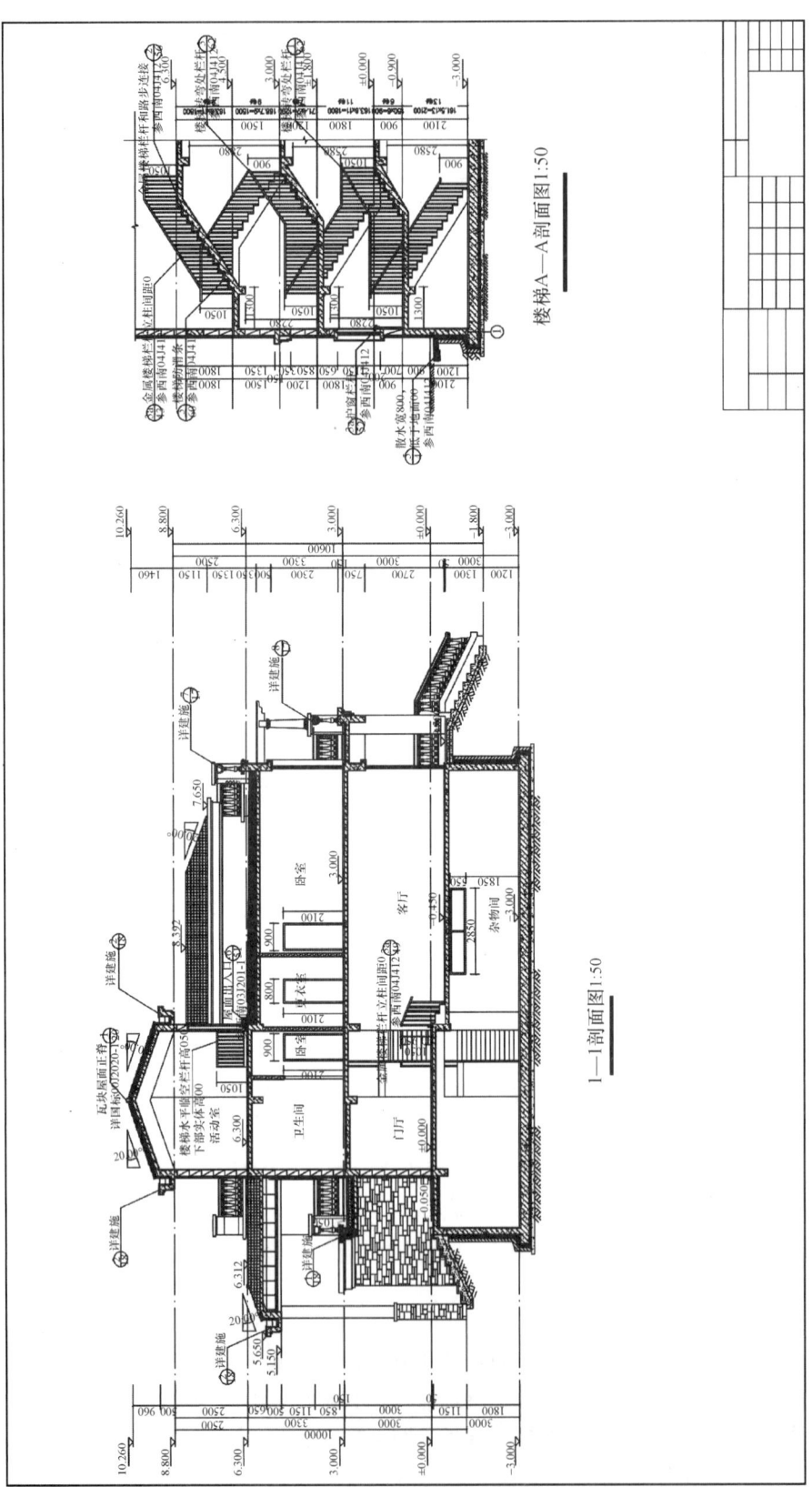

图17-1-1 单比例布图实例

4）单击菜单界面【文件】→【页面设置】命令配置好适用的绘图机或打印机，在对话框中的"布局"设置栏中按图形比例大小设定打印比例（如 1∶200）；单击"确定"按钮保存参数，或者打印出图。

17.1.2　多比例布图

多比例布图就是把多个选定的模型空间的图形分别按各自画图使用的"当前比例"为倍数，缩小放置到图纸空间中的视口，调整成合理的版面。简而言之，布图后系统自动把图形中的构件和注释等所有选定的对象，"缩小"一个出图比例的倍数，放置到给定的一张图纸上。

实训

多比例布图展示。

1）单击【当前比例】命令设定图形的比例，例如，先画 1∶100 的图形部分。

2）按照设计要求绘图，对图形进行编辑修改，直到符合出图要求。

3）在绘图界面不同区域重复执行 1）、2）的步骤，改为按 1∶25 的比例绘制其他部分。

4）单击图形下面的"布局"标签，进入图纸空间。

5）单击菜单界面【文件】→【页面设置】命令配置好适用的绘图机或打印机，在对话框中的"布局"设置栏中按图形比例大小设定打印比例 1∶1，单击"确定"按钮保存参数，删除自动创建的视口。

6）单击天正菜单【文件布图】→【定义视口】，设置图纸空间中的视口，重复执行本操作，定义 1∶100、1∶25 多个视口。

7）单击天正菜单【文件布图】→【插入图框】，设置图框比例参数 1∶1，单击"确定"按钮插入图框，最后打印出图，如图 17-1-2。

17.1.3　插入图框

本命令可在当前模型空间或图纸空间插入图框，提供了会签栏、标准标题栏、通长标题栏功能以及图框直接插入功能，在预览图像框提供鼠标滚轮缩放与平移功能，插入图框前按当前参数拖动图框，可用于测试图幅是否合适。图框和标题栏均统一由图库管理，能使用的标题栏和图框样式不受限制，新的带属性标题栏支持图纸目录生成。

1．调用【插入图框】命令方法如下。

1）菜单栏：【文件布图】→【插入图框】。

2）命令行：输入"Crtk"，显示对话框如图 17-1-3 所示。

2．对话框控件的功能说明如下。

【标准图幅】：共有 A0～A4 五种标准图幅，单击其中一图幅按钮，就选定了相应的图幅。（图幅，全称是图纸幅面，指绘制图样的图纸的大小，分为基本幅面和加长幅面两种）

【横式/立式】：选定图纸格式为横式或立式。

【图长/图宽/加长】：单击输入栏，通过键入数字，直接设定图纸的长宽尺寸或显示标准图幅的图长与图宽。选定加长型的标准图幅，单击右边的箭头，出现国标加长图幅供选择。

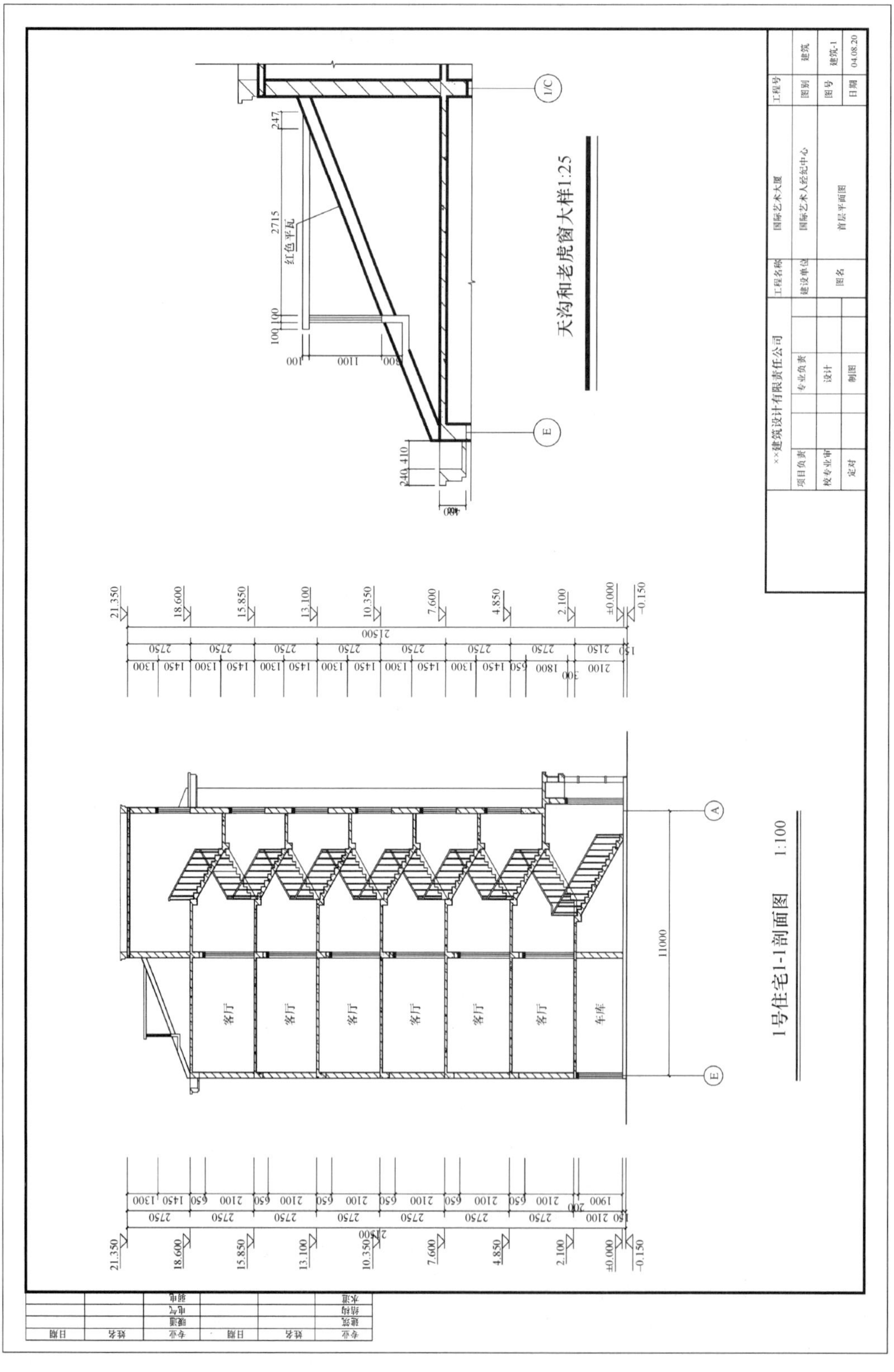

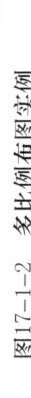

图17-1-2 多比例布图实例

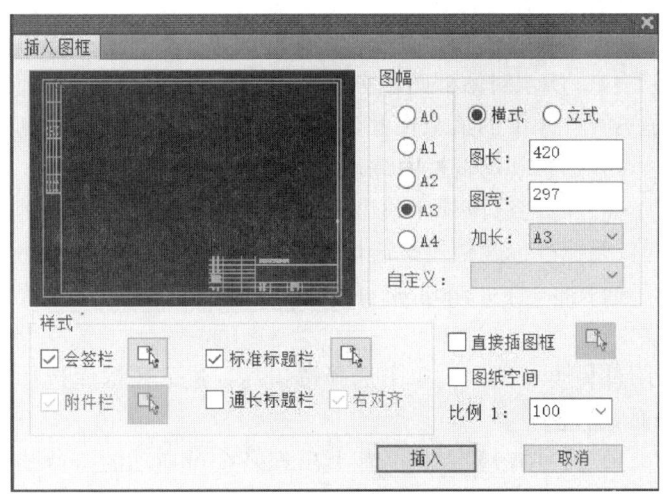

图 17-1-3 插入预设标准图框

【自定义】：如果使用过在图长和图宽栏输入的非标准图框尺寸，命令会把该尺寸作为自定义尺寸保存在下拉列表中，单击右边箭头可以从中选择已保存的 20 个自定义尺寸。

【比例】：设定图框的出图比例，此数据应与"打印"对话框的"出图比例"一致。此比例也可从列表中选取，如果列表没有，也可以直接输入。

【图纸空间】：勾选此项，当前视图切换为图纸布局空间，"比例"自动设置为1∶1。

【会签栏】：勾选此项，会在图框左上角添加会签栏，单击右边箭头选定按钮从图框库中可选取预先入库的会签栏。

【标准标题栏】：勾选此项，会在图框右下角添加国际样式的标题栏，单击右边箭头选定按钮从图框库中可选取预选入库的标题栏。

【通长标题栏】：勾选此项，会在图框有方或下方添加用户自定义样式的标题栏，单击右边的箭头选定按钮从图框库中可选取预先入库的标题栏，命令自动从用户所选中的标题栏尺寸判断插入是竖向或是横向的标题栏，采取合理的插入方式并添加通栏线。

【右对齐】：图框在下方插入横向通长标题栏时，勾选"右对齐"时可使得标题栏右对齐，左边插入附件。

【附件栏】：勾选"通长标题栏"后，"附件栏"可勾选，勾选后，会在图框一端加入附件栏，单击右边箭头选定按钮从图框库中可选取预先入库的附件栏，可以是设计单位徽标或是会签栏。

【直接插入图框】：勾选此项，会在当前图形中直接插入带有标题栏与会签栏的完整图框，而不必选择图幅尺寸和图纸格式，单击右边箭头选定按钮从图框库中可选取预先入库的完整图框。

3. 预览图像框的使用

预览图像框提供鼠标滚轮和中键的支持，可以放大和平移在其中的图框，可以清楚地看到所插入的标题栏详细内容。

4. 实训一　在模型空间插入图框

由图库中选取预设的标题栏和会签栏，实时组成图框插入，操作方法如下。

1）可在如图 17-1-3 所示对话框图栏中先选定所需的图幅格式是横式还是立式，然后选择图幅尺寸是 A0～A4 中的某个尺寸，需加长时从加长中选取相应的加长型图幅，如果是非标准尺寸，在图长和图宽栏内键入。

2）图纸空间下插入时勾选该项，模型空间下插入则选择出图比例，再确定是否需要标题栏、会签栏，是标准标题栏还是通长标题栏。

3）如果选择了通长标题栏，单击选择按钮后，进入图框库选择按水平还是竖置图签格式布置。

4）如果还有附件栏要求插入，单击选择按钮后，进入图框库选择合适的附件，是插入 Logo 还是其他附件。

5）确定所有选项后，单击插入，屏幕上出现一个可拖动的蓝色图框，移动光标拖动图框，看尺寸和位置是否合适，在合适位置取点插入图框，如果图幅尺寸或者方向不适合，右键按 Enter 键返回对话框，重新选择参数。

5. 实训二　直接插入事先入库的完整图框

具体操作方法如下。

1）在如图 17-1-4 所示对话框中勾选直接插入图框，然后单击勾选框右侧按钮，进入图框库选择完整图框，其中每个标准图幅和加长图幅都要独立入库，每个图框都是带有标题栏和会签栏、Logo 等附件的完整图框。

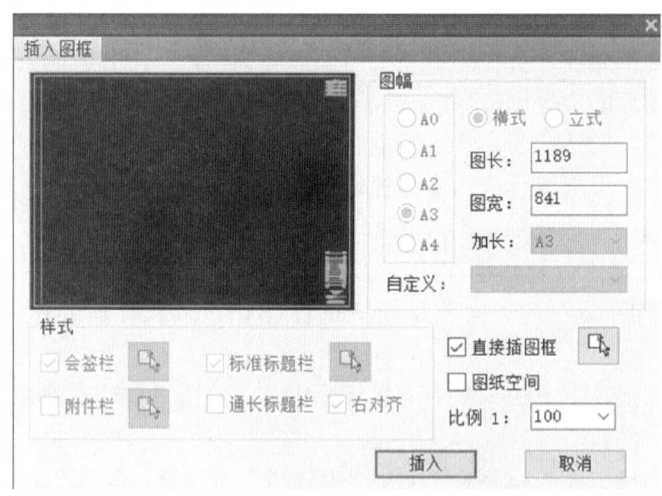

图 17-1-4　直接插入事先入库图框

2）图纸空间下插入时勾选该项，模型空间插入则选择比例。

3）确定所有选项后，单击"插入"按钮，其他与前面叙述相同。

4）单击插入按钮后。如当前为模型空间，基点为图框中点，拖动图框同时命令行提示"请点取插入位置〈返回〉"。

5）点取图框位置即可插入图框，如图 17-1-5 所示，右键或按 Enter 键返回对话框重新更改参数。

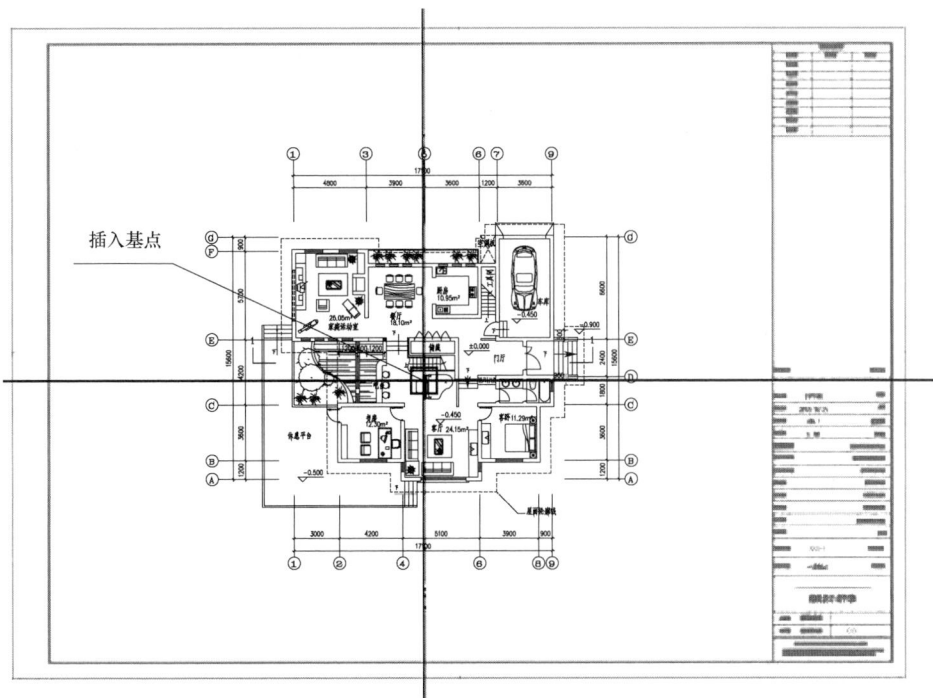

(a)在模型空间插入图框

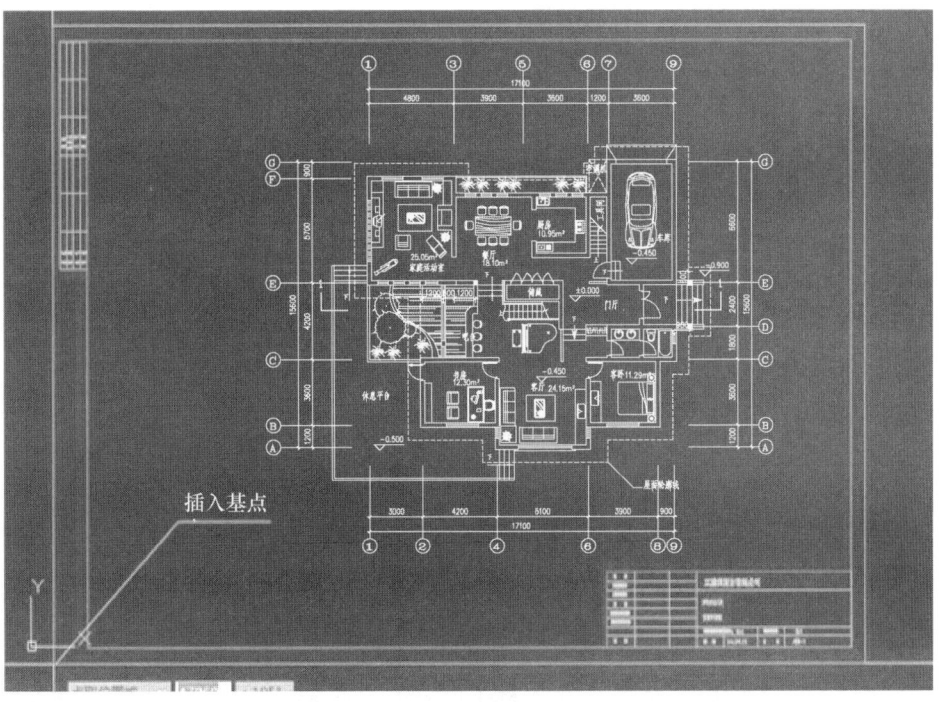

(b)在图纸空间插入图框

图 17-1-5　图框在不同空间插入

6. 实训三　在图纸空间插入图框的方法

在图纸空间中插入图框与模型空间的区别主要是，在模型空间中图框插入基点居中拖动套入已经绘制的图形，而一旦在对话框中勾选"图纸空间"，绘图区立刻切换到图纸空间布局1，图框的插入基点则自动定为左下角，默认插入点为（0，0），提示为"请点取插入位置［原点（Z）］〈返回〉Z：点取图框插入点即可在其他位置插入图框"，键入Z默认插入点为（0，0），按"Enter"键返回重新更改参数。

17.1.4　图纸目录

图纸目录自动生成功能按照国标图集09J801《民用建筑工程建筑施工图设计深度图样》的要求，参考其中图纸目录实例和一些甲级设计院的图框编制。

1. 调用【图纸目录】命令方法如下。

1）菜单栏：【文件布图】→【图纸目录】。

2）命令行：输入"Tzml"。

2. 本命令的执行对图框有下列要求。

1）图框的图层名与当前图层标准中的名称一致（默认是PUB＿TITLE）。

2）图框必须包括属性块（图框图块或标题栏图块）。

3）属性块必须有以图号和图名为属性标记的属性，图名也可用图纸名称代替，其中图号和图名字符串中不允许有空格，例如，不接受"图名"这样的写法。

本命令要求配合具有标准属性名称的特定标题栏或图框使用，图框库中的图框横栏提供了符合要求的实例，用户应参照实例进行图框的用户定制，入库后形成该单位的标准图框或者标题栏，并且在各图上双击标题栏即可将默认内容修改为实际工程内容，如图17-1-6所示。图纸目录的样式也可以由用户参照样板重新修改后入库，方法详见表格的用户定制有关内容。

图17-1-6　【增强属性编辑器】对话框

3. 实训

创建图纸目录。

1）标题栏修改完后，即可打开将要插入图纸目录表的图形文件，创建图纸目录的准备工作完成。

2）点取菜单命令后，命令开始在当前工程的图纸集中搜索图框（如果没有添加进图纸集，则不会被搜索到），范围包括图纸空间和模型空间在内，其中立剖面图文件中有两个图纸空间布局，各包括一张图纸，图纸数是 2，前面的 0 表示模型空间中没有找到图纸，后面的数字是图纸空间布局中的图框也就是图纸数，本命令生成的目录自动按图框中用户自己填写的图号进行排序。

3）用户接着可单击"选择文件"，把其他参加生成图纸目录的文件选择进来，如图 17-1-7 所示为已经选择 8 个 DWG 文件，按插入图框的数量统计有 8 张图纸的情况；单击"生成目录"按钮，进入图纸插入目录表格。

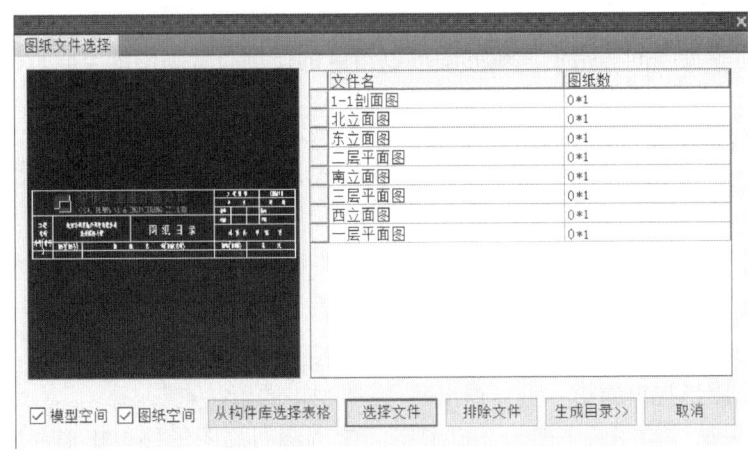

图 17-1-7 【图纸文件选择】对话框

4）图纸名称列的文字，如果有分号";"则表示该图纸有图名和扩展图名，在输出表格时起到换行的作用。

图 17-1-7 对话框控件的功能说明如下。

【模型空间】：默认勾选表示在已经选择的图形文件中包括模型空间里插入的图框，不勾选则表示只保留图纸空间图框。

【图纸空间】：默认勾选表示在已经选择的图形文件中包括图纸空间里插入的图框，不勾选则表示只保留模型空间图框。

【从构件库选择表格】：从【构件库】命令打开表格库，如图 17-1-8 所示，用户在其中选择并双击预先入库的用户图纸目录表格样板，所选的表格显示在左边图像框。

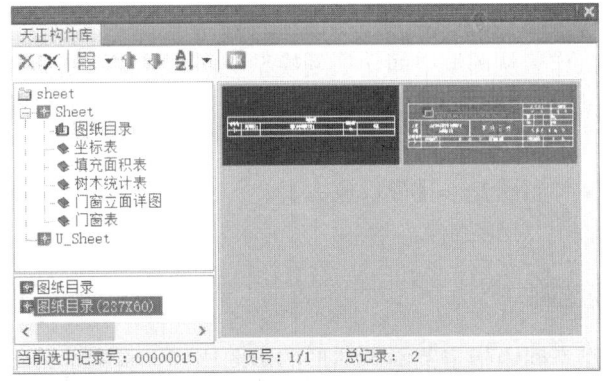

图 17-1-8 图纸目录表格库

【选择文件】：进入标准文件对话框，选择要添加图纸目录列表的图形文件，按 Shift 键可以一次选多个文件。

【排除文件】：选择要从图纸目录列表中打算排除的文件，按 Shift 键可以一次选多个文件，单击按钮把这些文件从列表中去除。

【生成目录】：完成图纸目录命令，结束对话框，由用户在图上插入图纸目录。

17.1.5 定义视口

本命令将模型空间的指定区域的图形以给定的比例布置到图纸空间，创建多比例布图的视口。

1. 调用【定义视口】命令方法如下。

1) 菜单栏：【文件布图】→【定义视口】。

2) 命令行：输入"Dysk"。

2. 实训

创建定义视口。

1) 点取菜单命令后，如果当前空间为图纸空间，会切换到模型空间，同时命令行提示"请给出图形视口的第一点〈退出〉：点取视口的第一点"。

2) 如果采取先绘图后布图，在模型空间中围绕布局图形外包矩形外取一点，命令行接着显示"第二点〈退出〉："。

3) 点取外包矩形对角点作为第二点把图形套入，命令行提示："该视口的比例为 1：〈100〉："，键入视口比例。

4) 系统切换到图纸空间，命令行提示："请点取该视口要放的位置〈退出〉："。点取视口的位置，将其布置到图纸空间中。

3. 注意与提示

如果采取先布图后绘图，在模型空间中框定一空白区域选定视口后，将其布置到图纸空间中。此比例要与即将绘制的图形的比例一致。

可一次建立比例不同的多个视口，用户可以分别进入每个视口中，使用天正的命令进行绘图和编辑工作。

17.1.6 视口放大

本命令把当前工作区从图纸空间切换到模型空间，并提示选择视口按中心位置放大到全屏，如果原来某一视口已被激活，则不出现提示，直接放大该视口到全屏。

调用【视口放大】命令方法如下。

1) 菜单栏：【文件布图】→【视口放大】。

2) 命令行：输入"Skfd"。

17.1.7 改变比例

本命令改变模型空间中指定范围内图形的出图比例，包括视口本身的比例，如果修改成功，会自动作为新的当前比例。本命令可以在模型空间使用，也可以在图纸空间使用，执行后建筑对象大小不会变化，但包括工程符号的大小、尺寸和文字的字高等注释相关对象的大小会发生变化。

本命令除了在菜单执行外，还可单击状态栏左下角的"比例"按钮执行，此时请先选择要改变比例的对象，再单击该按钮，设置要改变的比例，如图 17-1-9 所示。

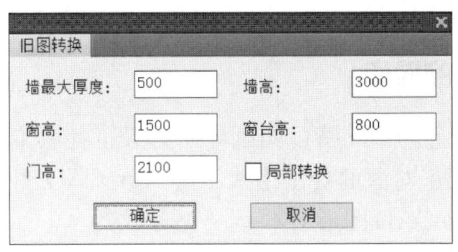

图 17-1-9　【旧图转换】参数调整

如果在模型空间使用本命令，可更改某一部分图形的出图比例；如果图形以及布置到图纸空间，但需要改变布图比例，可在图纸空间执行【改变命令】命令，由于视口比例发生了变化，最后的布局视口大小是不同的。

调用改变比例命令方法如下。

1）菜单栏：【文件布图】→【改变比例】。

2）命令行：输入"Gbbl"。

17.1.8　图形切割

本命令以选定的矩形窗口、封闭曲线或图块边界在平面图内切割并提取带有轴号的填充的局部区域用于详图。本命令使用了新定义的切割线对象，能在天正对象中间切割，遮挡范围随意调整，可把切割线设置为折断线或隐藏。

调用【图形切割】命令方法如下。

1）菜单栏：【文件布图】→【图形切割】。

2）命令行：输入"Txqg"。

17.2　图形与格式转换操作

随着各种绘图软件的发展，每一年都会出现新版本的软件，也就是软件的升级，功能也随之增多。这样我们在绘图的时候，由于运用软件版本的不同，绘图的版本格式也不相同，一般情况下，高版本的软件可以打开低版本的软件绘制的图纸，反而低版本的软件却打不开高版本的软件绘制的图纸。当用高版本的软件绘制的图纸需要在低版本的软件打开时，这时候就需要将高版本软件绘制的图纸进行一下格式转换。

天正软件绘制的图纸所具有的各项参数相对 CAD 软件绘制的图纸要多，所以天正绘制的图纸往往会在 CAD 软件中显示不全，这时也需要将天正绘制的图纸进行格式转换。

17.2.1　旧图转换的操作

当用天正打开一图纸，选中图纸当中的构件时显示为线或断线，双击构件不会出现天正里绘制图纸时各种参数，但会显示天正里自定义的图层，这时就需要旧图转换命令了。

调用【旧图转换】命令方法如下。

1）菜单栏：【文件布图】→【旧图转换】。

2）命令行：输入"Jtzh"。

17.2.2　图形导出的操作

本命令是将最新的天正格式 DWG 图纸导出为天正各版本的 DWG 图。本命令支持图纸空间布局的导出。天正对象的导出格式不与 AutoCAD 图形版本关联，可以根据需要单独选择转换后的 AutoCAD 图形版本。

1. 调用【整图导出】命令方法如下。

1）菜单栏：【文件布图】→【整图导出】。

2）命令行：输入"Ztdc"。

2. 操作步骤

1）点取菜单命令后，如图 17-2-1 所示显示对话框。

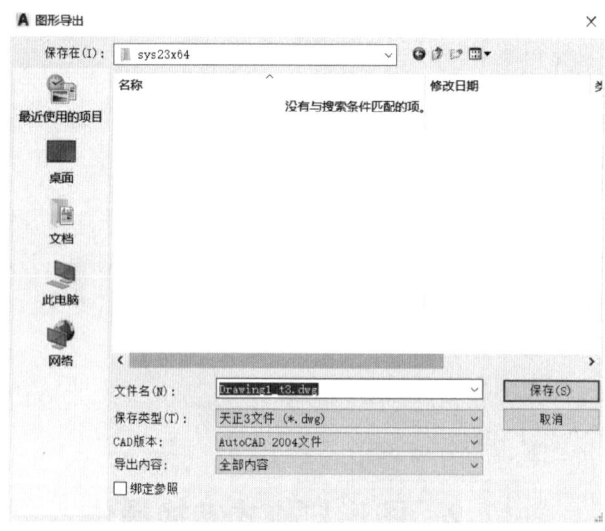

图 17-2-1　单图纸图形导出选择转换图形格式

2）选择天正对象的保存类型、导出的 AutoCAD 文件版本、图形的导出内容、文件名称，选择文件保存路径，选定后单击"保存"按钮保存导出图形文件，命令行会显示生成文件的结果。

17.2.3　批量转旧的操作

图形导出只把当前打开的图形保存为较低版本的天正图形。本命令则不必打开需要转换的文件，可以选择多个文件执行转换。

1. 调用【批量转旧】命令方法如下。

1）菜单栏：【文件布图】→【批量转旧】。

2）命令行：输入"Plzj"。

2. 操作步骤

1）点取菜单命令后，显示对话框：选择要批量转换的多个文件，如图 17-2-2 所示。

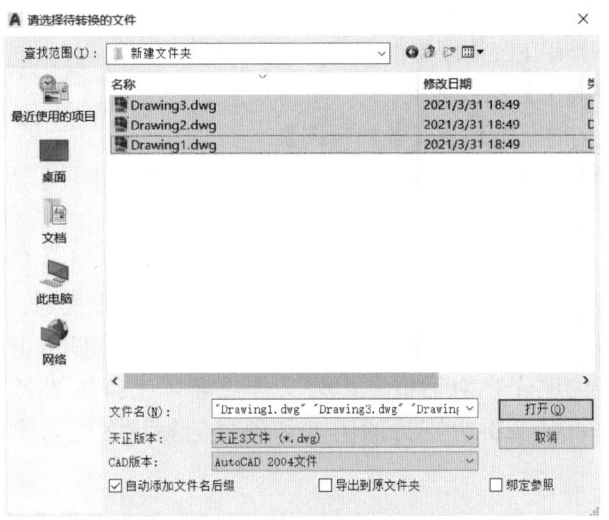

图 17-2-2　多图纸批量转旧

2）选择天正对象的保存类型、导出的 AutoCAD 文件版本、图形的导出内容、文件名称，选择文件保存路径，选定后单击"保存"按钮保存批量导出的图形文件。

17.2.4　图纸保护的操作

本命令通过对用户指定的天正对象和 AutoCAD 基本对象的合并处理，创建不能修改的只读对象，使得用户发布的图形文件保留原有的显示特性，只可以被观察、既可以被观察也可以打印，但不能修改，也不能导出。通过【图纸保护】命令对编辑与导出功能的控制，达到保护设计成果的目的。

1. 调用【图纸保护】命令方法如下。

1）菜单栏：【文件布图】→【图纸保护】。

2）命令行：输入"Tzbh"。

2. 具体操作步骤如下。

1）点取菜单命令后，如图 17-2-3 所示。

2）选择需要保护的图元〈退出〉：选取要保护的图形部分。

3）选择需要保护的图元〈退出〉：回车进入对话框。

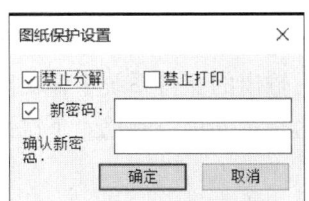

图 17-2-3　【图纸保护设置】对话框

17.2.5 备档拆图的操作

本命令的功能是把一张 dwg 中的多张图纸按图框拆分为每个含一个图框的多个 dwg 文件，可识别所有在公框图层的图框。

1. 调用【备档拆图】命令如下。

1) 菜单栏：【文件布图】→【备档拆图】。

2) 命令行：输入"Bdct"。

2. 操作步骤

1) 点取菜单命令后，命令行提示"请选择备档图框范围（图框外框形式仅支持 PLine 和块）：〈整图〉："可以框选范围或者回车选择整张图纸范围。

2) 按天正标题栏属性格式输入图名和图号，在这里会显示出来，根据图名、图号以及图名和图号的顺序在对话框中。为文件更名，支持按图名和图号命名拆分图纸，通过配置文件可定义拆分支持的图名和图号的标记名，以图名命名如图 17-2-4 所示。

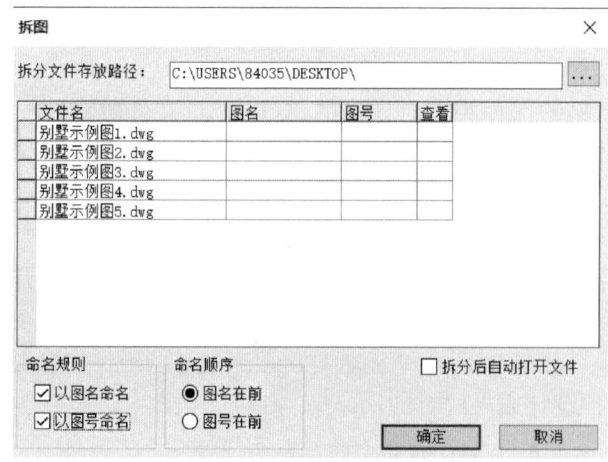

图 17-2-4 备档拆图路径选择

3) 单击"确定"导出图形文件。在其中单击"…"按钮定位拆分后的 dwg 文件所存放的位置，单击"查看"，提示：请选择图名对象：〈退出〉选择图名对象，可将要保存的文件名修改为所选图名对象中的图名。

17.2.6 图变单色的操作

图变单色本命令提供把按图层定义绘制的彩色线框图形临时变为黑白线框图形的功能，由于彩色的线框图形在黑白输出的照排系统中输出时色调偏淡，图变单色命令可以将不同的图层颜色临时统一改为指定的单一颜色。下次执行本命令时会记忆上次用户使用的颜色作为默认颜色。

1. 调用【图变单色】命令方法如下。

1) 菜单栏：【文件布图】→【图变单色】。

2) 命令行：输入"Tbds"。

2. 操作步骤

1）点取菜单命令后，命令行提示：

请输入平面图要变成的颜色/1－红/2－黄/3－绿/4－青/5－蓝/6－粉/7－白/〈7〉：回车。

2）一般常把背景颜色先设为白色，执行本命令后，用回车响应选 7－白色（白背景下为黑色），图形中所有图层颜色改为黑色，如图 17-2-5 所示。

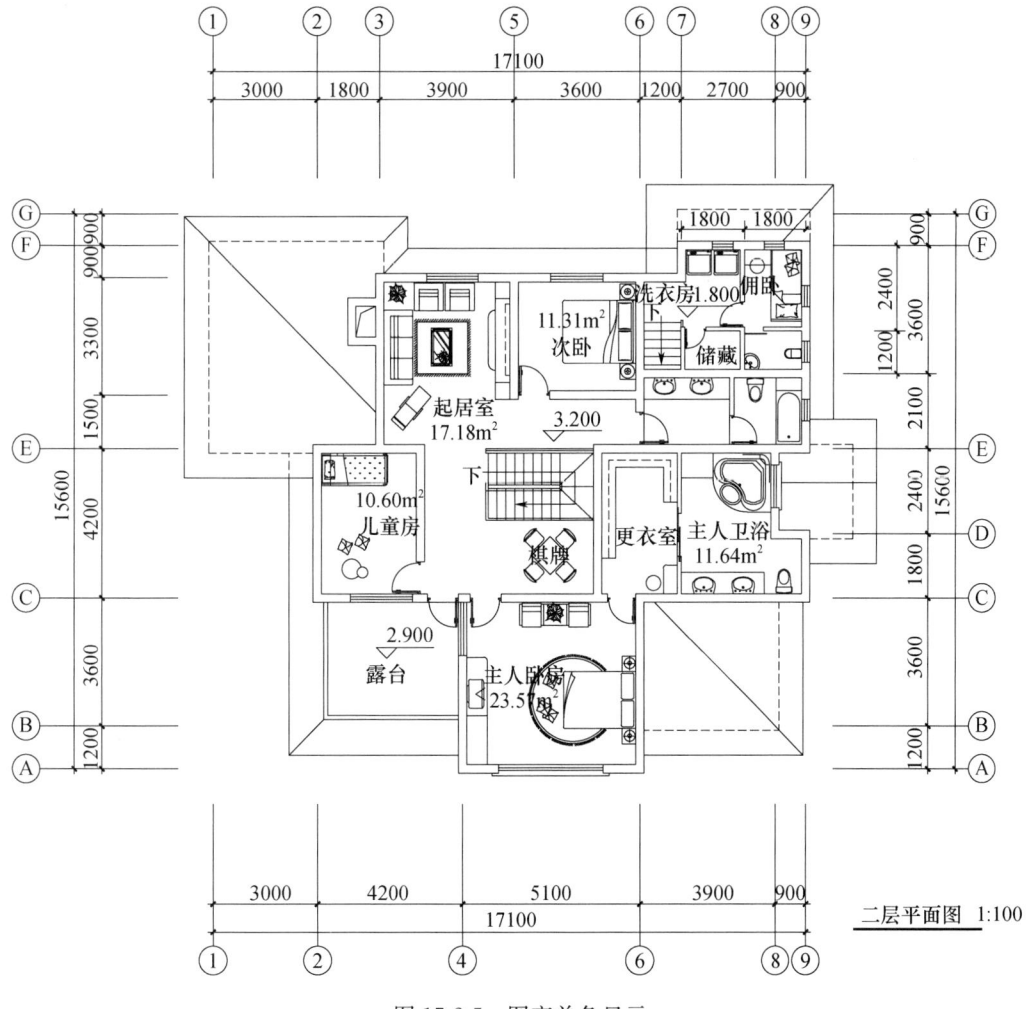

图 17-2-5　图变单色显示

练习题

1. 绘制出下图（a）(b)(c) 楼梯平面详图（包括尺寸标注，文字标注等）。
2. 将下图（a）(b)(c) 楼梯平面详图用 A2 图框尺寸合理布局插入图框。

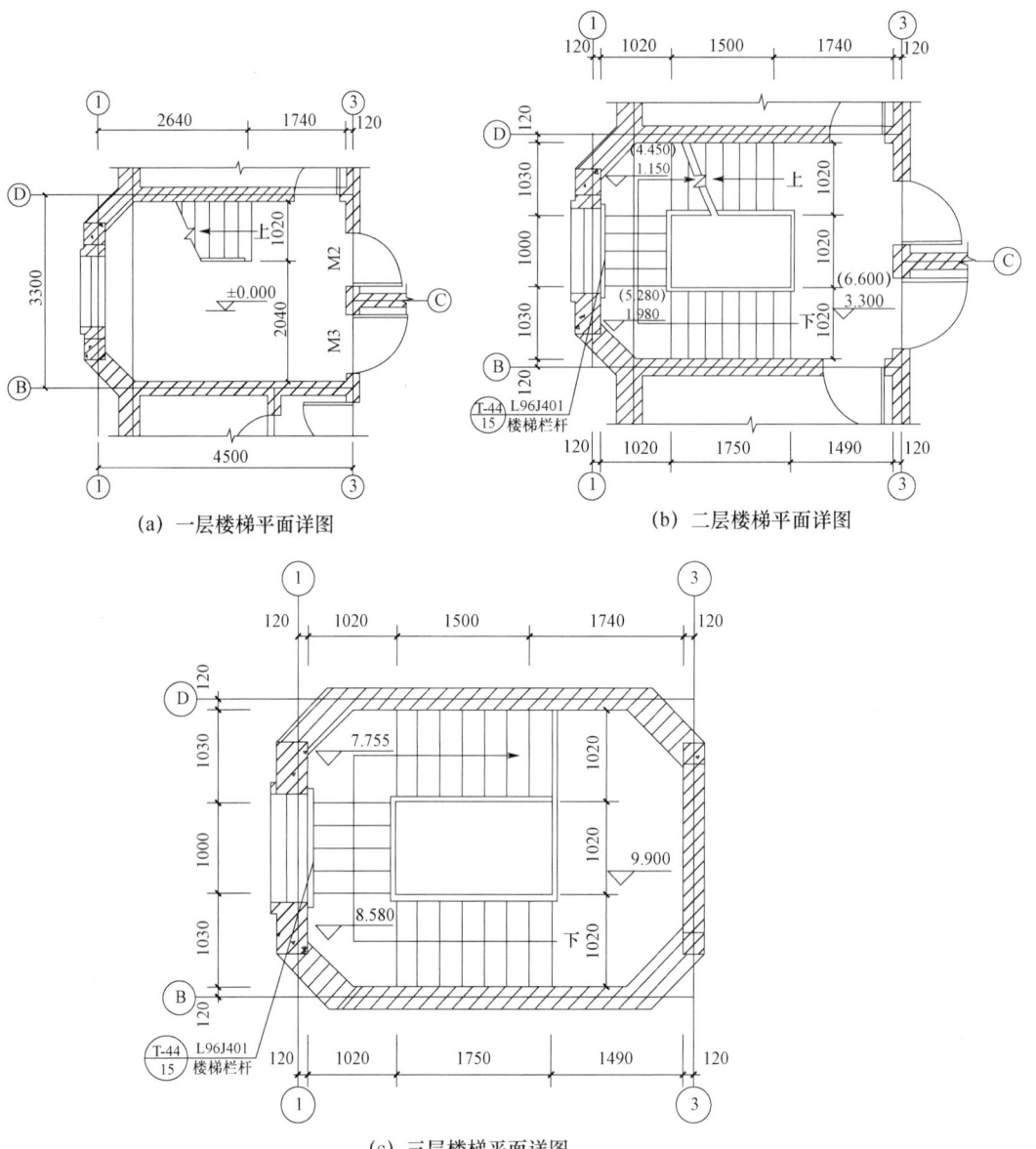

参考文献

[1] 王建华. AutoCAD 2021 官方标准教程 [M]. 北京：电子工业出版社，2020.

[2] 王爱冰. AutoCAD 2021 中文版从入门到精通 [M]. 北京：人民邮电出版社，2020.

[3] 丁晓影. AutoCAD 上机实验指导书 [M]. 北京：高等教育出版社，2019.

[4] 邢黎峰. 园林计算机辅助设计教程 AutoCAD2021 中文版 [M]. 北京：机械工业出版社，2020.

[5] 曹爱文. AutoCAD 2020 中文版从入门到精通 [M]. 北京：人民邮电出版社，2020.

[6] 谷永丽. 风景园林计算机辅助设计. [M]. 北京：化学工业出版社，2021.

[7] 韩敬. 园林计算机辅助设计. [M]. 北京：化学工业出版社，2018.

[8] 赵春春. 园林CAD. [M]. 北京：机械工业出版社，2019.

[9] CAD/CAM/CAE 技术联盟. AutoCAD 2020 中文版入门与提高——园林设计 [M]. 北京：清华大学出版社2021.

[10] 陈淑君. CAD园林工程图制作 [M]. 北京：科学出版社.2020.

[11] 贾晓浒，等. 计算机辅助设计 [M]. 北京：中国建材工业出版社，2016.